步驟超圖解！
初學者的
日雜風手作包

仕立て方が身に付く手作りバッグ練習帖

CONTENTS

		作品頁數	作法頁數
1. BASIC TOTE 基本款托特包			
	01 百搭經典托特包	5	10 步驟解說照片
	02 雙色拉鍊托特包	6	14
	03 大容量束口托特包	7	16
	04 方形托特後背包	8	18
2. FLAT BAG 扁平包			
	05 軋別丁束口包	21	26 步驟解說照片
	06 兩用帆布肩背包	23	30
	07 寬帶印花肩背包	24	33
	08 寬皮革手提托特包	25	31

		作品頁數	作法頁數
3. DRAWSTRING BAG 抽繩包			
	09 簡約束口後背包	35	40 步驟解說照片
	10 編織提把圓底包	36	46
	11 海洋風束口包	37	49
	12 迷你束口肩背包	39	47
4. SQUARE BOTTOM BAG 方底包			
	13 旅行款波士頓包	50	54 步驟解說照片
	14 提帶船型帆布包	51	60
	15 復古牛奶包	52	62
	16 跳色船型肩背包	53	64

5. ROUND BOTTOM BAG
圓底包

	作品頁數	作法頁數
17 馬爾凱托特包	66	72 步驟解說照片
18 格紋長型圓筒包	67	76
19 十字底桶型托特包	68	78
20 束口旅行後背包	70	80

6. THROUGH GUSSET BAG
底側一體包

	作品頁數	作法頁數
21 輕巧貼身腰包	82	88 步驟解說照片
22 拼接風梯形包	84	94
23 日雜款長形手提包	85	96
24 中性拉鍊公事包	87	98

7. SHOULDER BAG
肩背包

	作品頁數	作法頁數
25 迷你貼身肩背包	101	106 步驟解說照片
26 水滴型束口肩背包	102	114
27 可調式經典郵差包	103	115
28 雙色波士頓包	105	112

關於拉鍊長度的修改 …………………… 77

手作包的基礎縫製技巧
事前準備的用具和布料整理 …………… 117
布料剪裁、布襯黏貼、骨筆的使用 …… 118
磁扣、鉚釘和扣眼的裝法 ……………… 119

☆禁止複製、販售（實體商店或線上商店等）書中收錄的作品。書中的作品僅限於手作的參考使用。

1. BASIC TOTE
基本款托特包

托特包的托特二字來自英文「tote」。
意思為「搬運物品、背負行李」。
本單元將介紹 4 種形狀簡單、
以兩條提把為主的基本包款，
並說明包包製作的基礎。

BASIC TOTE
01
【百搭經典托特包】

作法｜P.10

這是一款標準造型的托特包，提到托特包大家就會聯想到這個經典款式。三角形的輪廓，讓包型俐落筆挺。內部的隔層也設計成實用的口袋。

表布＝上棉8號帆布pallet系列by Navy Blue Closet ×倉敷帆布（mustard）／倉敷帆布（BAISTONE）
裡布＝棉厚織79號Bird圖案by Navy Blue Closet（#3300-16深芥末黃）／L'idée
縫線＝Schappe Spun縫線#30（230芥末黃）／FUJIX

BASIC TOTE
02
【雙色拉鍊托特包】
作法 | P.14

這是工作坊中最受大家喜歡的款式。拉鍊的設計方便開合,也可以對包內收納的物品起到一定的保護作用。大家可以另外選購市面上販售的背帶,搭配包包兩側的D環,就能當成肩背包使用。

內側有貼袋的設計。

表布＝10號帆布石蠟加工by Navy Blue Closet（海洋風圖案、Navy）　配布＝11號帆布（#5000-18綠色）／富士金梅®
裡布＝棉厚織79號（山吹色）／L'idée　D環＝15mm（SUN 10-77、N）／清原　縫線＝Schappe Spun縫線#30（64綠色、230芥末黃）／FUJIX

BASIC TOTE
03
【大容量束口托特包】

作法 | P.16

包包有4條提把,可以依照裝在包內的物品重量靈活運用。束口袋的設計可以遮蔽包內的收納物並加以保護。

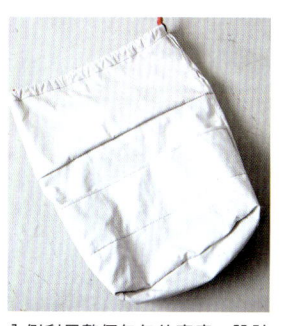

內側利用整個包包的寬度,設計了四格貼袋。

表布＝11號帆布（#5000-24冰灰色）　配布A＝11號帆布（#5000-86義大利紅）　配布B＝11號帆布（#5000-16藏青色）／富士金梅®　裡布＝棉厚織79號（銀灰色）／L'idée　縫線＝Schappe Spun縫線#30（161冰灰色）／FUJIX

BASIC TOTE
04
【方形托特後背包】

作法 | P.18

其實這款包和「02雙色拉鍊托特包」的作法大致相同。只是在背包後面加上了短提把和背帶,設計成後背包的樣式。

表布＝10號帆布石蠟加工（#1050-15黑色）　配布A＝橫條織布（深綠色）　配布B＝11號帆布（#5000-4黑色）／富士金梅®　裡布＝棉厚織79號（銀灰色）／L'idée　D環＝40mm（SUN 10-106、AG）　調節扣＝40mm（SUN 13-176、AG）／清原　縫線＝Schappe Spun縫線#30（161冰灰色、402黑色）／FUJIX

背包後側加了兩格口袋，可以收納交通卡等小物。

內側有兩格貼袋的設計。

將背帶縮短後，可以當作普通托特包使用。

P.5 / 01 百搭經典托特包

完成尺寸

材料
表布……………………90cm寬 1.1m長（8號帆布）
裡布……………………110cm寬 80cm長（棉厚織79號）
拉鍊……………………46cm 1條（5號拉鍊）
※修改拉鏈長度的方法請參考P.77

完成尺寸：30.5cm × 33cm × 15cm

布料裁法

※這並不是實際尺寸紙型。
請依照圖示尺寸直接剪裁。
（圖示的數字是包含縫份的尺寸）

表布（正面）——
- 表提把：7、7、95
- 表本體：50 × 33
- 裡提把：49
- 外側口袋：19 × 18
- 底布：13、7.5、6.5、6.5、7.5、7.5、13、7.5
- 90cm寬、1.1m

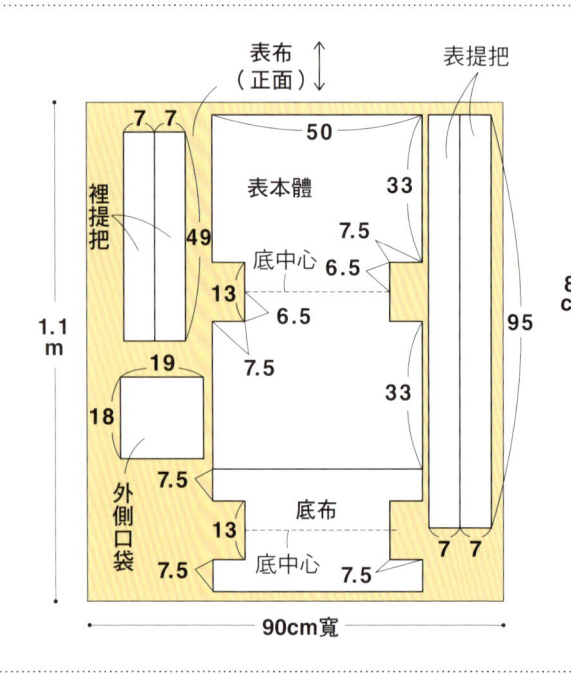

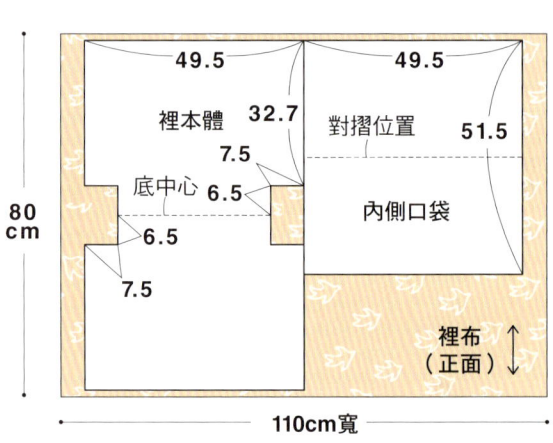

裡布（正面）——
- 裡本體：49.5 × 32.7
- 內側口袋：49.5 × 51.5
- 對摺位置
- 底中心：6.5、6.5、7.5、7.5
- 80cm × 110cm寬

---

1. 縫製外側口袋

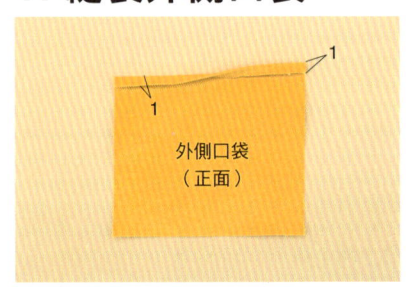

1. 將外側口袋的袋口從正面往下摺1cm後再摺1cm，摺出三摺邊。

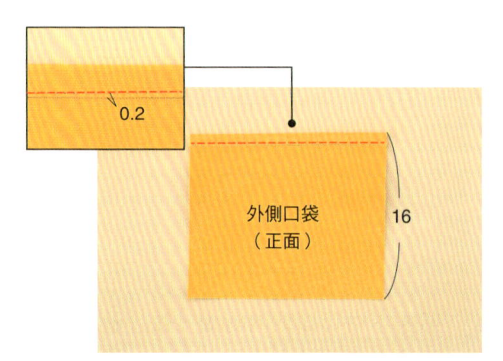

2. 在三摺邊上車縫固定。（0.2）

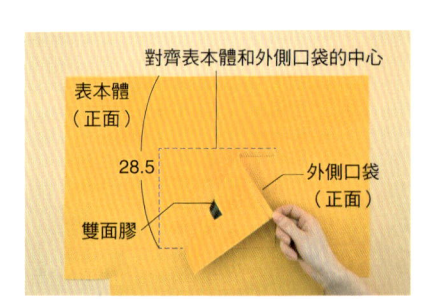

3. 用雙面膠暫時將外側口袋固定在表本體的正面。
※雙面膠貼在不影響縫線的位置。
對齊表本體和外側口袋的中心
28.5

2. 縫製提把

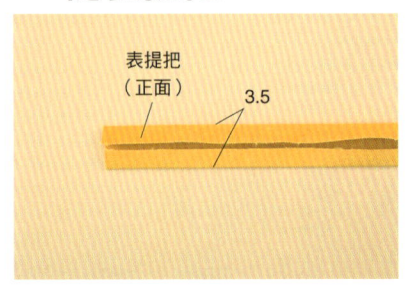

1. 將表提把的兩邊往中央對齊摺起。裡提把也同樣摺起。（3.5）

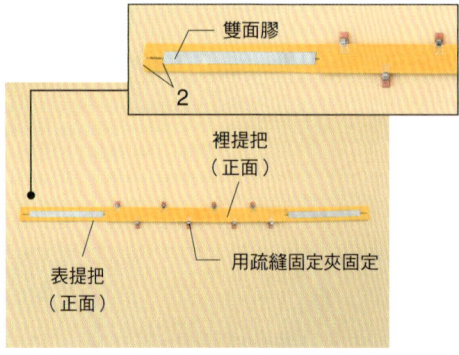

2. 將表、裡提把正面朝外、中心對齊重疊，用疏縫固定夾固定。將1.5cm寬的雙面膠貼在表提把兩端沒有重疊布料的地方。（雙面膠 2）

3. 縫製表本體

1. 將表本體的袋口往反面內摺1.5cm。另一邊也同樣摺起。

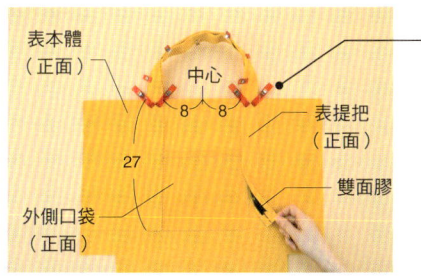

2. 撕開貼好的雙面膠，將表提把暫時黏在表本體上，並用疏縫固定夾牢牢固定住提把尾端。

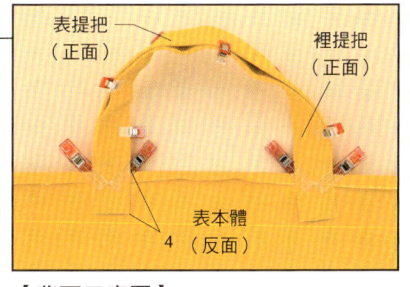

【背面示意圖】
用表提把和裡提把夾住表本體的袋口。表本體的袋口維持摺起的樣子。

Point

疏縫固定夾／CLOVER

依照需要固定的位置，使用不同尺寸的疏縫固定夾會更方便。如果要固定較遠的位置，可以使用長型固定夾；若要固定較小的部件、較接近布料邊緣的位置或較薄的布料，則使用迷你固定夾。

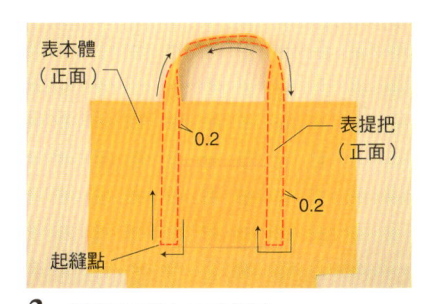

3. 將提把縫在表本體上。
※縫製時可以撕去暫時固定用的雙面膠（也可以不撕）。

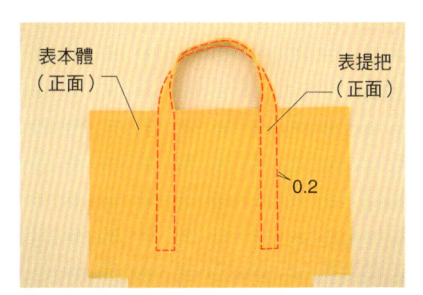

4. 沒有添加外側口袋的那一側，也用同樣的方法縫合提把。

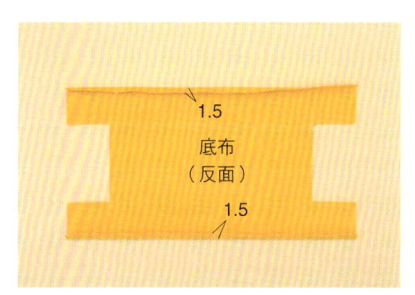

5. 將底布邊緣往內摺起1.5cm。

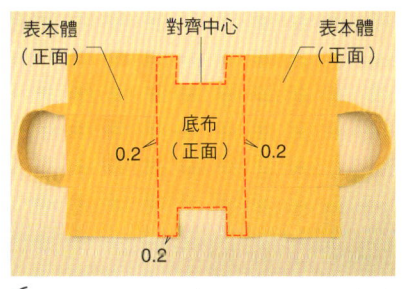

6. 將表本體和底布的中心對齊重疊，沿著底布邊緣車縫縫合。

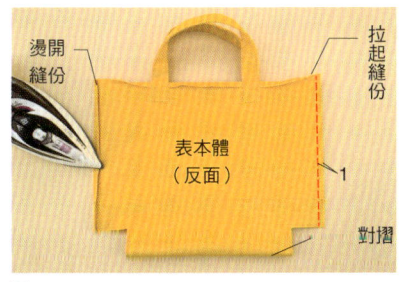

7. 將表本體正面朝內對摺，並且將兩邊用車縫縫合後，用熨斗將縫份燙開。

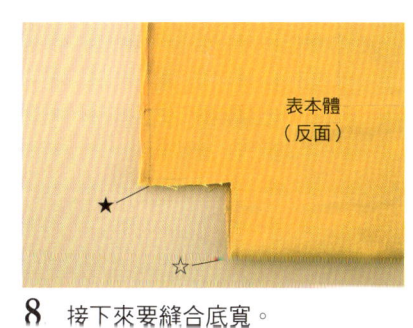

8 接下來要縫合底寬。
★（側邊接縫線）和☆（底中心）要先對齊。
（↙前往下一張照片）

9. 將★和☆對齊後，捏住底寬，讓布料邊緣齊平。

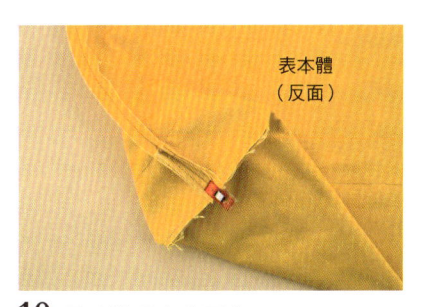

10. 用疏縫固定夾固定。

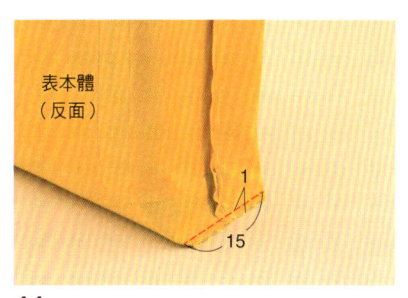

11. 從距離布邊1cm處將兩者縫合。另一側底寬也用同樣方法縫合。

4. 縫製內側口袋

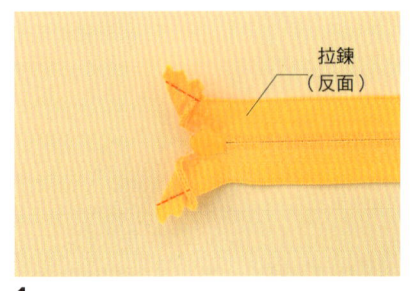

1. 將拉鍊布帶的上耳摺成三角形後車縫固定。

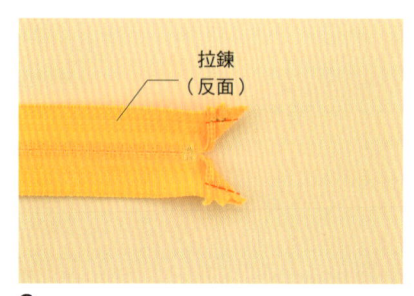

2. 布帶下耳也同樣摺起後車縫固定。

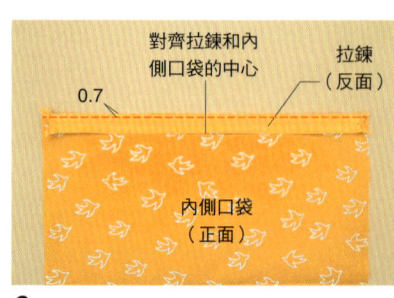

3. 將拉鍊和內側口袋的袋口邊緣對齊重疊,並在距離布邊0.7cm的位置車縫固定。

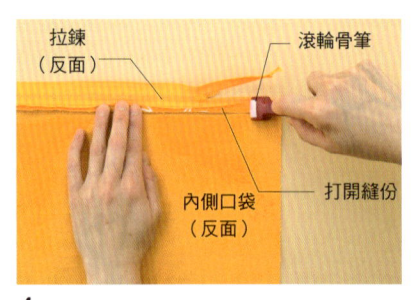

4. 拉鍊縫好後,用滾輪骨筆或骨筆(請參考P.117)打開縫份。

5. 將拉鍊布帶往正面翻開攤平後,再用滾輪骨筆(或骨筆)從正面用力壓平。

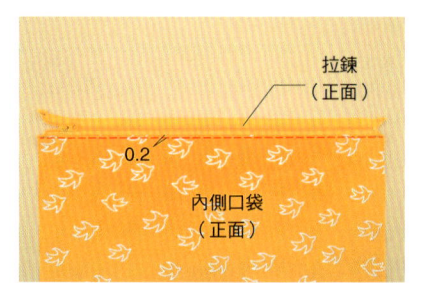

6. 在內側口袋邊緣用車縫縫合。

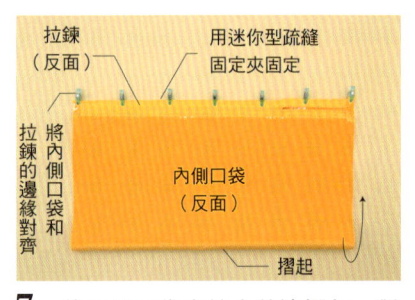

Point
拉鍊的樹脂部分不耐高溫,請不要使用熨斗熨燙。

7. 將內側口袋未縫合的邊摺起,對齊拉鍊未縫合的邊(正面相對)。

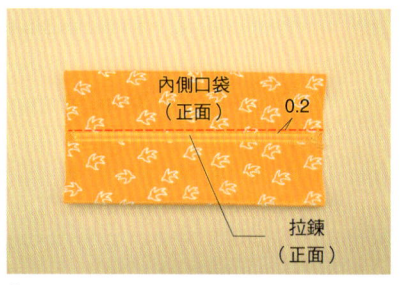

8. 另一邊也依照步驟3.～6.的作法縫合。

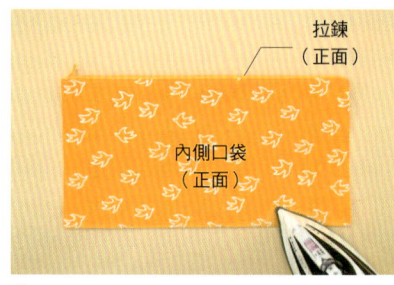

9. 將內側口袋的中心重新對摺,並且用熨斗燙出平整的摺痕。

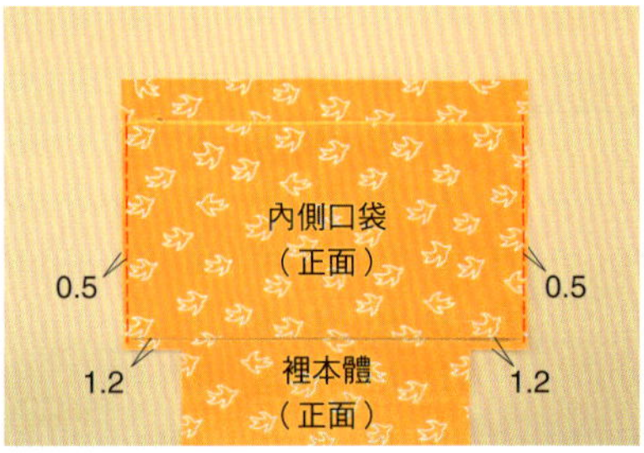

5. 縫製裡本體

10. 把內側口袋重疊在裡本體的正面,兩邊用車縫縫合。

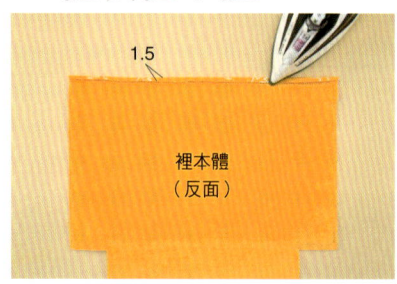

1. 將裡本體的袋口往內摺1.5cm。另一邊也依照相同的作法摺起。

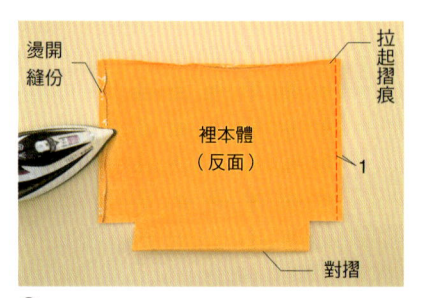

2. 將裡本體正面朝內對摺後,兩邊用車縫縫合,並將縫份燙開。

6. 固定縫份 ※為了不讓包內的裡布鬆鬆垮垮，須將縫份縫合固定。

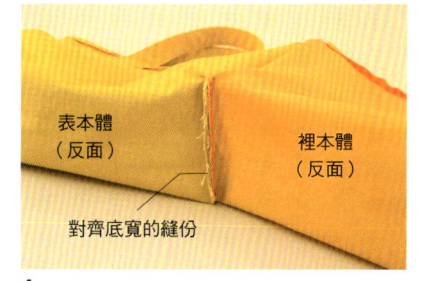

3. 用同表本體的方法來縫合底寬（請參考P.11步驟 **8～11**）。

1. 對齊表本體和裡本體的側邊，以及底寬的縫份後，在距離邊緣0.5cm的位置用車縫縫合。

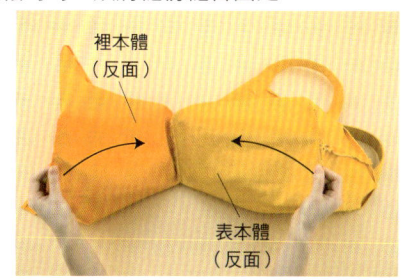

2. 拿起表本體和裡本體另一邊的底寬縫份。

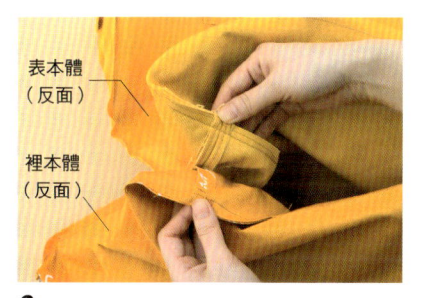

3. 對齊兩邊的底寬縫份。

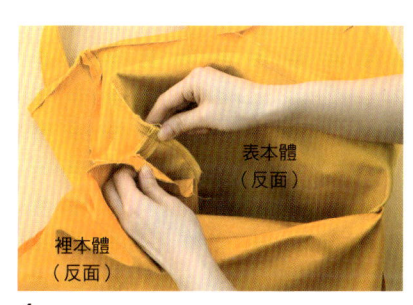

4. 對齊兩邊接縫線的位置。

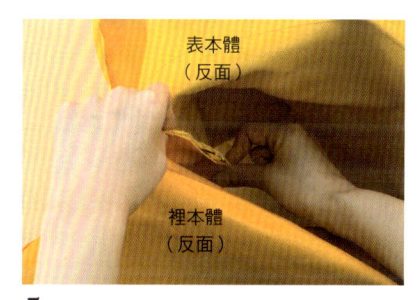

5. 將底寬的縫份朝內，將表本體的縫份和裡本體的縫份對齊。

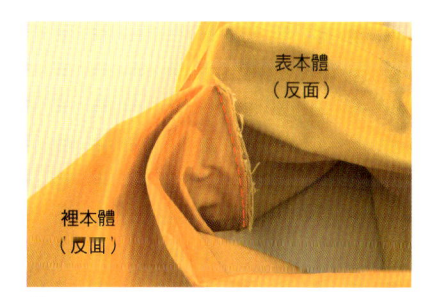

6. 在距離邊緣0.5cm的位置車縫縫合兩邊的底寬縫份。

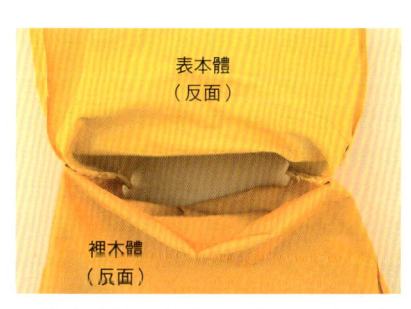

兩邊底寬縫份縫合後的樣子。縫份都朝內。

7. 對齊表裡本體

1. 將表本體翻回正面，並將裡本體收入內側。

2. 將表本體和裡本體的袋口縫份往各自的反而內摺，對齊邊緣後用疏縫固定夾固定。

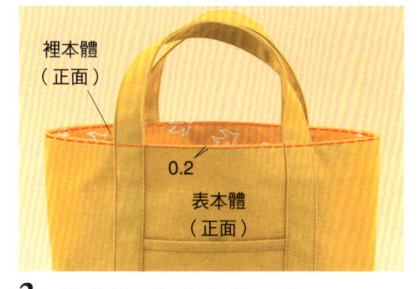

3. 沿著袋口邊緣車縫一圈。

完成

P.6　02 雙色拉鍊托特包

材料

表布	40cm寬 70cm長（10號帆布石蠟加工）
配布	112cm寬 50cm長（11號帆布）
裡布	112cm寬 40cm長（棉厚織79號）
拉鍊	34cm寬1條（FLATKNIT）
D環	1.5cm寬2個

※修改拉鍊長度的方法請參考P.77

完成尺寸：21.5cm × 23cm × 12cm

布料裁法

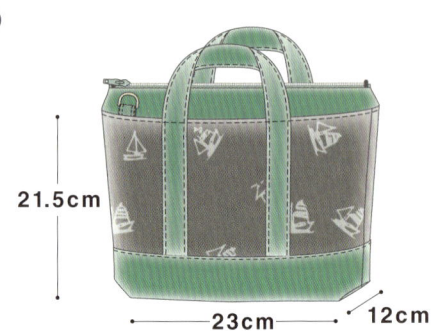

※若圖案有方向之分，為了讓兩片布料的圖案朝相同方向，要從底中心將布料剪開，剪裁時兩片表本體的底部都需要在示意圖的尺寸外多留1cm的縫份。

※這並不是實際尺寸紙型。請依照圖示尺寸直接剪裁。
（圖示的數字是包含縫份的尺寸）

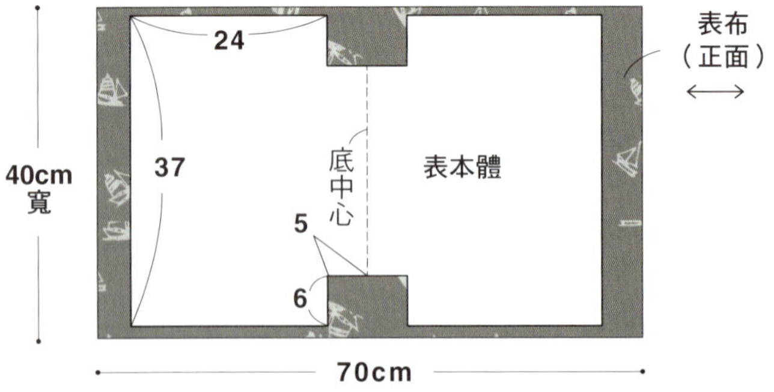

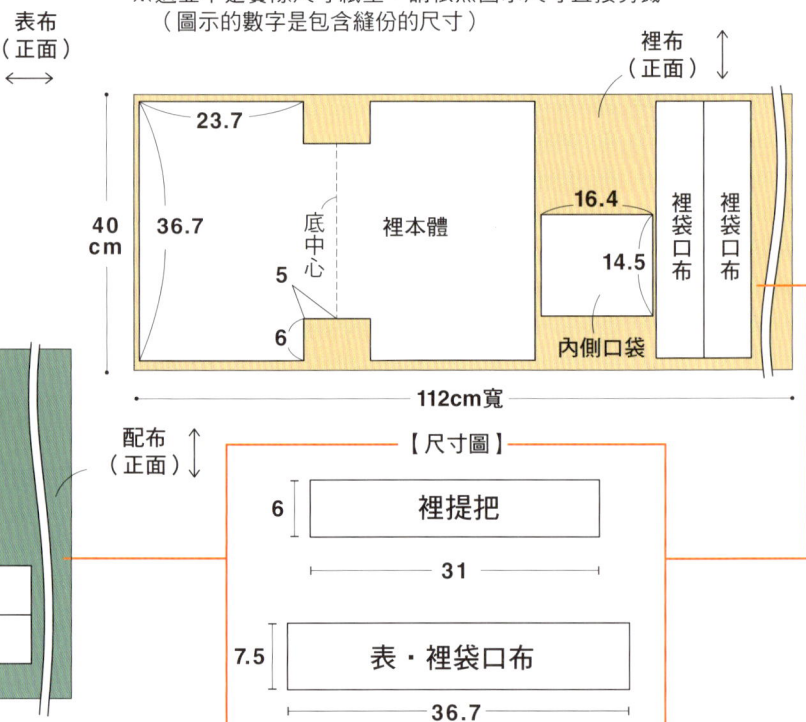

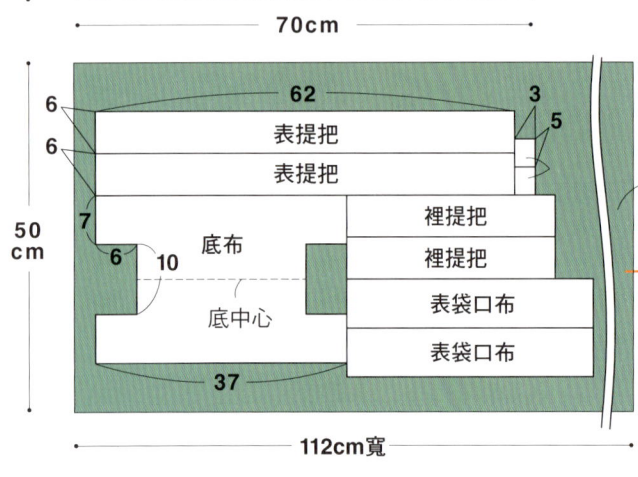

表布（正面） 40cm寬 × 70cm
- 表本體：24 / 37 / 底中心 / 5 / 6

裡布（正面） 112cm寬 × 40cm
- 裡本體：23.7 / 36.7 / 底中心 / 5 / 6
- 內側口袋：16.4 × 14.5
- 裡袋口布

配布（正面） 112cm寬 × 50cm
- 表提把 ×2（62、3、5、6）
- 裡提把 ×2
- 底布（37、7、6、10）
- 表袋口布 ×2
- 底中心

【尺寸圖】
- 裡提把：6 × 31
- 表・裡袋口布：7.5 × 36.7

1. 縫製提把

①請參考P.10 **2.**-1~2.的作法，暫時固定住提把

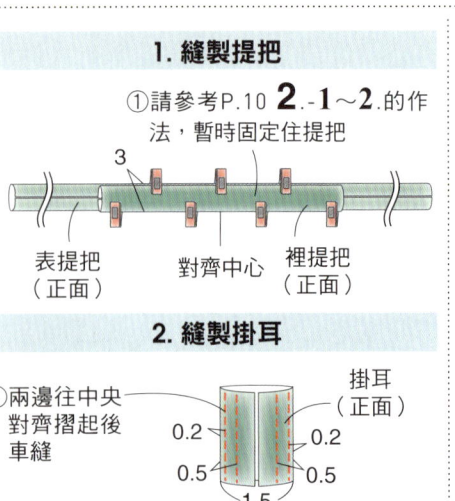

表提把（正面） / 對齊中心 / 裡提把（正面） / 3

2. 縫製掛耳

①兩邊往中央對齊摺起後車縫
- 0.2 / 0.5 / 1.5

②將掛耳穿過D環後對摺
- D環 / 掛耳（正面）

③疏縫暫時固定
- 0.5

※另一側也以相同作法完成

④疏縫暫時固定
- 1 / 2.5

※如果因為圖案有方向之分，將布料正面相對縫合底部後，而從底中心剪開時，將縫份燙開。

掛耳（正面） / 表本體（正面）

④疏縫暫時固定 / 2

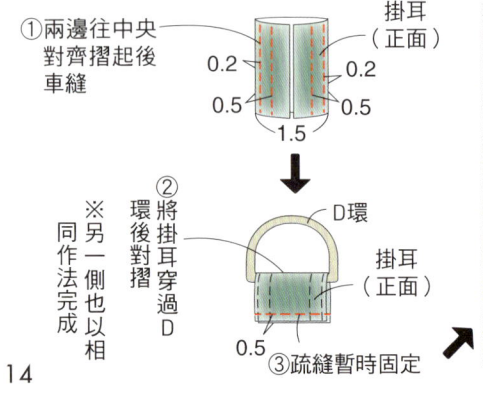

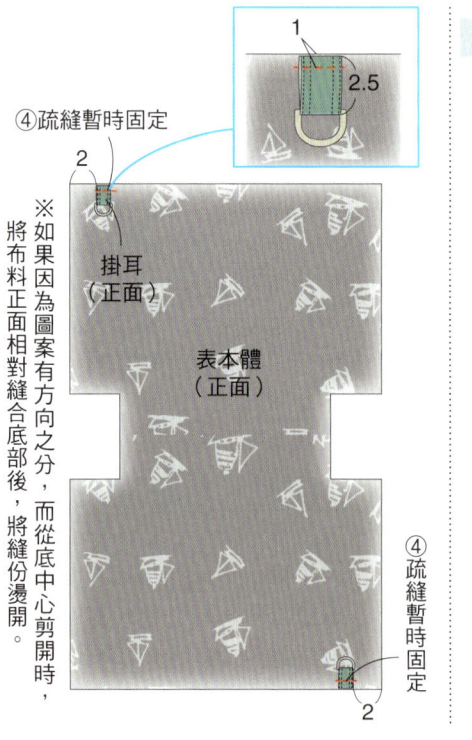

3. 縫製表本體

※表本體的基本縫法請一併參考P.10的3.「縫製表本體」

①請參考P.10 **3.**-1.~4.的作法，縫合提把（沒有外側口袋）

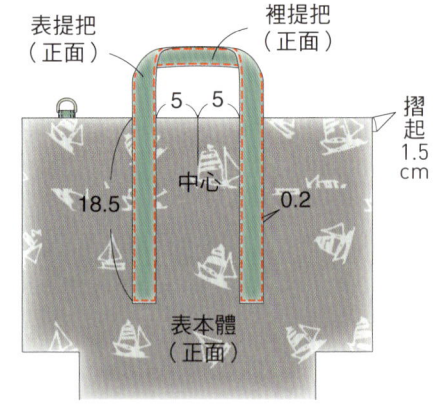

表提把（正面） / 裡提把（正面） / 5 / 5 / 摺起1.5cm / 中心 / 18.5 / 0.2 / 表本體（正面）

※以相同作法將另一條提把縫在表本體的另一邊

14

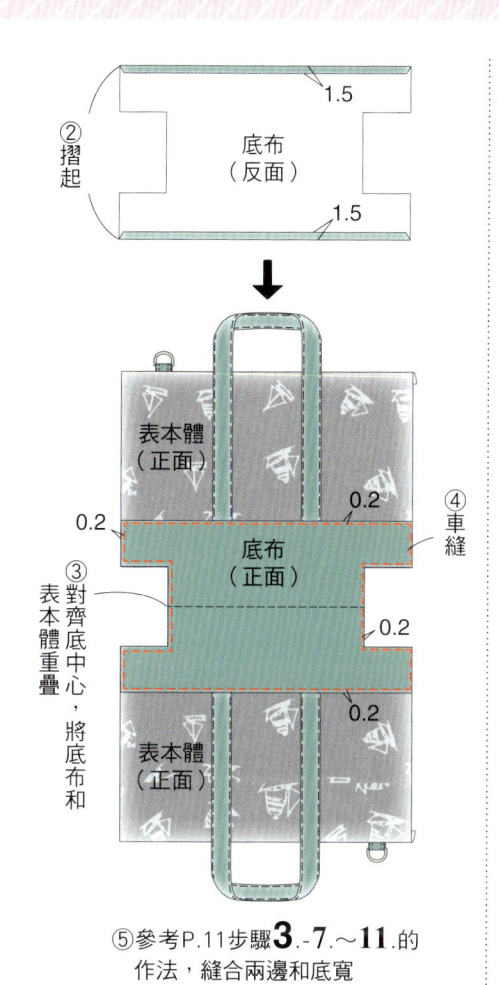

4. 縫製裡本體

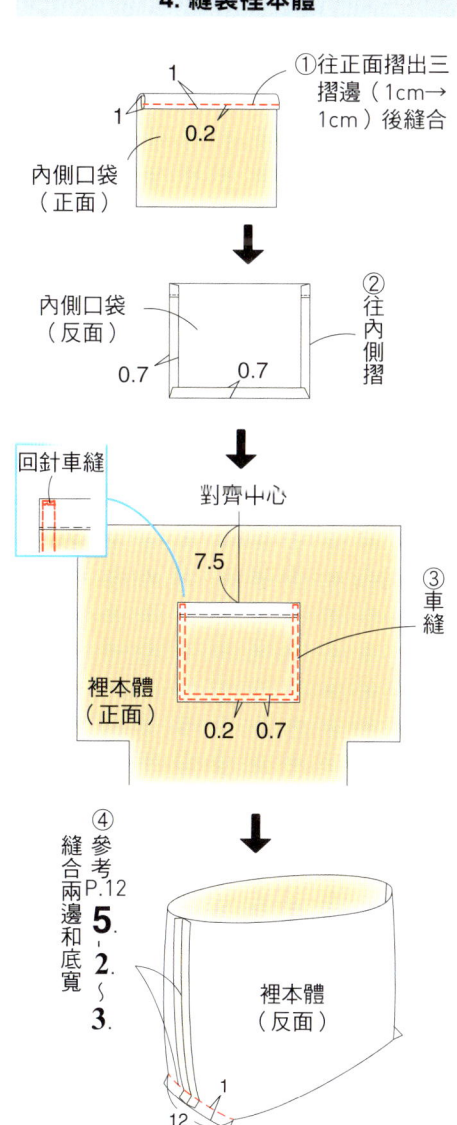

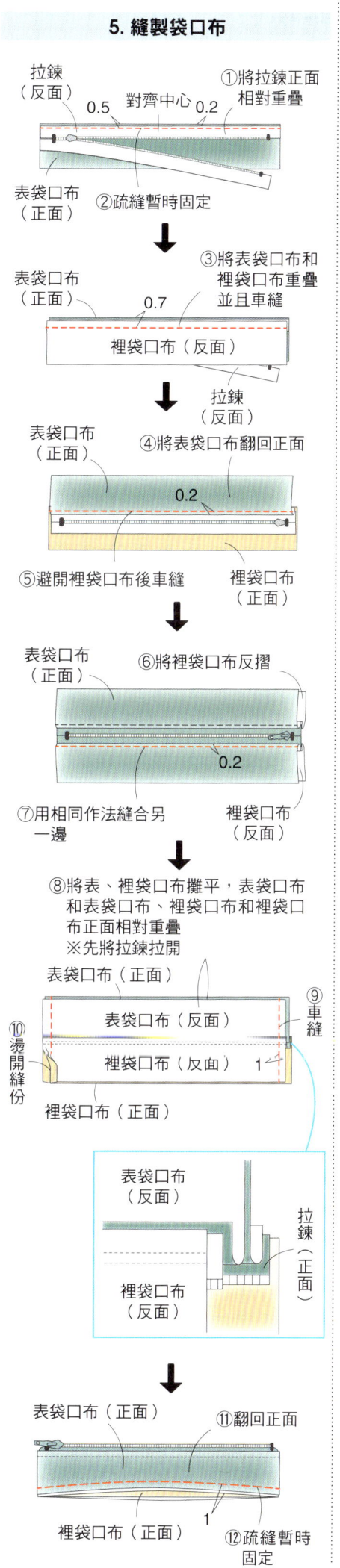

5. 縫製袋口布

6. 縫合表本體和裡本體

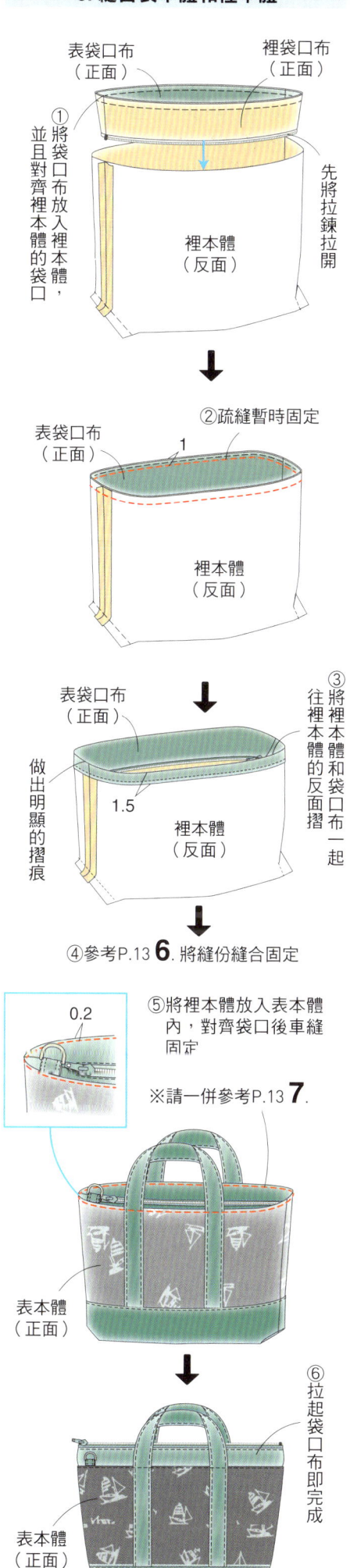

P.7 / 03 大容量束口托特包

材料
- 表布 ……………………… 112cm寬 1.2m長（11號帆布）
- 配布A …………………… 112cm寬 50cm長（11號帆布）
- 配布B …………………… 112cm寬 70cm長（11號帆布）
- 裡布 ……………………… 112cm寬 1m長（棉厚織79號）
- 布襯 ……………………… 50cm寬 30cm長

完成尺寸
39cm × 39cm × 19cm

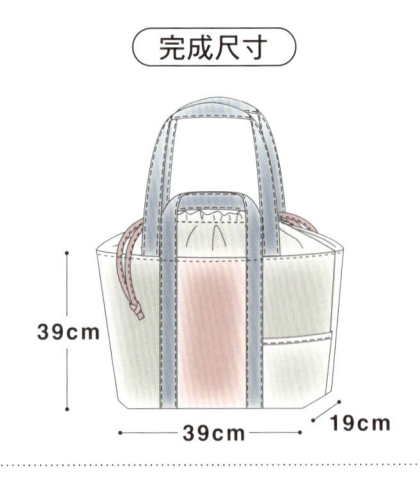

布料裁法

※這並不是實際尺寸紙型。
請依照圖示尺寸直接剪裁。
（圖示的數字是包含縫份的尺寸）
※▒ 表示在反面貼上布襯。

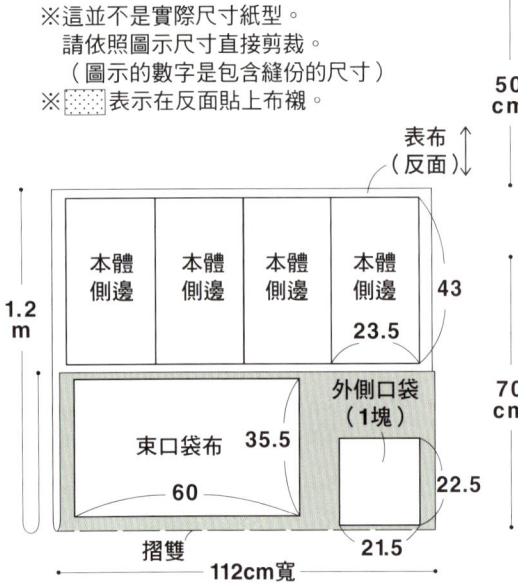

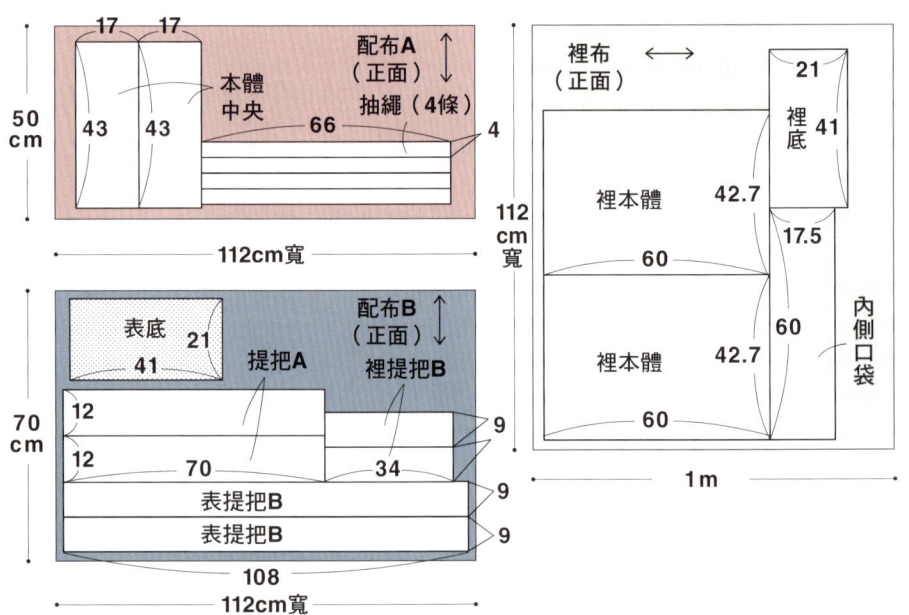

表布（反面） 112cm寬 / 1.2m
- 本體側邊 ×4（43 × 23.5）
- 束口袋布（60 × 35.5）
- 外側口袋（1塊）（21.5 × 22.5）
- 摺雙

配布A（正面） 112cm寬 / 50cm
- 本體中央（66 × 43）×2（17寬）
- 抽繩（4條）（4寬）

配布B（正面） 112cm寬 / 70cm
- 表底（41 × 21）
- 提把A（12寬）
- 裡提把B（34 × 9）
- 表提把B（70 × 12、108 × 9）

裡布（正面） 1m / 112cm寬
- 裡底（41 × 21）
- 裡本體（60 × 42.7）×2
- 內側口袋（60 × 17.5）

1. 縫製提把和抽繩

【提把A】
①將兩邊往中央對齊摺起
②對摺
③車縫
提把A（正面）
3 / 0.2 / 0.2

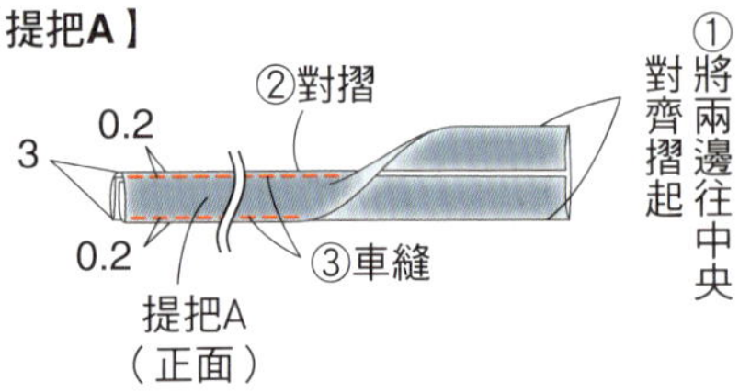

【提把B】
①參考P.10 2.-1.～2. 暫時固定
4.5
表提把B（正面）／對齊中心／裡提把B（正面）

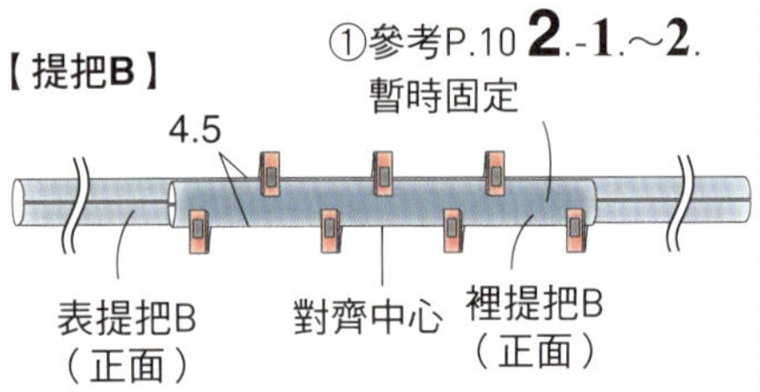

【抽繩】
抽繩（正面）／抽繩（反面）
①車縫
②燙開縫份
③參考P.26 1.-1.～3. 縫製抽繩
④車縫
1 / 0.2

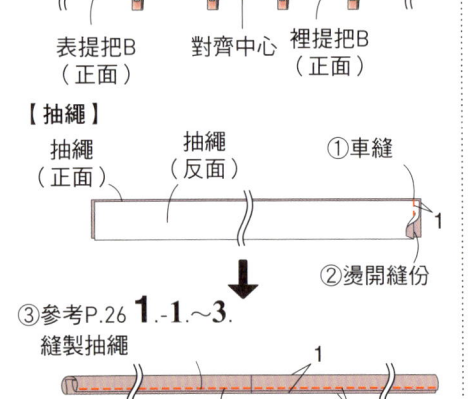

2. 縫製外側口袋

①往正面摺出三摺邊（1.2cm→1.2cm）後車縫
外側口袋（正面）
1.2 / 1.2 / 0.2 / 21.5

3. 縫製表本體

①車縫
本體側邊（正面）／本體中央（反面）
②燙開縫份
1

③另一邊再照樣縫合一塊本體側邊
本體側邊（正面）／本體中央（正面）／本體側邊（正面）

外側口袋（正面）
本體側邊（正面）／本體中央（正面）
對齊右邊邊角
0.5
④車縫
⑤疏縫暫時固定
2.5 / 9.75 / 9.75
提把A（正面）
中心
本體側邊（正面）

提把A（正面）
⑥摺起
3
本體側邊（反面）

16

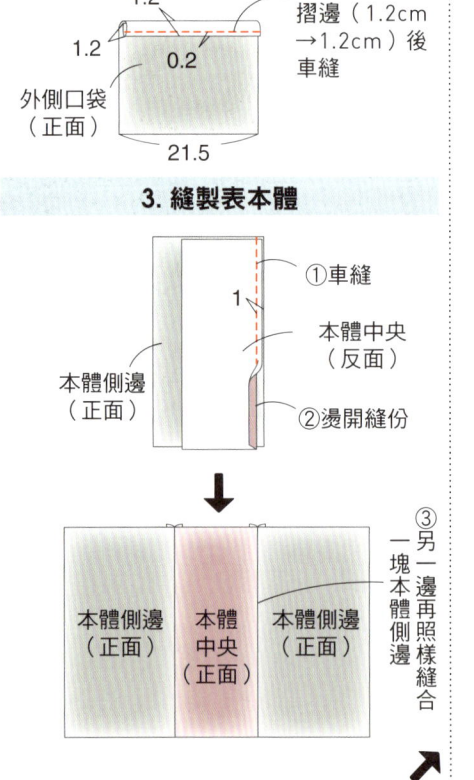

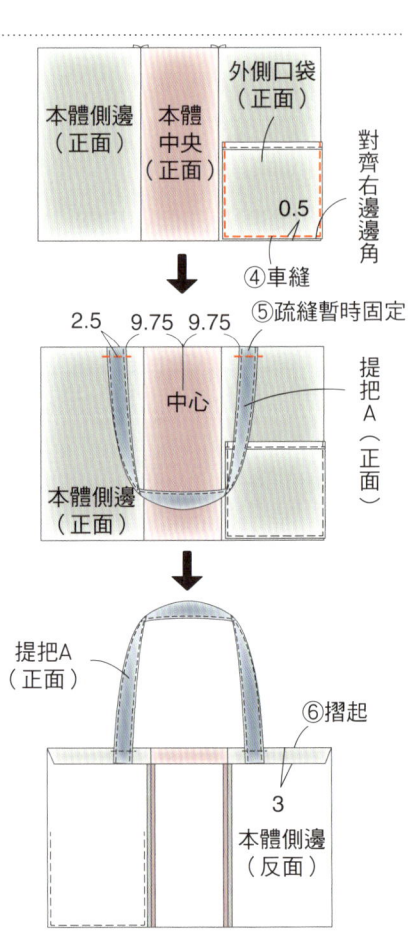

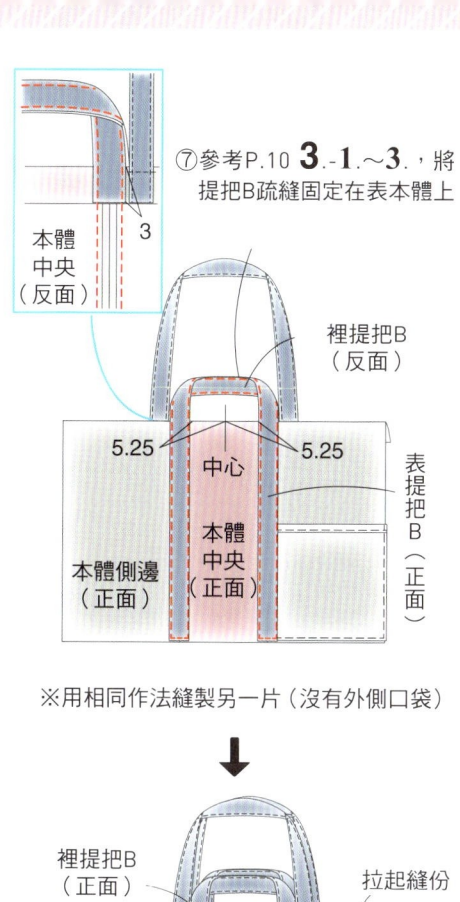

⑦參考P.10 **3.-1.~3.**，將提把B疏縫固定在表本體上

※用相同作法縫製另一片（沒有外側口袋）

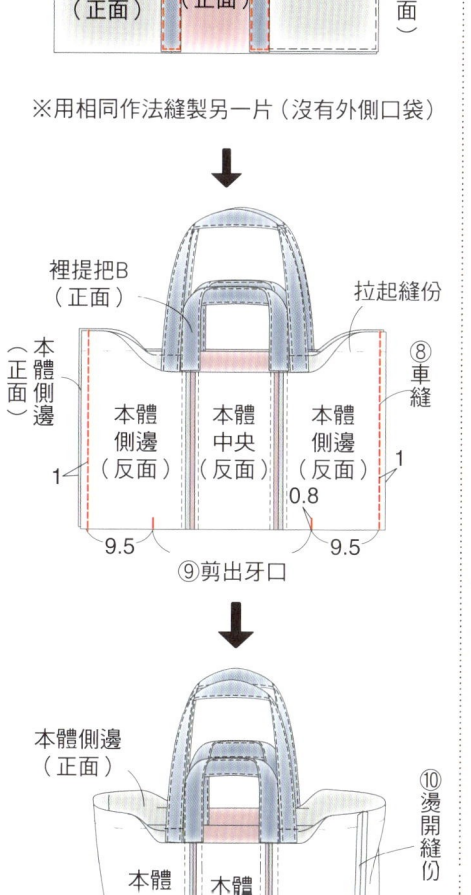

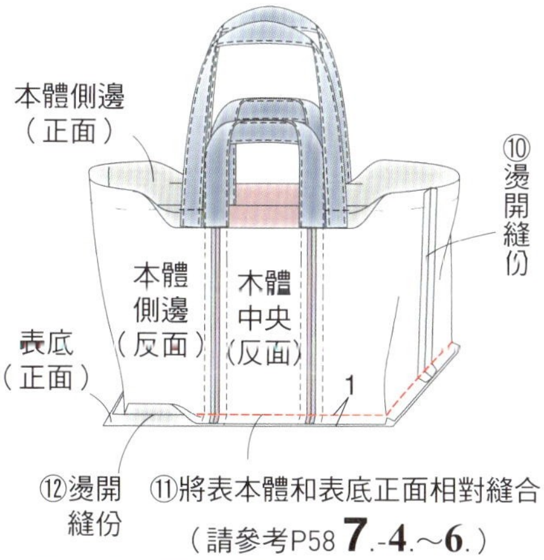

4. 縫製裡本體

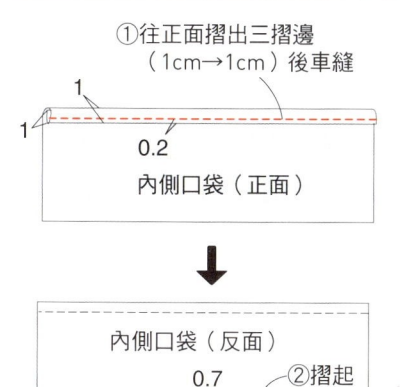

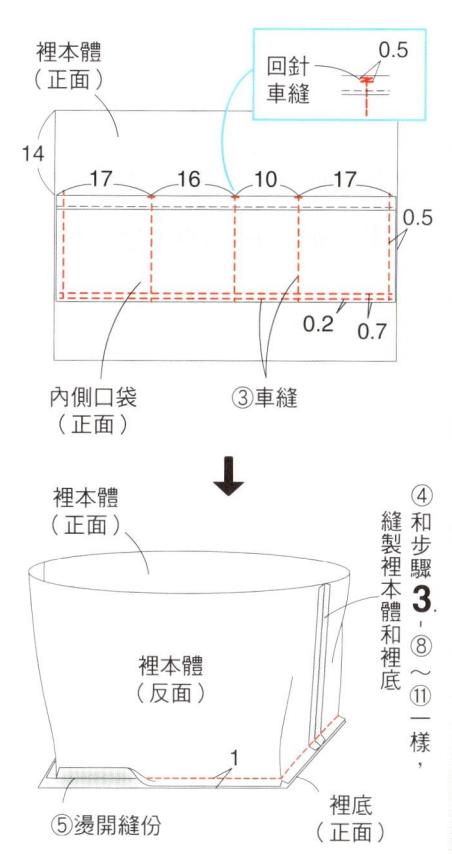

① 往正面摺出三摺邊（1cm→1cm）後車縫
② 摺起

5. 縫製束口袋布

① 鎖邊縫
② 將兩片束口袋布正面相對重疊
③ 車縫
④ 將側邊的縫份燙開
⑤ 車縫
⑥ 三摺邊（1cm→3.5cm）
⑦ 車縫

※用相同作法縫製另一邊

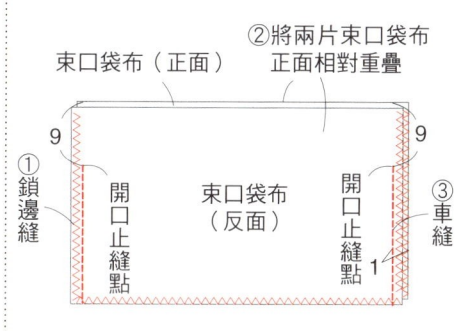

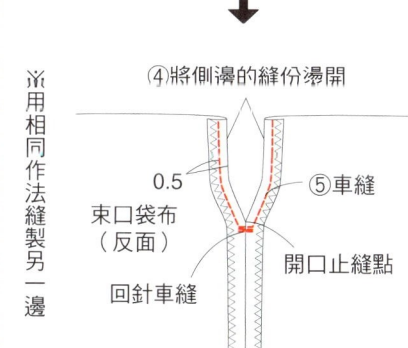

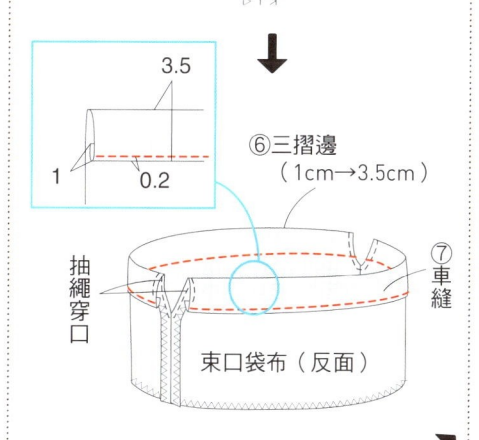

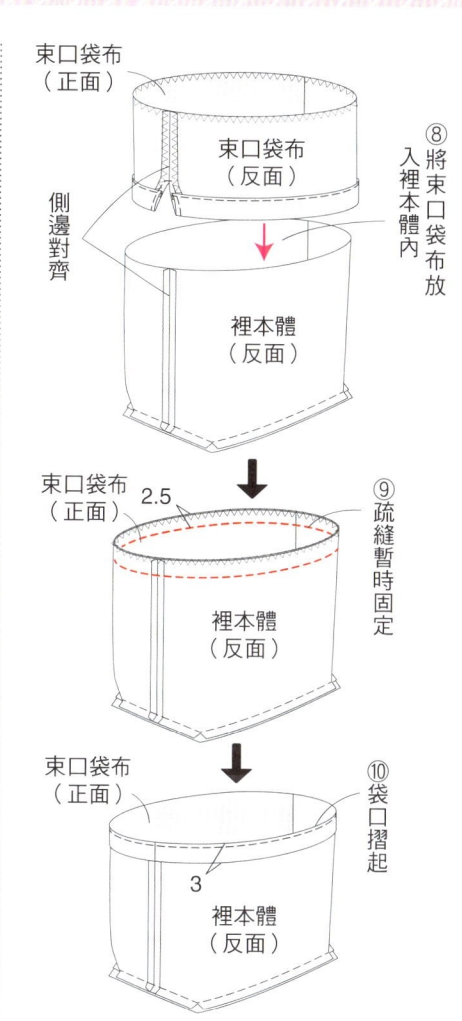

6. 縫合表本體和裡本體

① 參考P.13 **6.**，將縫份縫合固定
② 參考P.13 **7.-1.~3.**，將裡本體放入表本體內，並且將袋口縫合 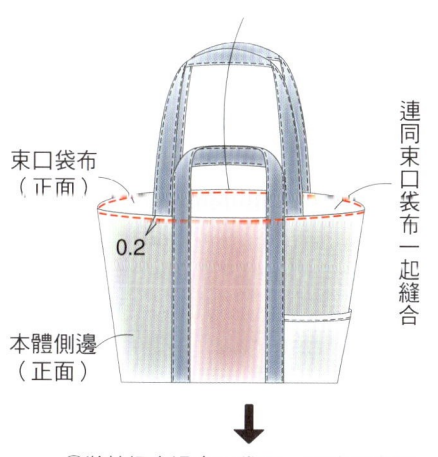
③ 將抽繩穿過束口袋布，並將兩邊打結（穿繩方法請參考P.29 **5.-5.**）

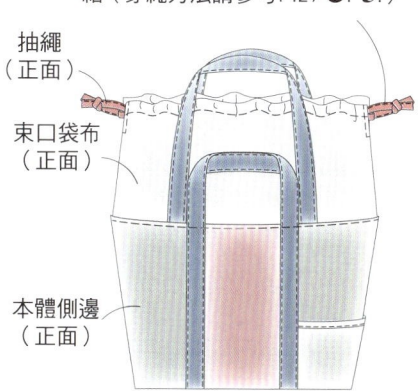

⑧ 將束口袋布放入裡本體內
⑨ 疏縫暫時固定
⑩ 袋口摺起

17

P.8 / 04 方形托特後背包

完成尺寸
32cm × 27cm × 10cm（底寬）

材料
- 表布………112cm寬 45cm長（10號帆布石蠟加工）
- 配布A………75cm寬 90cm長（橫條織布）
- 配布B………112cm寬 40cm長（11號帆布）
- 裡布………112cm寬 45cm長（棉厚織79號）
- D環………4cm寬 2個長
- 調節扣………4cm寬 2個
- 拉鍊………40cm 1條（FLATKNIT）

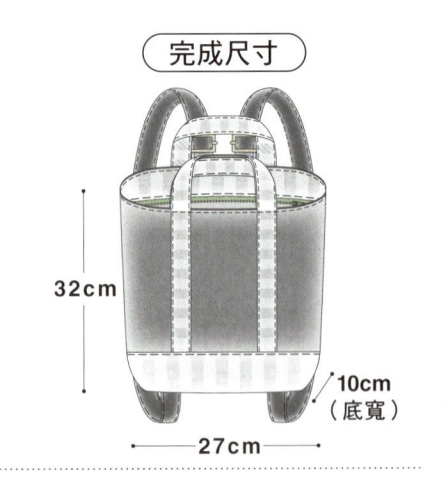

布料裁法

※這並不是實際尺寸紙型。
請依照圖示尺寸直接剪裁。
（圖示的數字是包含縫份的尺寸）

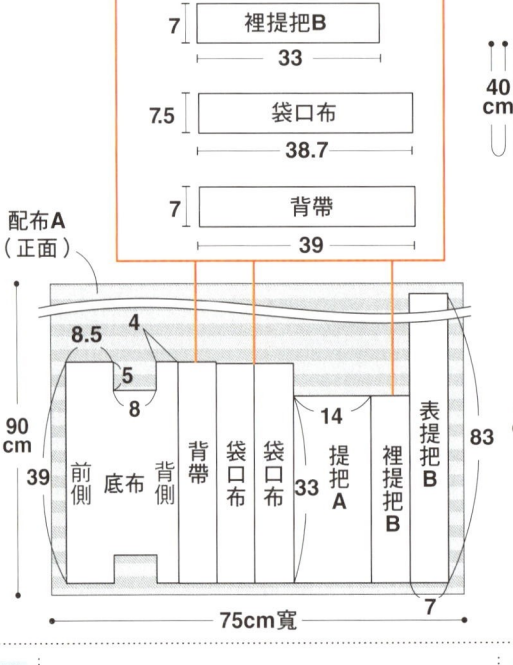

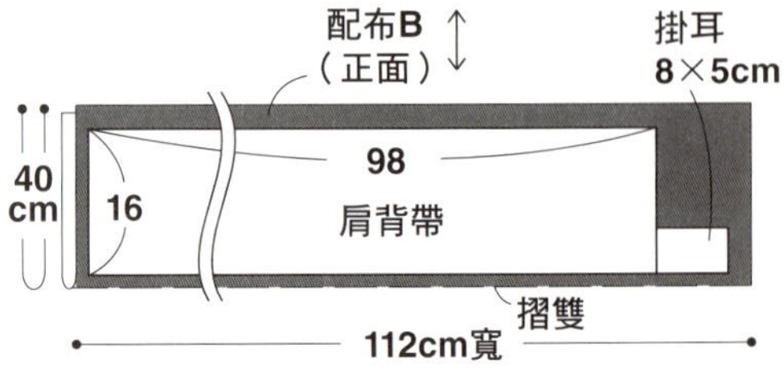

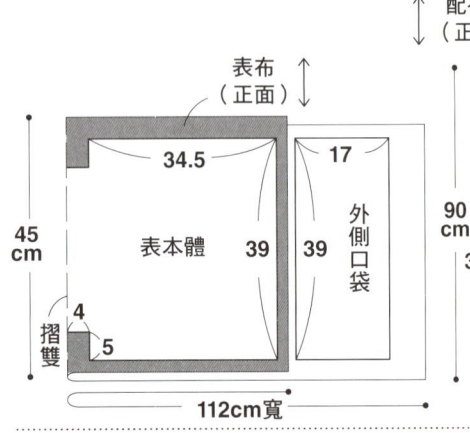

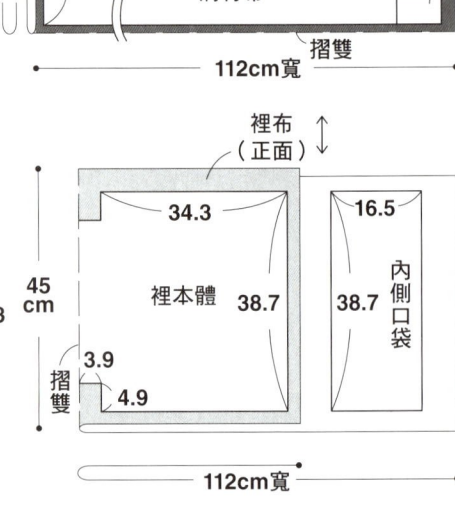

【尺寸圖】
- 裡提把B：7 × 33
- 袋口布：7.5 × 38.7
- 背帶：7 × 39

表布（正面） 112cm寬 × 45cm
- 表本體：34.5 × 39
- 外側口袋：17 × 39
- 摺雙 4 × 5

配布A（正面） 75cm寬 × 90cm
- 前側底布：39
- 背側：8.5, 5, 8
- 背帶、袋口布、袋口布
- 提把A：14
- 裡提把B：83
- 表提把
- 4

配布B（正面） 112cm寬 × 40cm
- 肩背帶：98 × 16
- 掛耳 8×5
- 摺雙

裡布（正面） 112cm寬 × 45cm
- 裡本體：34.3 × 38.7
- 內側口袋：16.5 × 38.7
- 摺雙 3.9 / 4.9

1. 縫製掛耳、提把和肩背帶

【掛耳】
① 將兩邊往中央對齊摺起後車縫
掛耳（正面）0.2 / 0.7 / 4
② 穿過D環後對摺
③ 疏縫暫時固定
D環 2.5 / 0.5

※用相同作法再縫製一個

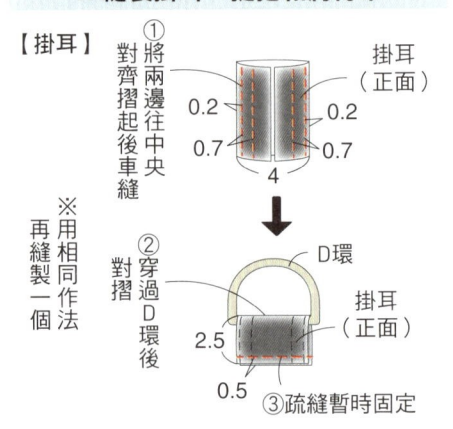

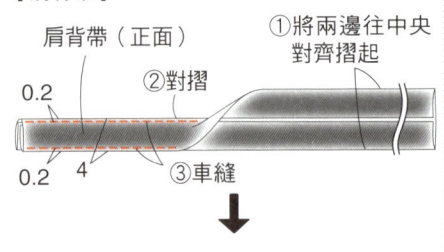

【提把A】
① 將兩邊往中央對齊摺起
② 對摺
③ 車縫
3.5 / 0.2
提把A（正面）

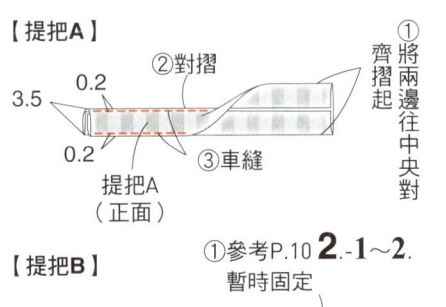

【提把B】
① 參考P.10 2.-1～2. 暫時固定
表提把B（正面）／中心對齊／裡提把B（正面）／3.5

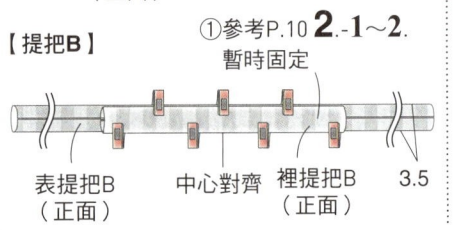

【肩背帶】
① 將兩邊往中央對齊摺起
② 對摺
③ 車縫
肩背帶（正面）0.2 / 4
④ 將肩背帶的一端穿過調節扣中間的五金後摺起，車縫固定
1.5 / 0.2 / 5
肩背帶後側（正面）／調節扣（背面）

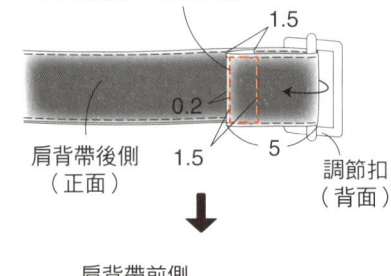

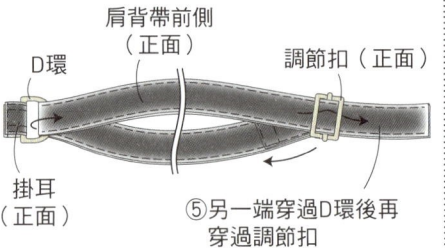

肩背帶前側（正面）／D環／調節扣（正面）／掛耳（正面）
⑤ 另一端穿過D環後再穿過調節扣

※用相同的作法再縫製一條

2. 縫製內外口袋

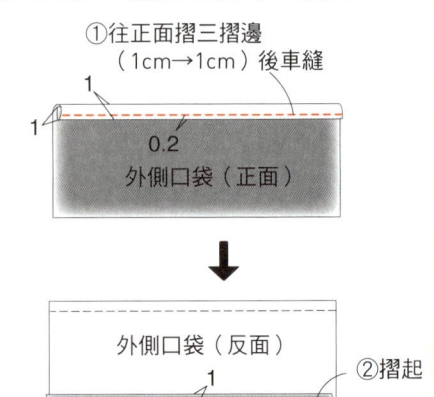

① 往正面摺三摺邊（1cm→1cm）後車縫
1 / 1 / 0.2
外側口袋（正面）

② 摺起
外側口袋（反面）／1

※內側口袋也用相同的作法縫製袋口，並且將下側邊緣摺起0.7cm

3. 縫製背帶和底布

【背帶】
① 將兩邊往中央對齊摺起
3.5
背帶（正面）

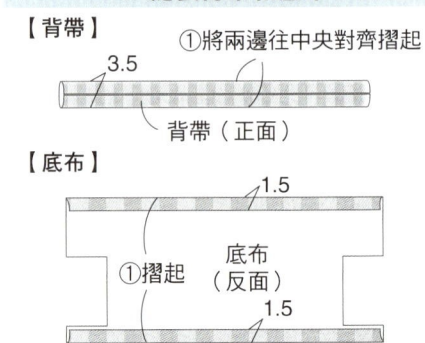

【底布】
① 摺起
1.5 / 1.5
底布（反面）

4. 縫製表本體

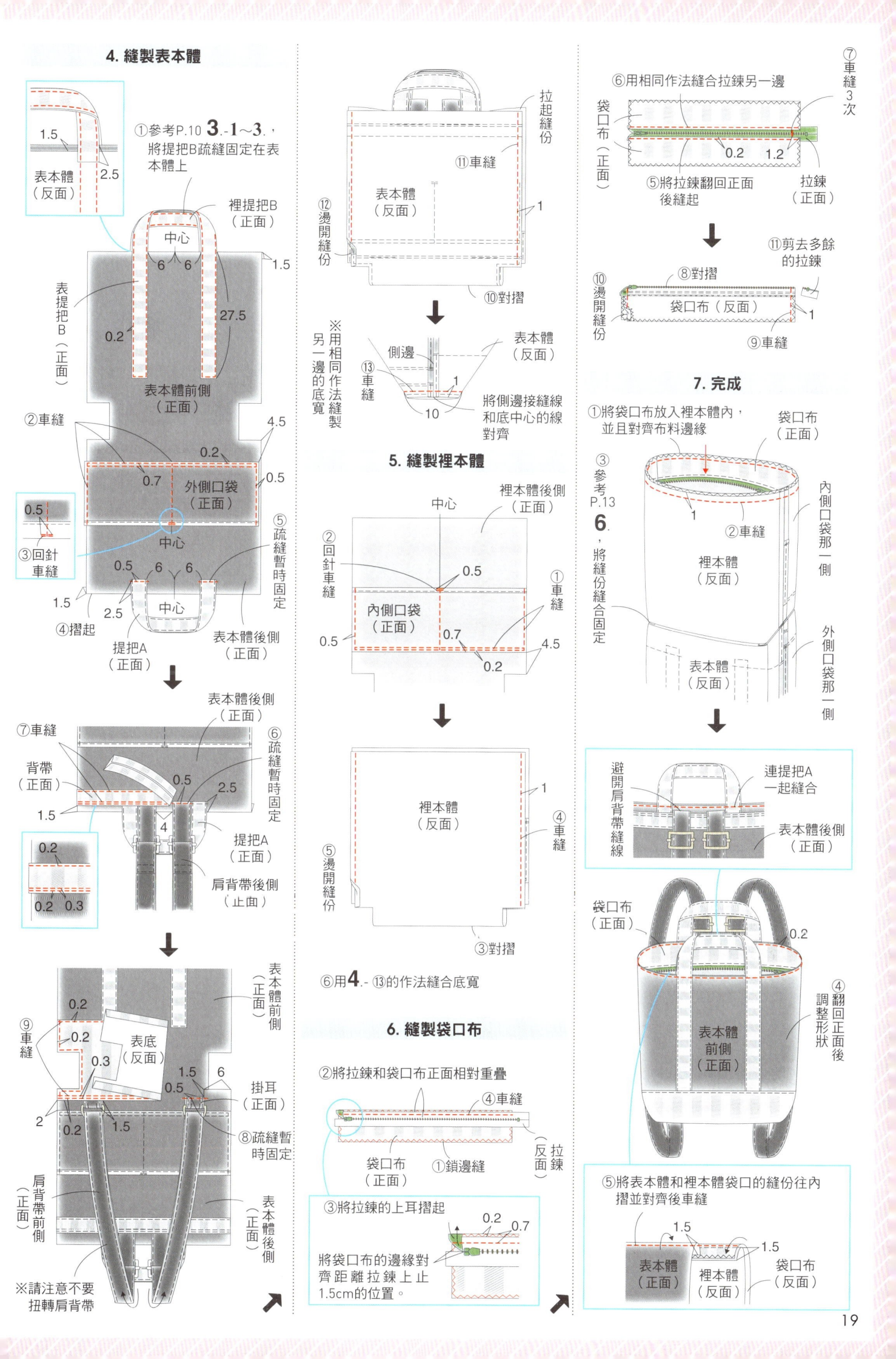

① 參考P.10 **3.-1～3.**，將提把B疏縫固定在表本體上

- 表本體（反面）
- 1.5
- 2.5
- 裡提把B（正面）
- 中心
- 6　6
- 表提把B（正面）
- 0.2
- 27.5
- 表本體前側（正面）
- 1.5
- ② 車縫
- 4.5
- 0.2
- 外側口袋（正面）
- 0.5
- ⑤ 疏縫暫時固定
- 0.7
- 0.5
- ③ 回針車縫
- 中心
- 0.5　6　6
- 1.5　2.5
- 中心
- ④ 摺起
- 提把A（正面）
- 表本體後側（正面）

↓

- ⑦ 車縫
- 背帶（正面）
- 表本體後側（正面）
- ⑥ 疏縫暫時固定
- 0.5　2.5
- 1.5
- 4
- 提把A（正面）
- 肩背帶後側（正面）
- 0.2
- 0.2　0.3

↓

- ⑨ 車縫
- 0.2
- 0.2
- 表本體前側（正面）
- 表底（反面）
- 0.3
- 1.5　6
- 0.5
- 掛耳（正面）
- 2
- 0.2　1.5
- ⑧ 疏縫暫時固定
- 肩背帶前側（正面）
- 表本體後側
- ※請注意不要扭轉肩背帶

- 拉起縫份
- ⑪ 車縫
- 表本體（反面）
- ⑫ 邊開縫份
- 1
- ⑩ 對摺
- ※用相同作法縫製另一邊的底寬

↓

- 側邊
- ⑬ 車縫
- 1
- 10
- 表本體（反面）
- 將側邊接縫線和底中心的線對齊

5. 縫製裡本體

- 中心
- 裡本體後側（正面）
- ② 回針車縫
- 0.5
- ① 車縫
- 內側口袋（正面）
- 0.5
- 0.7
- 4.5
- 0.2

↓

- 裡本體（反面）
- 1
- ④ 車縫
- ⑤ 燙開縫份
- ③ 對摺

⑥ 用 **4.-⑬** 的作法縫合底寬

6. 縫製袋口布

② 將拉鍊和袋口布正面相對重疊

- ④ 車縫
- 袋口布（正面）
- ① 鎖邊縫
- 拉鍊（反面）

③ 將拉鍊的上耳摺起

- 0.2　0.7

將袋口布的邊緣對齊距離拉鍊上止1.5cm的位置。

- ⑦ 車縫3次
- ⑥ 用相同作法縫合拉鍊另一邊
- 袋口布（正面）
- 0.2　1.2
- ⑤ 將拉鍊翻回正面後縫起
- 拉鍊（正面）

↓

- ⑪ 剪去多餘的拉鍊
- ⑧ 對摺
- ⑩ 燙開縫份
- 袋口布（反面）
- 1
- ⑨ 車縫

7. 完成

① 將袋口布放入裡本體內，並且對齊布料邊緣

- 袋口布（正面）
- ③ 參考P.13 **6.**，將縫份縫合固定
- ② 車縫
- 1
- 裡本體（反面）
- 內側口袋那一側
- 外側口袋那一側
- 表本體（反面）

↓

- 避開肩背帶縫線
- 連提把A一起縫合
- 表本體後側（正面）

- 袋口布（正面）
- 0.2
- ④ 翻回正面後調整形狀
- 表本體前側（正面）

⑤ 將表本體和裡本體袋口的縫份往內摺並對齊後車縫

- 1.5　1.5
- 表本體（正面）
- 裡本體（反面）
- 袋口布（反面）

2. FLAT BAG
扁平包

由單片布料製成，沒有內襯、
沒有側身、也沒有底布，
只用一整片布料縫製而成的包款。
這類包包屬於扁平包，
由於部件少，整體很輕巧，作法也相當簡單。

包包外側有
分成**3**格的口袋。
底寬是由包底往上摺後縫製而成，
屬於「底寬內摺」的包款。

FLAT BAG
05
【軋別丁束口包】

作法 | P.26

軋別丁（Gabardine）這種布料除了可用於製作風衣外，由於織紋密、布料挺、容易縫製，所以也很推薦大家可以用來縫製包包。本篇會利用這種布料，縫製一款輕巧又便於使用的大容量束口袋包。

表布＝高密度格紋軋別丁（白色×綠色）／L'idée　縫線＝Schappe Spun縫線#30（16冰灰色）／FUJIX

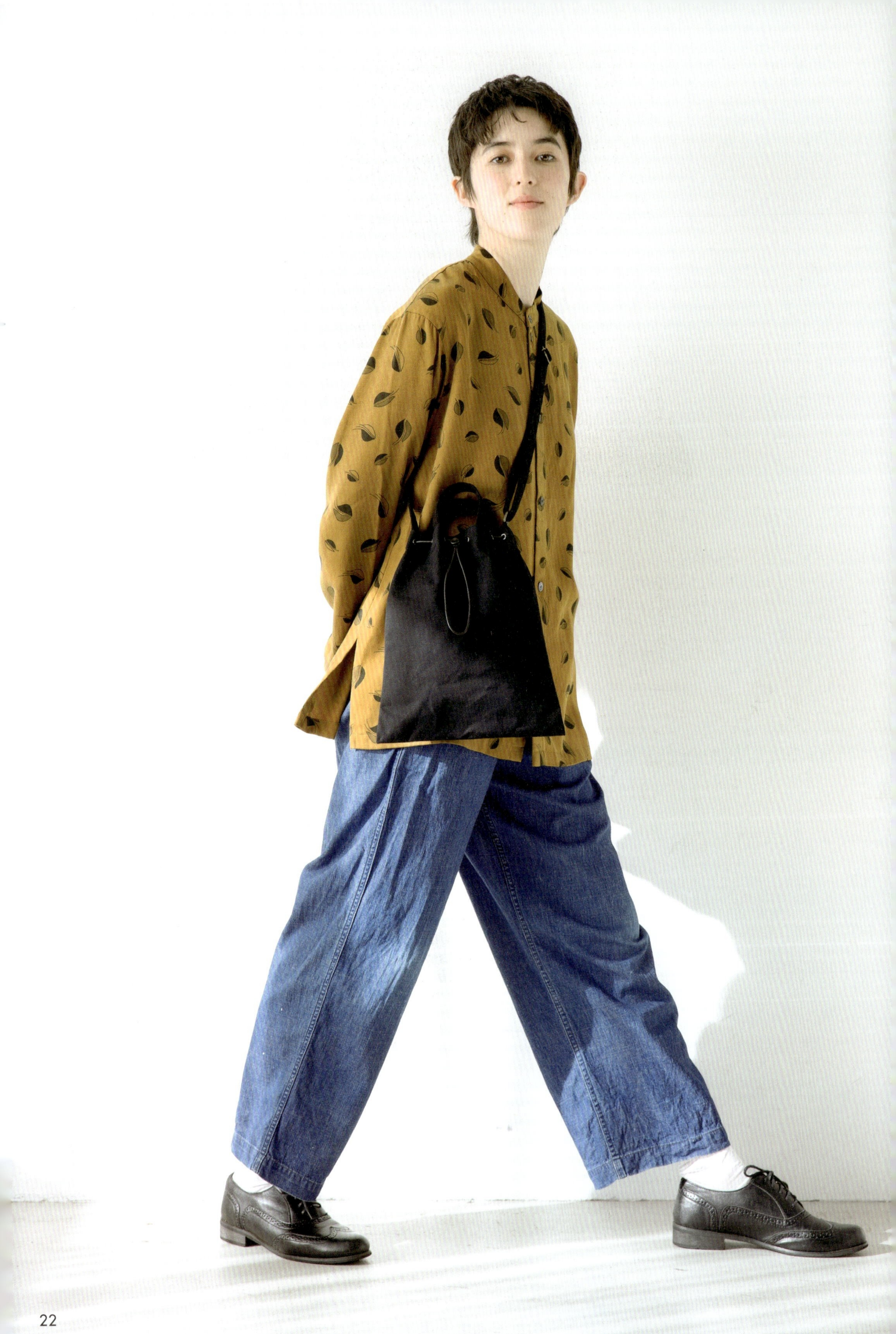

附有短提把,
可用於輕便外出,
或當成包中包使用。

FLAT BAG
06
【兩用帆布肩背包】
作法 | P.30

經過石蠟加工的10號帆布,表面呈現塗蠟後的質感,耐用密實,做成包包後散發著洗鍊時尚的魅力,是用一塊布料就能完成的輕巧包款。

表布＝10號帆布石蠟加工（黑色）　配布＝11號帆布55色系列（10黑色）／L'idée　D環＝20mm（SUN 10-78、N）
調節扣＝20mm（SUN 13-129、N）　雙面扣眼＝內徑5mm（SUN 11-182、N）　束扣＝（SUN 91-36、黑色）／清原
圓真皮繩＝寬約3mm（LS30-26、黑色）／INAZUMA　縫線＝Schappe Spun縫線#30（402黑色）／FUJIX

FLAT BAG
07
【寬帶印花肩背包】

作法 | P.33

感覺像是圍巾或領巾一樣，隨意掛在身上的帥氣肩背包。包包本體使用了牛津印花布，輕巧好背。跳色的寬肩帶很容易就能成為造型亮點。

包包的另一個特色是將內部分成3層的設計。只要放一本雜誌，就可以維持包包的輪廓形狀。

表布＝牛津布by CLARKE&CLARKE（Malva、3 Taupe）／鎌倉SWANY　配布＝11號帆布（#5000-6黃色）／富士金梅®
磁扣＝14mm（SUN 14-86、AG）／清原　縫線＝Schappe Spun縫線#30（原色）／FUJIX

FLAT BAG
08
【寬皮革手提托特包】

作法 | P.31

我在布料行鎌倉SWANY發現了10cm寬的皮革單提把,因為太想使用而縫製了這款托特包。將提帶剪成想要的長度後,直接車縫接合即可,簡單的作法讓我很滿意。這款包有三角外摺的底寬。

表布＝牛津布by CLARKE&CLARKE（Sail Stripe、1 Marine）　提把＝軟皮革條帶10cm寬～Datum（#785紅色系）／鎌倉SWANY
裡布＝棉厚織79號（深紅色）／L'idée　配布＝11號帆布（#5000-16藏青色）／富士金梅®
縫線＝Schappe Spun縫線#30（14紅色、99藏青色、161冰灰色）／FUJIX

P.21 / 05 軋別丁束口包

材料
表布 ………… 112cm寬 1.3m長（格紋軋別丁棉布）

完成尺寸
47cm × 39cm，側幅8cm

布料裁法
（表布正面）

※這並不是實際尺寸，請依照圖示尺寸直接剪裁。（圖示的數字是包含縫份的尺寸）

- 外側口袋：57 × 28.7
- 本體：57 × 96（126）
- 抽繩：8 × 126 ×2
- 提把：14 × 78 ×2
- 內側口袋：18 × 44 ×2

1.3m / 112cm寬

1. 縫製抽繩和提把

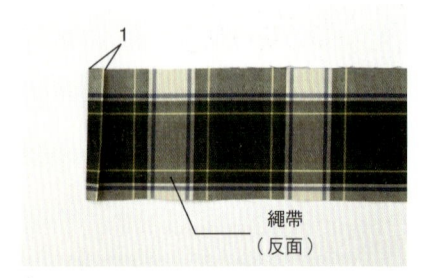

1. 將抽繩的一個短邊摺起1cm。另一邊也同樣摺起。
   繩帶（反面）

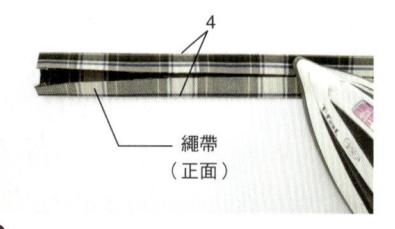

2. 將上下兩邊往中央對齊摺起，然後燙平。
   繩帶（正面）4

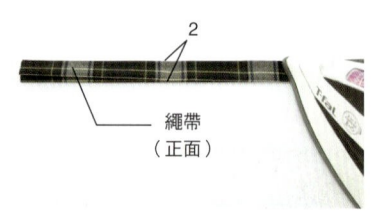

3. 將摺好的兩邊對摺後燙平。
   繩帶（正面）2

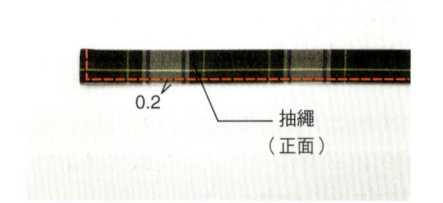

4. 在邊緣車縫固定。
   抽繩（正面）0.2

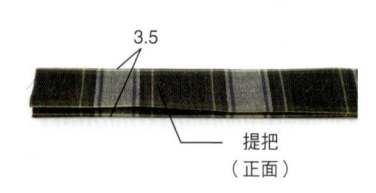

5. 依照 2.~3. 的作法處理提把。
   提把（正面）3.5

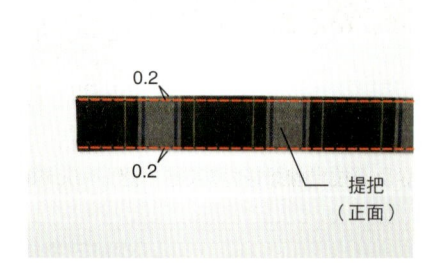

6. 在兩邊用車縫固定。
   提把（正面）0.2 / 0.2

2. 縫製外側口袋

1. 將外側口袋的袋口先往正面摺1cm後再摺1cm，做出三摺邊。
   外側口袋（正面）

Point
先用骨筆在摺線的位置壓出「摺痕」，就可以摺得很整齊。

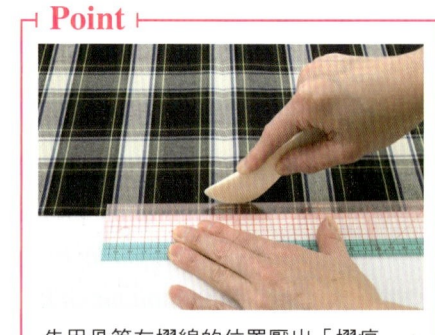

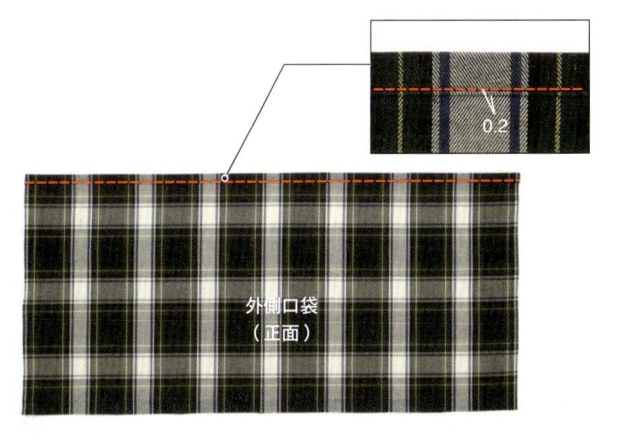

2. 在邊緣車縫固定。

3. 將下側邊緣往反面摺0.7cm。

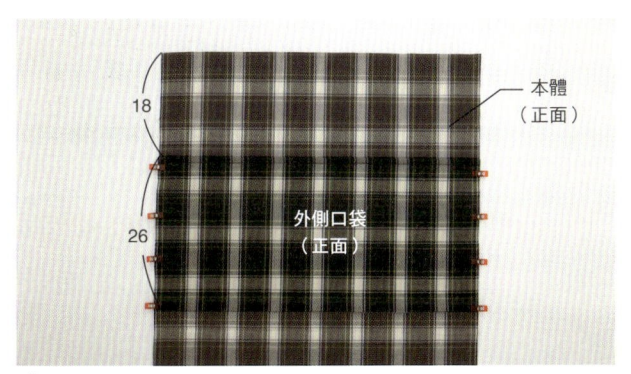

4. 將外側口袋和本體重疊,用疏縫固定夾固定兩邊。

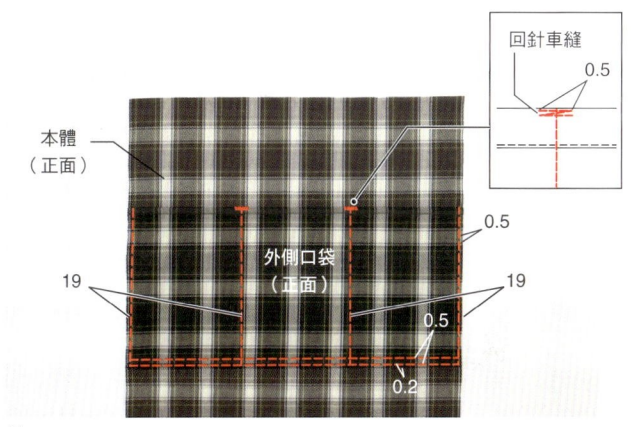

5. 車縫外側口袋的兩邊和底部,並縫出分格。

Point

從反面拉出線頭後打3次結,留下0.5cm的長度後剪斷。

3. 縫製本體

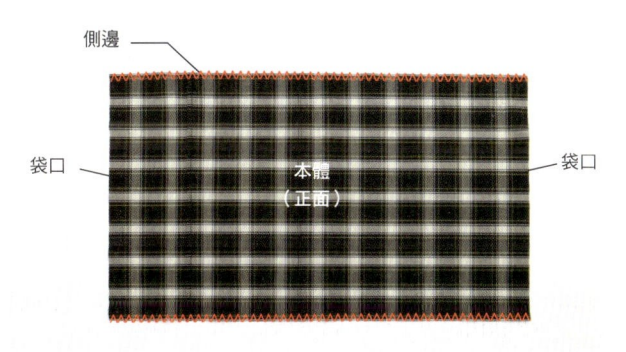

1. 在本體較長的一邊(側邊)縫上鎖邊縫(也可以用Z字縫代替)。鎖邊縫的縫線留長一些並且在線的尾端打結後,剪去多餘的縫線。

2. 將本體正面對摺,從摺痕處再摺4cm。

3. 在距離兩側邊緣1cm的位置車縫,縫到距離上側邊緣10cm的位置。

4. 將縫份燙開。

5. 在開口部分加上車縫線。為了讓開口止點牢固，請使用回針車縫來回縫2～3次。

4. 縫製內側口袋

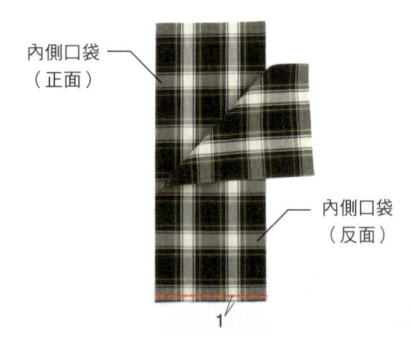

1. 將兩片內側口袋正面相對重疊，並且在下側邊緣加上縫線。

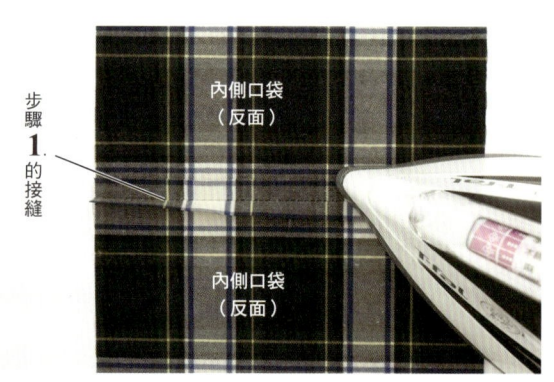

2. 將縫份燙開。

3. 在1.的接縫位置，摺起並車縫固定。

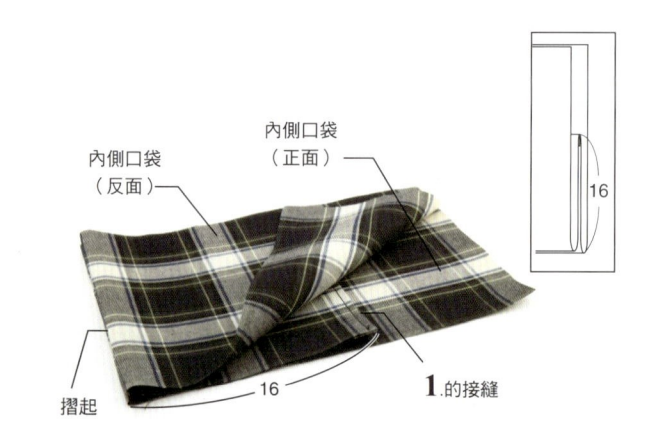

4. 將內側口袋如圖示般摺起。

5. 在距離兩邊1cm的位置，車縫固定。

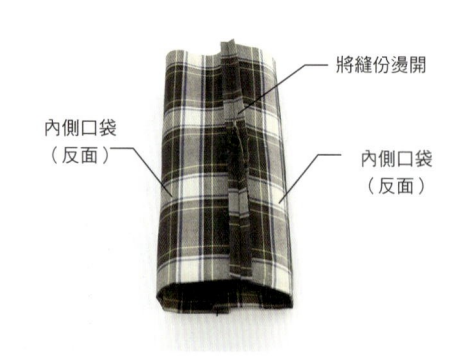

6. 將縫份燙開。

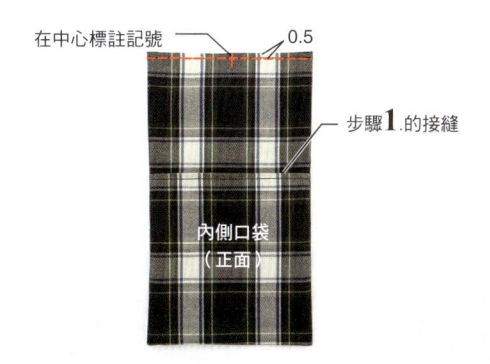

7. 翻回正面後調整形狀,將上側邊緣車縫收邊。接著用粉土筆在中心做記號。

從上側看的樣子。

5. 在本體縫合提把和內側口袋

1. 將本體的袋口先往內摺1cm,再摺4cm,做出三摺邊。

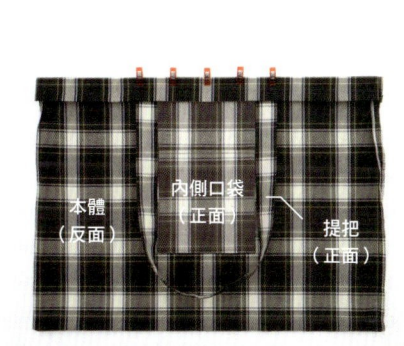

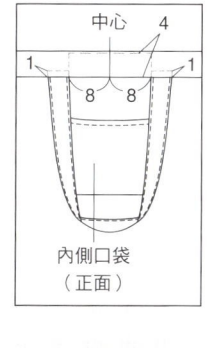

2. 用三摺邊夾入提把和內側口袋的邊緣,並用疏縫固定夾固定。另一側作法也相同,只夾入提把。

3. 沿著距離三摺邊的邊緣約0.2cm的地方,車縫固定本體、提把、內側口袋。

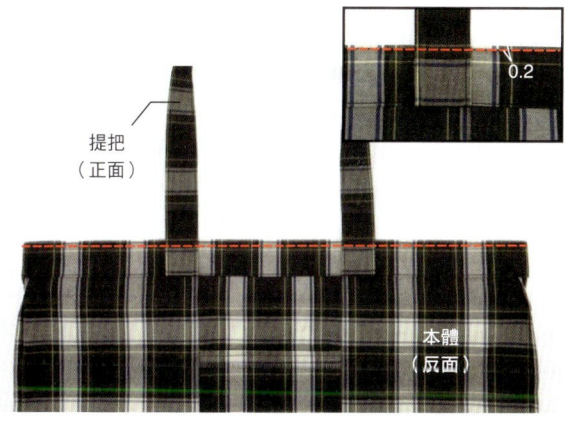

4. 接者,將提把往上拉起,沿著袋口邊緣約0.2cm的地方,再次車縫固定。

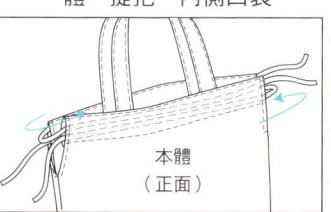

5. 從開口穿入抽繩並且在末端打結。

完成

P.23 / 06 兩用帆布肩背包

材料
- 表布 ……………… 112cm寬 30cm長（10號帆布石蠟加工）
- 配布 ……………… 40cm寬 1.4m長（11號帆布）
- 圓真皮繩 ………… 0.3cm寬 80cm長
- D環 ……………… 2cm寬 1個
- 調節扣 …………… 2cm寬 1個
- 扣眼 ……………… 內徑0.5cm寬 12個
- 束扣 ……………… 2.5cm寬 1個

完成尺寸
31cm × 26cm

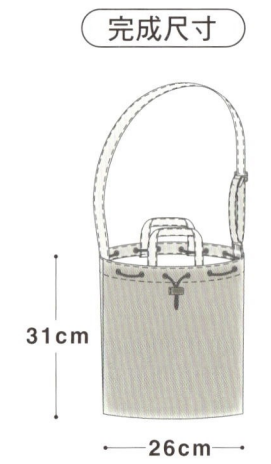

布料裁法

※這並不是實際尺寸紙型。請依照圖示尺寸直接剪裁。
（圖示的數字是包含縫份的尺寸）

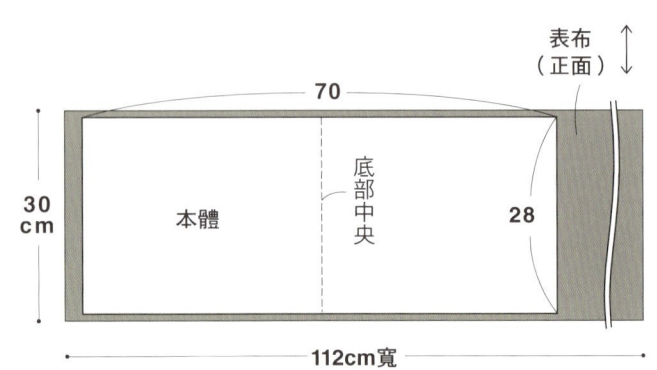

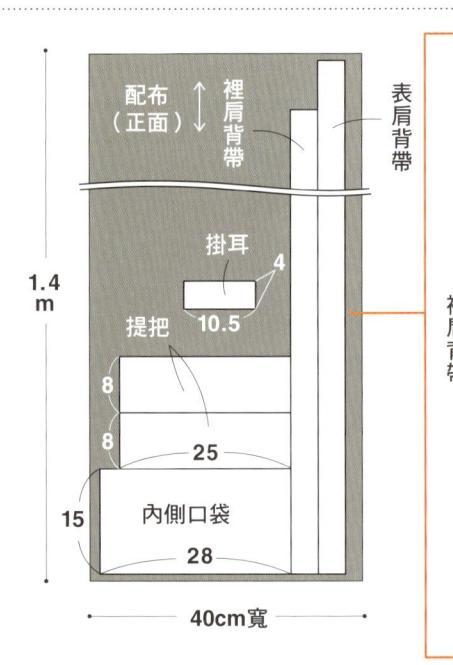

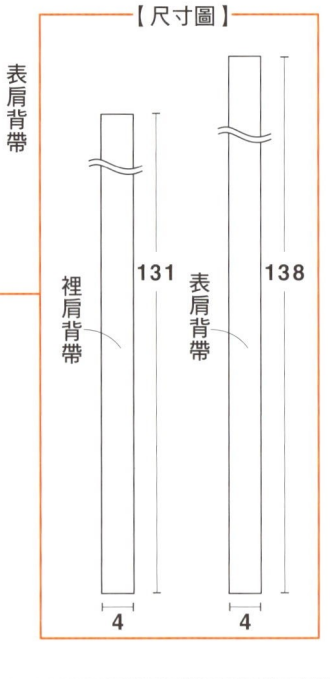

表布（正面）：本體 70 × 30cm，底部中央，28，112cm寬

配布（正面）：裡肩背帶、表肩背帶、掛耳 4、提把 10.5、8、8、25、內側口袋 15 × 28，1.4m，40cm寬

【尺寸圖】
- 裡肩背帶 131 × 4
- 表肩背帶 138 × 4

1. 縫製掛耳、肩背帶和提把

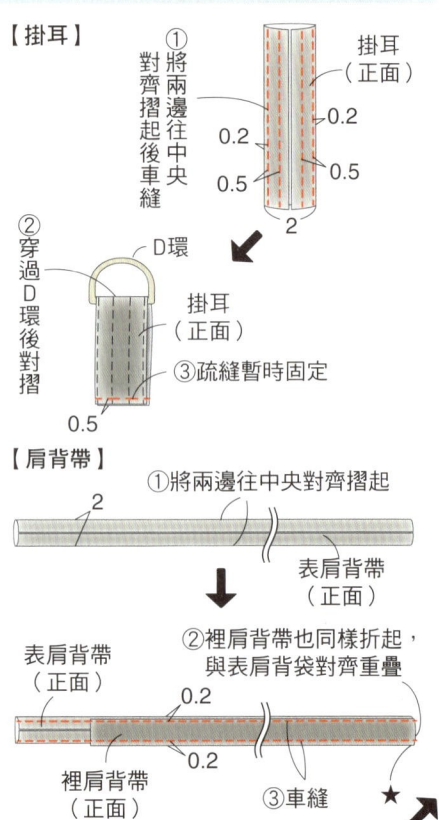

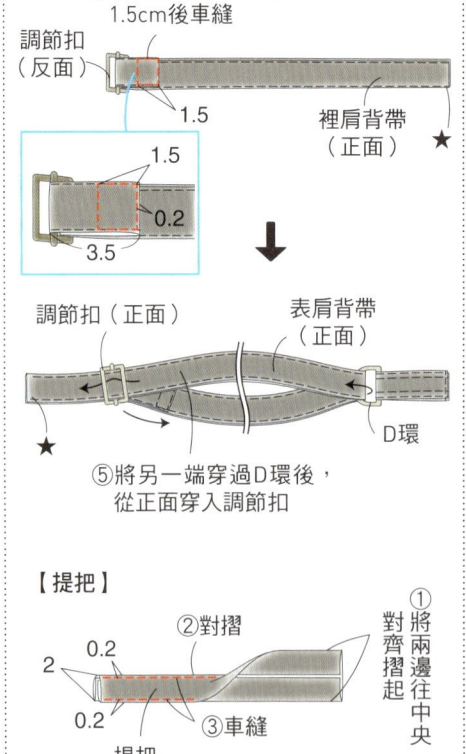

【掛耳】
① 將兩邊往中央對齊摺起後車縫（0.2、0.5、2）— 掛耳（正面）
② 穿過D環後對摺
③ 疏縫暫時固定（0.5）

【肩背帶】
① 將兩邊往中央對齊摺起（2）— 表肩背帶（正面）
② 裡肩背帶也同樣折起，與表肩背袋對齊重疊（0.2）
③ 車縫 ★

④ 將肩背帶的一端穿過調節扣，反摺1.5cm後車縫
調節扣（反面）1.5、裡肩背帶（正面）★
1.5、0.2、3.5

⑤ 將另一端穿過D環後，從正面穿入調節扣
調節扣（正面）、表肩背帶（正面）、D環

【提把】
① 將兩邊往中央對齊摺起
② 對摺（0.2、2、0.2）
③ 車縫 — 提把（正面）
※用相同作法縫製另一條

2. 縫製內側口袋

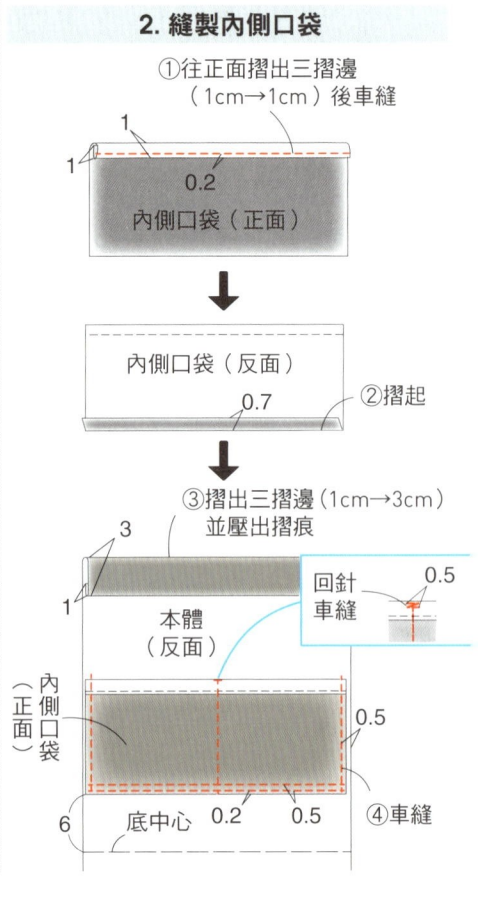

① 往正面摺出三摺邊（1cm→1cm）後車縫
1、1、0.2 — 內側口袋（正面）

② 摺起 — 內側口袋（反面）0.7

③ 摺出三摺邊（1cm→3cm）並壓出摺痕
3、1 — 本體（反面）
回針車縫 0.5

④ 車縫
內側口袋（正面）、底中心 6、0.2、0.5、0.5

3. 縫製本體

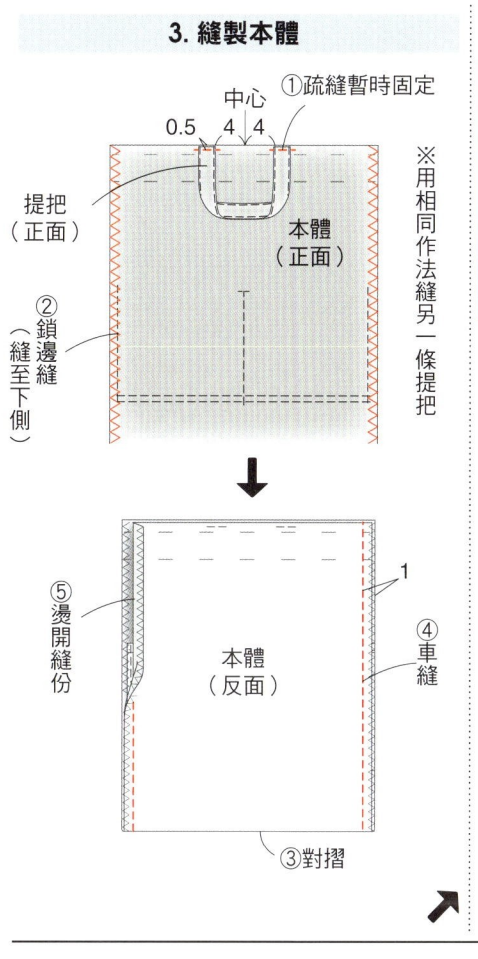

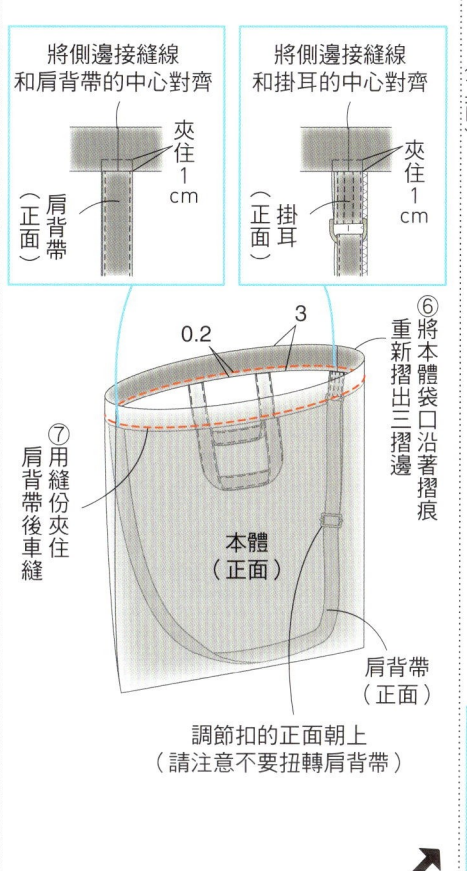

①疏縫暫時固定
中心
0.5　4　4
提把（正面）
本體（正面）
②鎖邊縫（縫至下側）
※用相同作法縫另一條提把

⑤燙開縫份
本體（反面）
④車縫
1
③對摺

將側邊接縫線和肩背帶的中心對齊
肩背帶（正面）
夾住1cm

將側邊接縫線和掛耳的中心對齊
掛耳（正面）
夾住1cm

0.2　3
⑥將本體袋口沿著摺痕重新摺出三摺邊
本體（正面）
⑦用縫份夾住肩背帶後車縫
肩背帶（正面）
調節扣的正面朝上（請注意不要扭轉肩背帶）

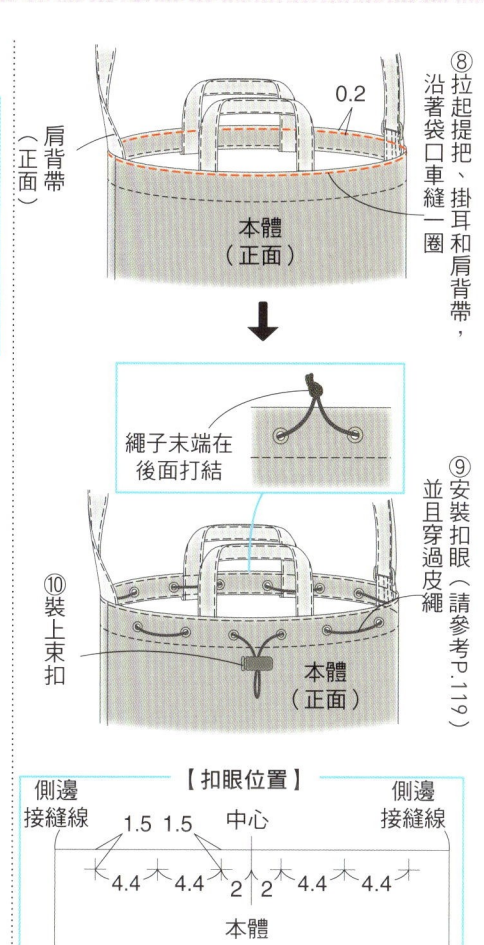

⑧拉起提把，沿著袋口車縫掛耳和肩背帶一圈
0.2
肩背帶（正面）
本體（正面）

繩子末端在後面打結

⑨安裝扣眼（請參考P.119）並且穿過皮繩
本體（正面）
⑩裝上束扣

【扣眼位置】
側邊接縫線　1.5　1.5　中心　側邊接縫線
4.4　4.4　2　2　4.4　4.4
本體

P.25 / 08 寬皮革手提托特包

材料

表布 ……………… 135cm寬30cm長（牛津棉布）
配布 ……………… 50cm寬40cm長（11號帆布）
裡布 ……………… 112cm寬50cm長（棉厚織79號）
軟皮革條帶 ……… 10cm寬50cm長 2條

完成尺寸

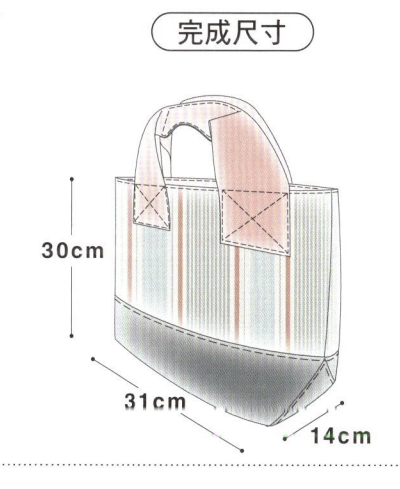

30cm
31cm
14cm

布料裁法

※這並不是實際尺寸紙型。請依照圖示尺寸直接剪裁。
（圖示的數字是包含縫份的尺寸）

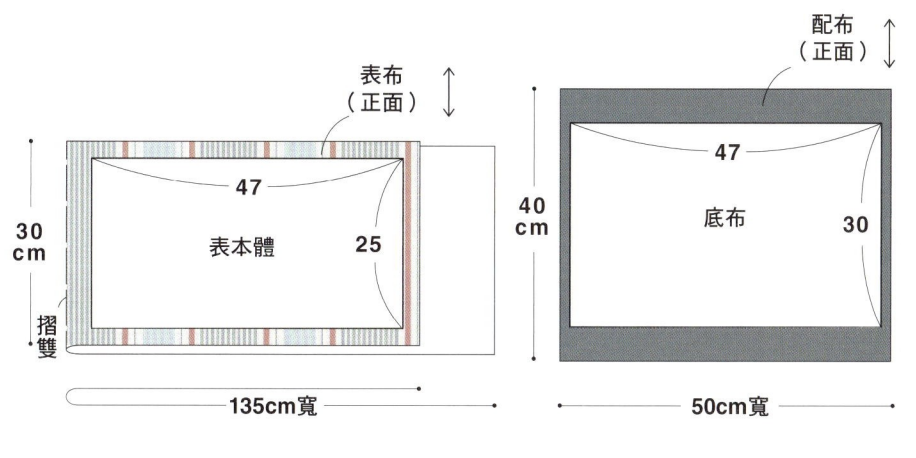

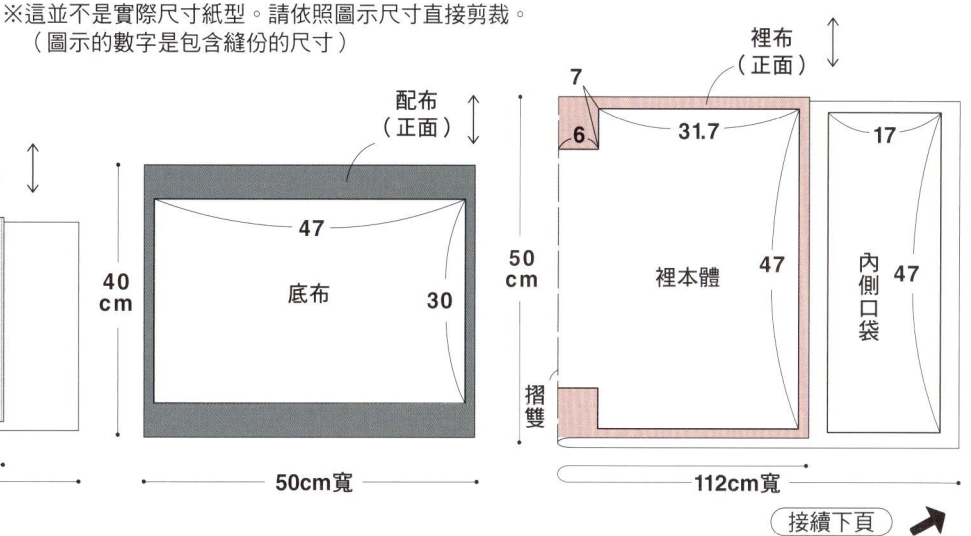

表布（正面）
47
30cm　表本體　25
摺雙
135cm寬

配布（正面）
47
40cm　底布　30
50cm寬

裡布（正面）
7
6　31.7
50cm　裡本體　47　17　內側口袋　47
摺雙
112cm寬

接續下頁

1. 縫製表本體

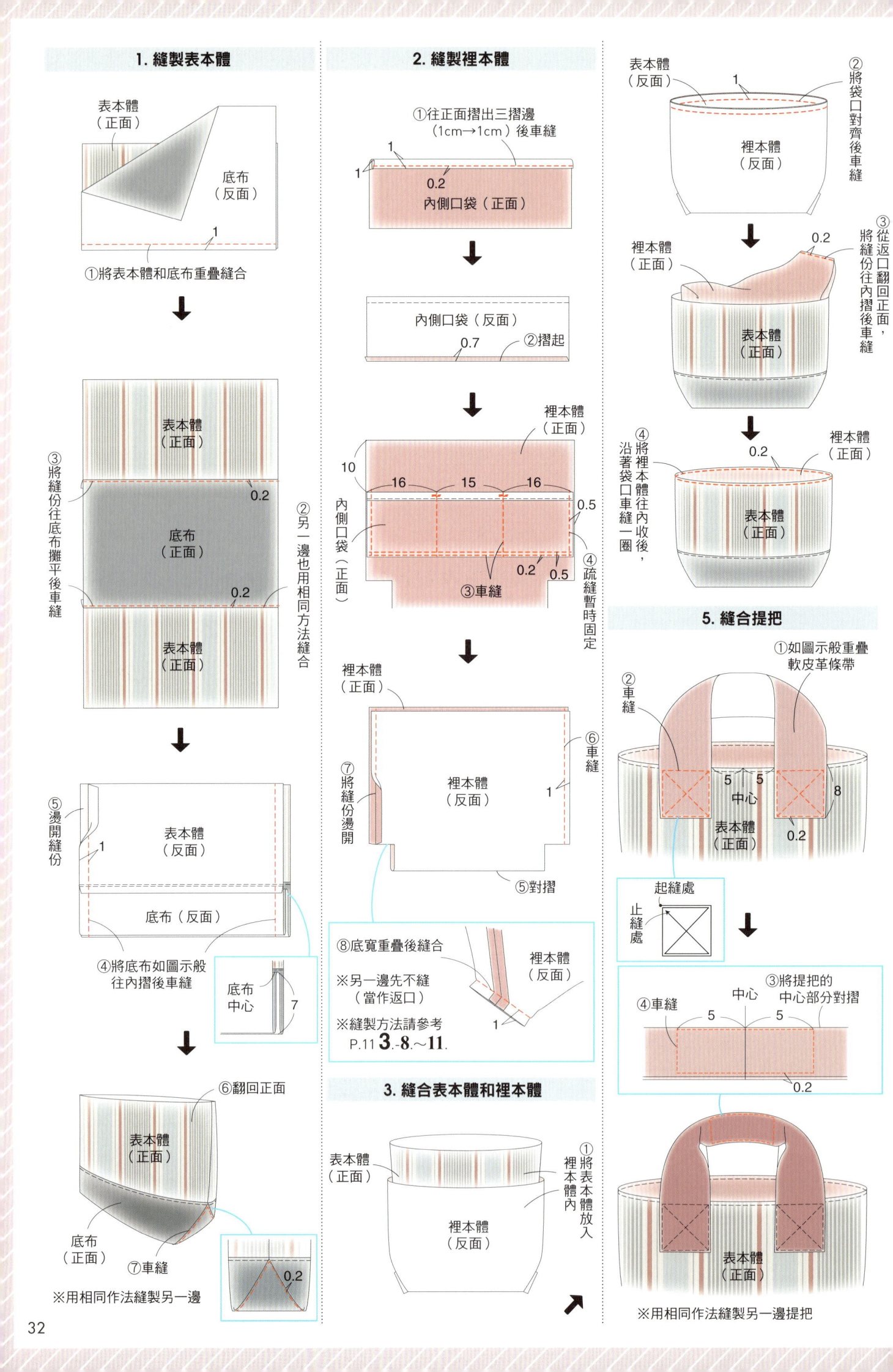

①將表本體和底布重疊縫合

③將縫份往底布攤平後車縫

②另一邊也用相同方法縫合

⑤燙開縫份

④將底布如圖示般往內摺後車縫

底布中心 7

⑥翻回正面

⑦車縫

※用相同作法縫製另一邊

2. 縫製裡本體

①往正面摺出三摺邊（1cm→1cm）後車縫

內側口袋（正面） 0.2

②摺起

內側口袋（反面） 0.7

內側口袋（正面）
10　16　15　16
裡本體（正面）
③車縫　0.2　0.5
④疏縫暫時固定

⑦將縫份燙開

裡本體（反面） 1

⑥車縫

⑤對摺

⑧底寬重疊後縫合

※另一邊先不縫（當作返口）

※縫製方法請參考 P.11 **3.**-**8.**～**11.**

3. 縫合表本體和裡本體

表本體（正面）

裡本體（反面）

①將表本體放入裡本體內

表本體（反面）

②將袋口對齊後車縫

③從返口翻回正面，將縫份往內摺後車縫

0.2

④將裡本體往內收後，沿著袋口車縫一圈

0.2

5. 縫合提把

①如圖示般重疊軟皮革條帶

②車縫

5　5　中心　8　0.2

表本體（正面）

起縫處　止縫處

③將提把的中心部分對摺

④車縫　5　中心　5

0.2

※用相同作法縫製另一邊提把

P.24 / **07 寬帶印花肩背包**

完成尺寸
34cm × 42cm

材料
- 表布 ……… 135cm寬90cm長（牛津棉布）
- 配布 ……… 112cm寬30cm長（11號帆布）
- 布襯 ……… 10cm寬10cm長
- 磁扣 ……… 1.4cm寬2組

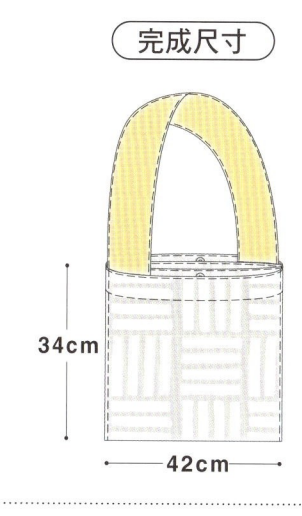

布料裁法
※這並不是實際尺寸紙型。
請依照圖示尺寸直接剪裁。
（圖示的數字是包含縫份的尺寸）

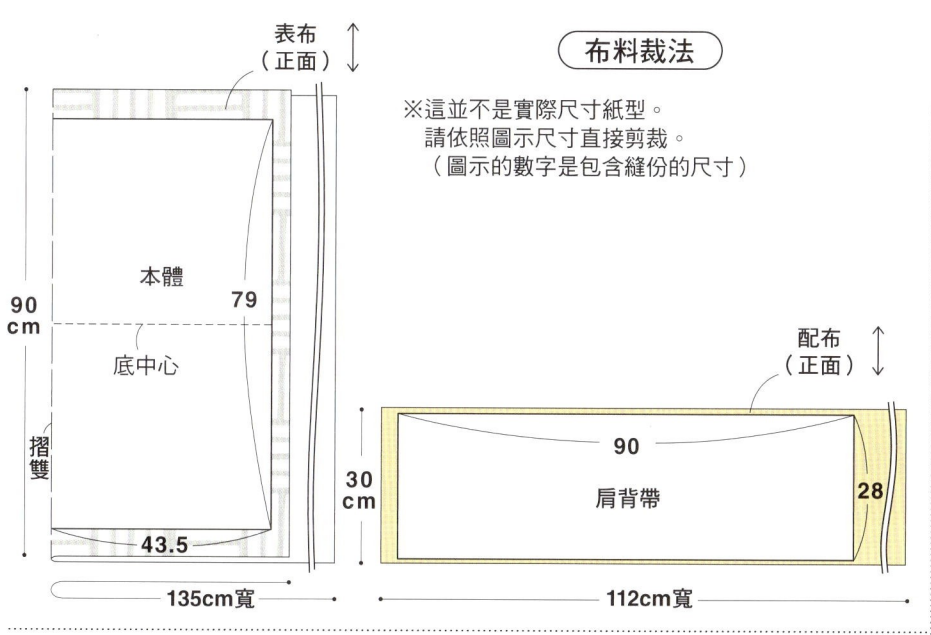

表布（正面）
- 本體 79
- 底中心
- 90cm × 135cm寬
- 摺雙
- 43.5

配布（正面）
- 肩背帶 90 × 28
- 30cm × 112cm寬

1. 縫製肩背帶
① 將兩邊往中央對齊摺起
② 對摺後車縫
- 肩背帶（正面）
- 7, 0.2, 0.2

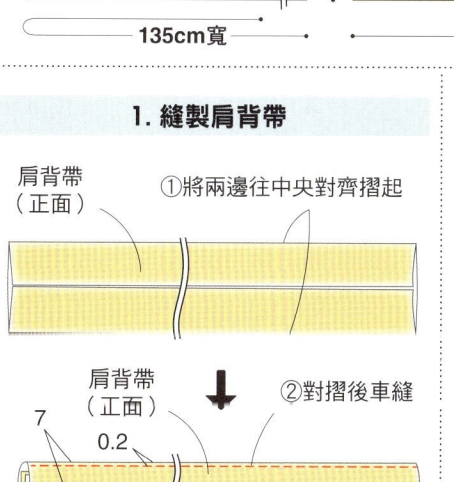

2. 縫製邊線
① 正面朝外對摺
② 車縫
- 本體（正面）
- 0.5
③ 翻至反面，再車縫一次
- 本體（反面）
- 1

【正面示意圖】 0.8　【反面示意圖】 0.2

④ 翻回正面，一邊攤平後車縫固定，將縫份往
⑤ 將本體壓平後熨燙出摺痕（摺痕位置距接縫15cm）
⑥ 在中心車縫
- 15
- 本體（正面）

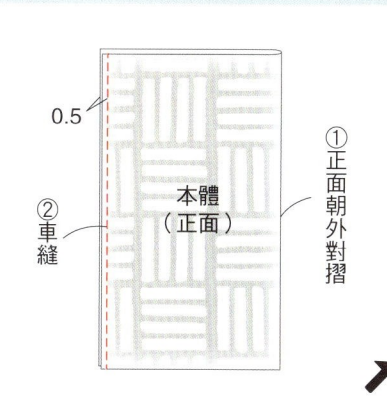

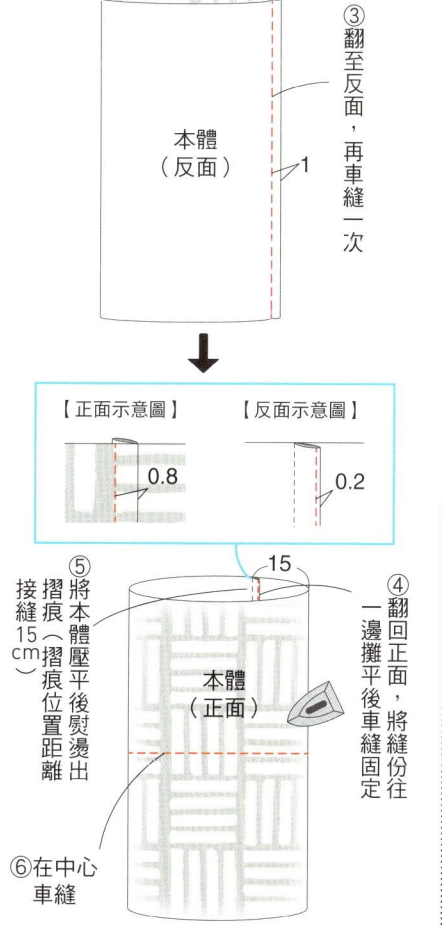

3. 縫製袋口
① 安裝磁扣（安裝方法請參考P.119）
- 中心 3.3
- 凹面 / 凸面
- 3.3
- 本體（反面）/ 本體（正面）

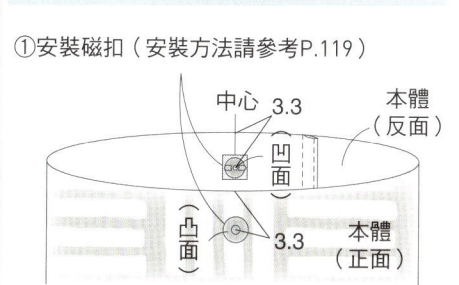

※另一邊也用相同作法加上磁扣

② 在袋口摺出三摺邊（1cm→4.5cm），夾住提把後車縫
- 夾住1cm
- 4.5, 0.5, 1
- 側邊的摺痕
- 0.2
- 本體（正面）
- 提把（正面）

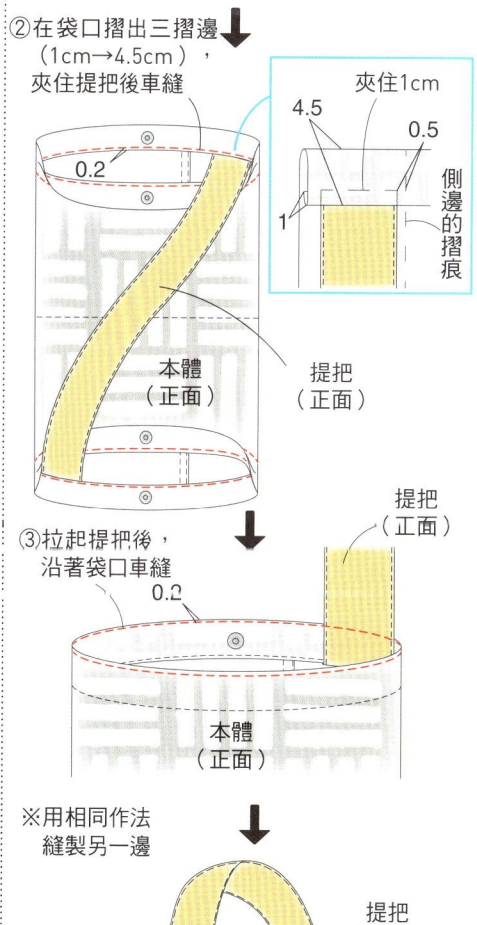

③ 拉起提把後，沿著袋口車縫
- 0.2
- 本體（正面）
- 提把（正面）

※用相同作法縫製另一邊

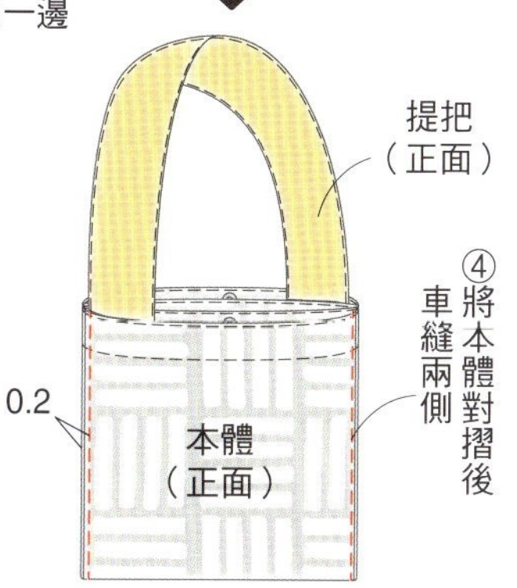

④ 將本體兩側車縫後對摺
- 0.2
- 本體（正面）
- 提把（正面）

33

3. DRAWSTRING BAG
抽繩包

英文「drawstring」是指束口袋。
提到這種袋子通常會聯想到
運動型的收納袋或小孩的便當袋,
不過本篇要介紹的包包,
是比較適合大人日常使用的設計。

包包外側設計了2格打摺口袋，
可以放入水壺或折傘等物品。

DRAWSTRING BAG
09
【簡約束口後背包】

作法 | P.40

將適合大人日常使用的時尚背包，設計成用皮繩收緊袋口的束口袋造型。背帶採用與本體相同的布料製作，配色簡約又給人輕便好用的感覺。

內側附有懸掛式內袋。

表布＝棉帆布10號（#2500-4米色）　配布＝11號帆布（#5000-75深綠色）／富士金梅®
裡布＝棉厚織79號（深芥末黃）／L'idée　D環＝40mm（SUN 10-106、AG）　調節扣＝40mm（SUN 13-176、AG）
按扣＝15mm（SUN 18-53、AG）／清原（株）
圓真皮繩＝寬約3mm（LS30-25焦茶色）／INAZUMA　縫線＝Schappe Spun縫線#30（275米色）／FUJIX

35

DRAWSTRING BAG
10
【編織提把圓底包】

作法 | P.46

在雜誌《Cotton friend手作誌》的連載作品中，我也設計過類似的編織提把包，當時受到廣大讀者的喜愛。4股編織的提把讓人體會到手作工藝的精巧，我自己也相當喜歡。包底為28cm的圓形，結構非常穩固。

表布＝染色亞麻帆布（#8500-1原色） 配布＝11號帆布（#5000-89公主藍）／富士金梅®
裡布＝棉厚織79號（粉藍色）／L'idée 縫線＝Schappe Spun縫線#30（92藍色）（275米色）／FUJIX

DRAWSTRING BAG
11
【海洋風束口包】

作法 | P.49

束口袋的製作方法簡單，也不需要拉鍊，可以用一塊布料完成，我自己很喜歡這種包款。稍微在布料和縫製方法上多花一點心思，就能完成一款專屬於自己、大人感的束口袋。

表布＝棉厚織79號by Navy Blue Closet（船錨線條、Gray）／富士金梅®　配布A＝條紋細平棉布（深藍色）／作者個人物品　配布B＝棉厚織79號（山吹色）／L'idée　縫線＝Schappe Spun縫線#30（161冰灰色）／FUJIX

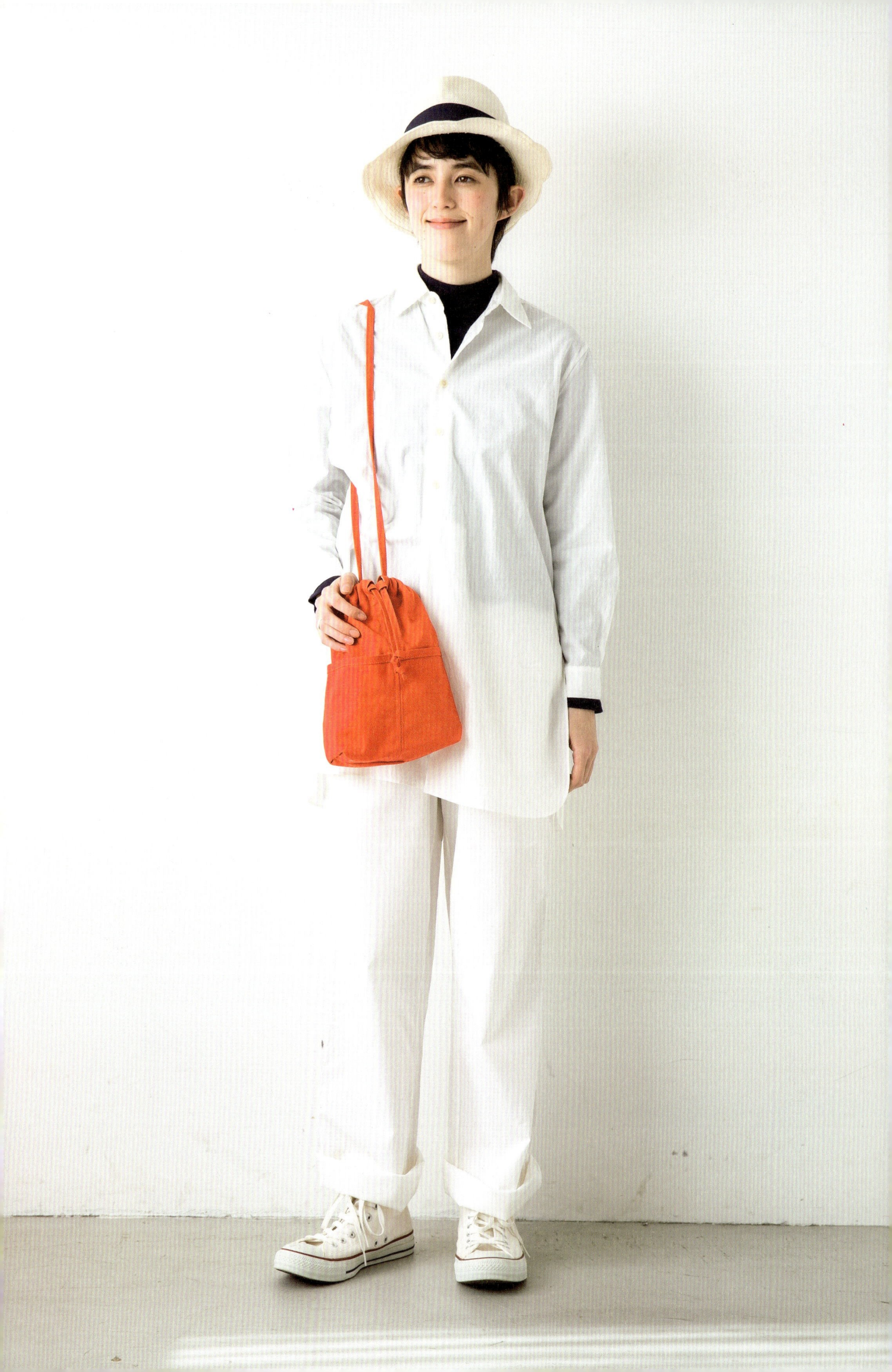

改變肩帶的穿法，
變成迷你束口袋也很可愛。

DRAWSTRING BAG
12
【迷你束口肩背包】

作法 | P.47

這款迷你包的大小剛好可以放入手機和錢包，相當方便。當初在設計時我苦思良久，因為我希望它不只是包包，也可以當成包中包使用。這款束口袋本體的縫製方法非常簡單，希望大家都可以試著挑戰看看。

表布＝11號帆布（46番茄紅）　裡布＝棉厚織79號（沙米色）／L'idée　單面扣眼＝10mm（SUN 11-176、AG）／清原
四合扣＝直徑10mm（SUN 18-13、AG）　縫線＝Schappe Spun縫線#30（236杏色）／FUJIX

39

P.35 / 09 簡約束口後背包

完成尺寸
45cm × 32cm × 7cm（底寬）

材料
- 表布 ……………… 112cm寬70cm長（10號帆布）
- 配布 ……………… 112cm寬70cm長（11號帆布）
- 裡布 ……………… 112cm寬50cm長（棉厚織79號）
- 布襯 ……………… 10cm寬10cm長
- 圓真皮繩 ………… 0.3cm寬2m長
- D環 ………………… 4cm寬2個
- 調節扣 …………… 4cm寬2個
- 按扣 ……………… 1.5cm寬1組

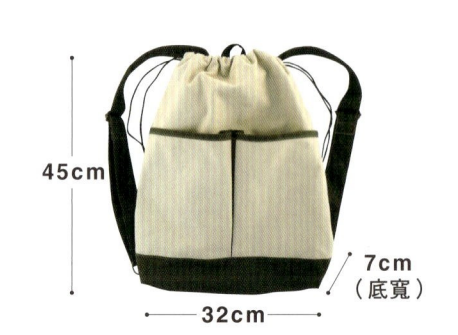

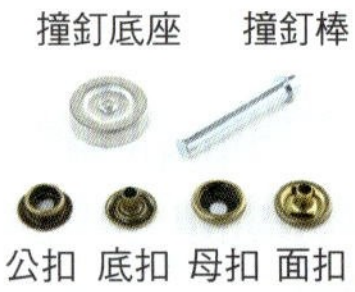

按扣
可牢牢扣住的金屬扣。安裝時需要有撞釘棒和木槌（鐵鎚）。安裝方法和四合扣大致相同。

公扣　底扣　母扣　面扣
撞釘底座　撞釘棒

木槌和橡膠墊
木槌也可以用鐵鎚代替。為了避免傷及桌面，下面一定要鋪上橡膠墊等硬質墊板。

布料裁法

※這並不是實際尺寸紙型。
請依照圖示尺寸直接剪裁。
（圖示的數字是包含縫份的尺寸）

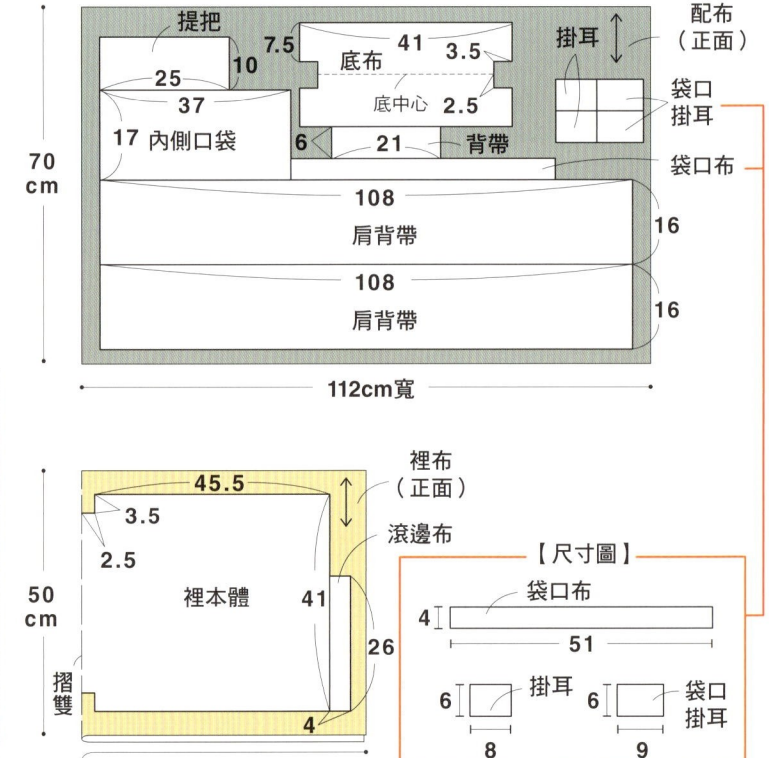

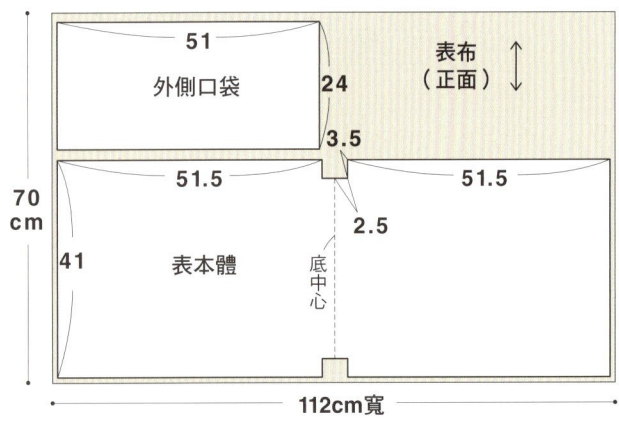

配布（正面） 112cm寬 × 70cm
- 提把：25 × 10
- 底布：41 × 7.5
- 掛耳：3.5
- 內側口袋：37 × 17
- 袋口掛耳
- 背帶：21 × 6 / 2.5
- 袋口布
- 肩背帶：108 × 16
- 肩背帶：108 × 16

表布（正面） 112cm寬 × 70cm
- 外側口袋：51 × 24
- 3.5
- 表本體：51.5 / 51.5 × 41
- 底中心：2.5

裡布（正面） 112cm寬 × 50cm
- 裡本體：45.5 × 41
- 3.5 / 2.5
- 滾邊布：26
- 摺雙 / 4

【尺寸圖】
- 袋口布：51 × 4
- 掛耳：8 × 6
- 袋口掛耳：9 × 6

---

1. 縫製外側口袋

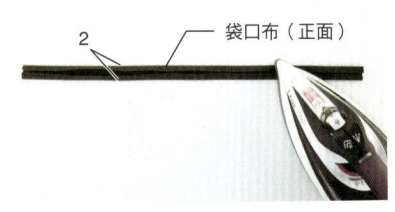

1. 將袋口布的上下兩邊往中央對齊後摺起。
   （袋口布（正面），2）

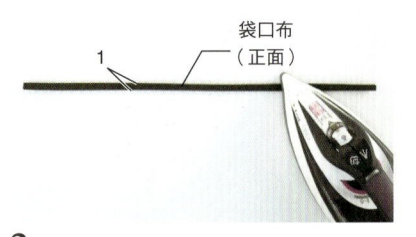

2. 摺起之後再對摺。
   （袋口布（正面），1）

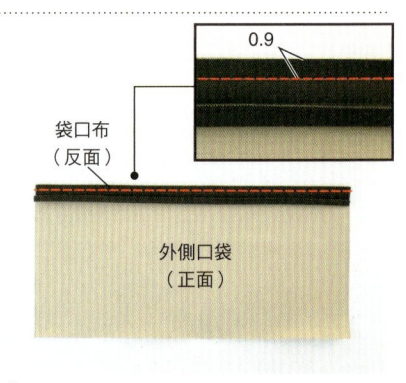

3. 打開袋口布的摺痕，將邊緣對齊外側口袋的袋口，然後在第一道摺痕上方的0.1cm處車縫。
   （0.9 / 袋口布（反面） / 外側口袋（正面））

40

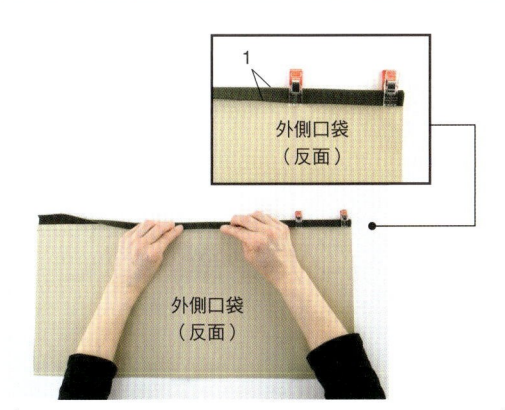

4. 將袋口布沿著摺痕重新摺起，往內側包住口袋邊緣後，用疏縫固定夾固定。

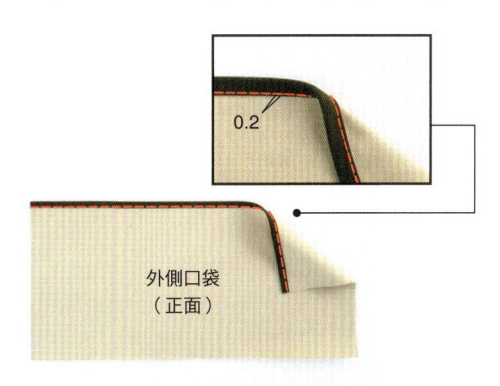

5. 在外側口袋的正面，沿著袋口布下方邊緣加上車縫線。

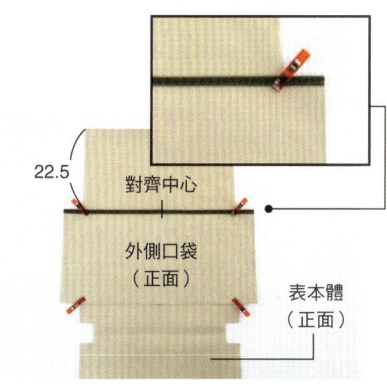

6. 將表本體和外側口袋的中心對齊重疊，用疏縫固定夾固定（推薦使用長型固定夾更牢固）。

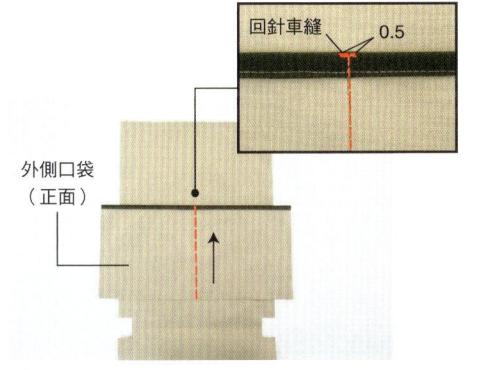

7. 在外側口袋的中心加上車縫線（由下往上縫）。

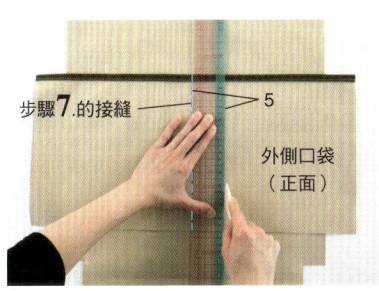

8. 在距離步驟7.接縫處5cm的位置，用骨筆或會消失的粉土筆壓出記號。

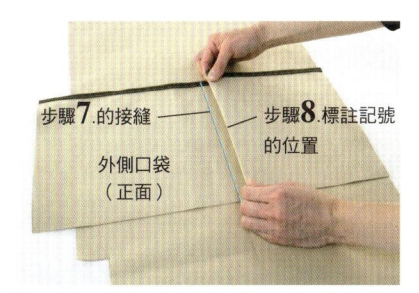

9. 在步驟8.標出記號的位置摺出山摺，然後將摺痕往上拉，摺向步驟7.的接縫。

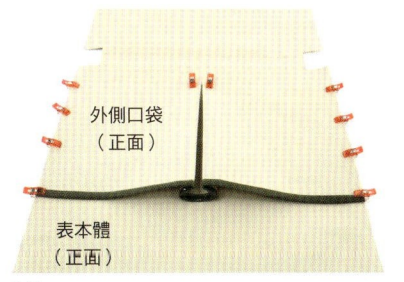

2. 縫合底布和掛耳

10. 用相同的作法摺起另一邊，然後將邊緣暫時固定在本體上。

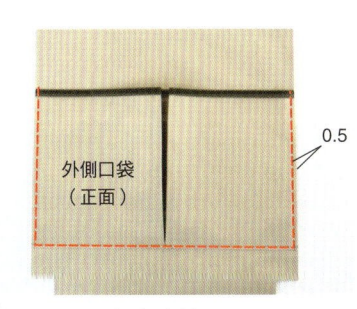

11. 在周圍加上車縫線。

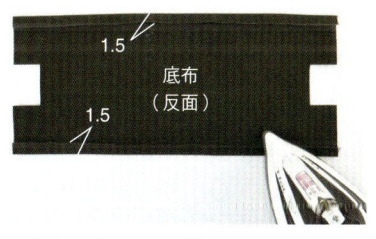

1. 將底布的長邊各摺起1.5cm。

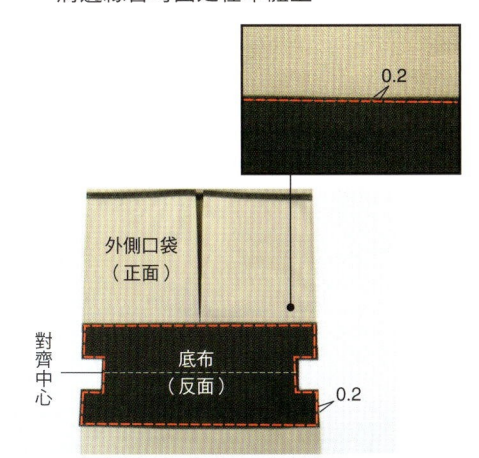

2. 將表本體和底布的底中心對齊重疊，然後在周圍加上車縫線。

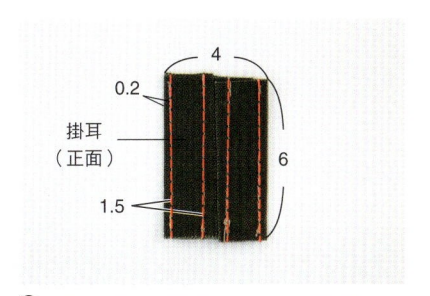

3. 將掛耳的兩邊往中央對齊摺起，並且加上縫線。

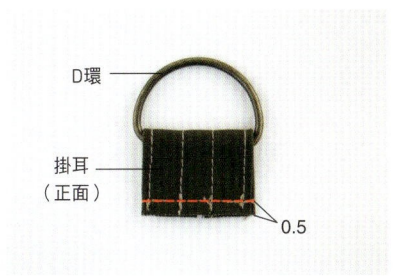

4. 將掛耳穿過D環後對摺，然後縫上疏縫線。
※用相同作法縫製另一個。

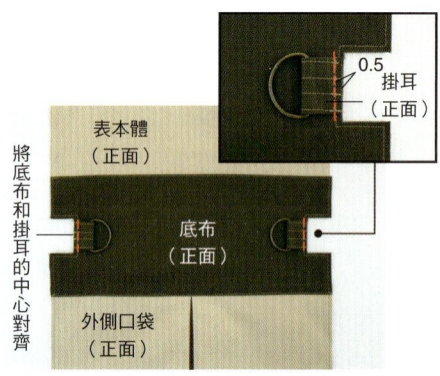

5. 將底布和掛耳的中心對齊後，縫上疏縫線。

3. 縫製肩背帶和提把

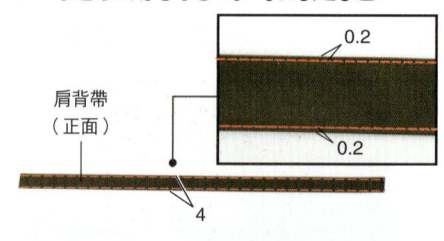

1. 依照 **1.-1.**～**2.**的作法，將肩背帶的兩邊往中央對齊摺起後再對摺，並且在邊緣加上車縫線。

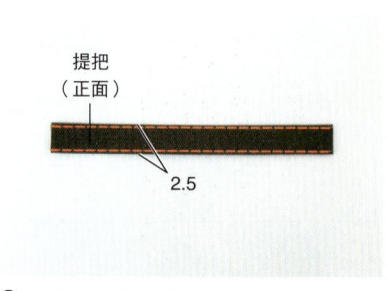

2. 提把也用相同的作法縫製。

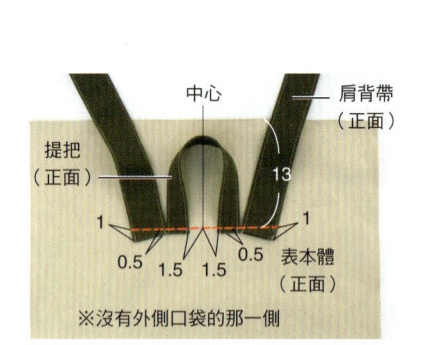

3. 如圖示般將提把和肩背帶重疊在表本體上，並且縫上疏縫線。

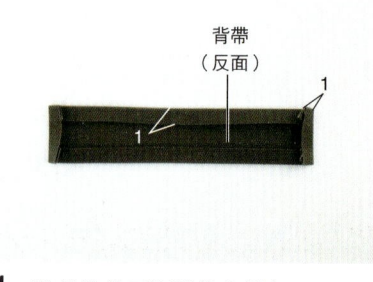

4. 將背帶的四邊都往內摺起1cm。

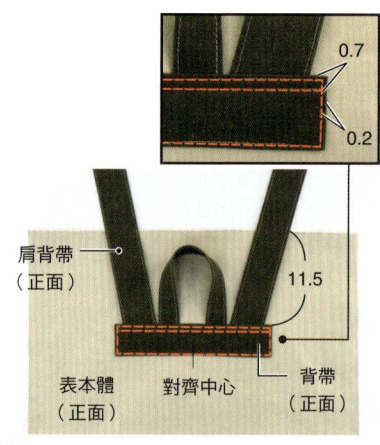

5. 將背帶依圖示重疊，在周圍加上車縫線。

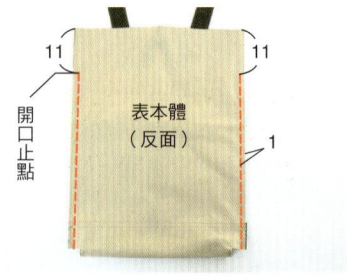

6. 表本體正面相對對摺後，在距離兩側1cm的位置車縫，直到在袋口下方11cm的開口止點。

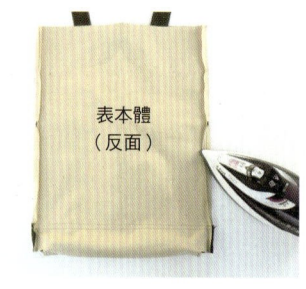

7. 將縫份燙開。

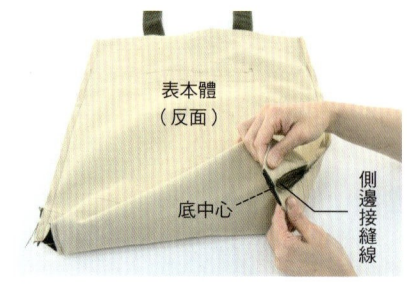

8. 對齊側邊接縫線和底中心後，將底寬重疊。

Point
用木槌敲打縫份重疊的部分，以降低厚度方便縫製。請一定要鋪上墊布。

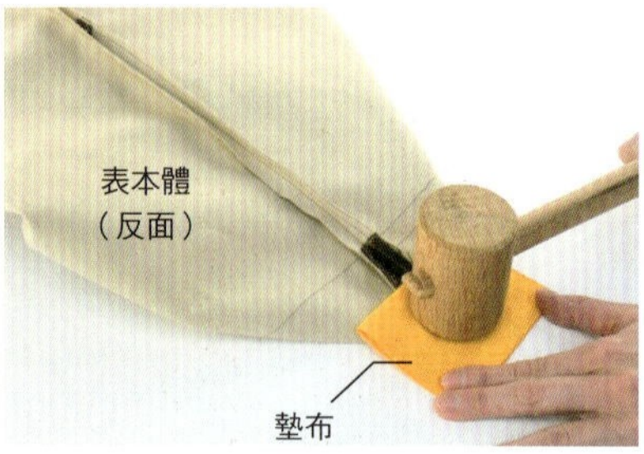

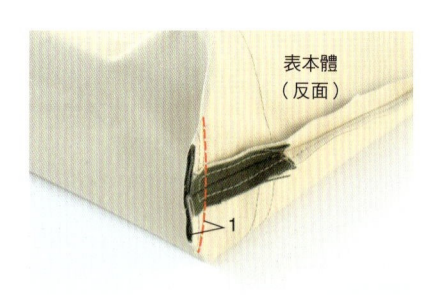

9. 用疏縫固定夾固定後，來回車縫2次，讓整體更牢固。

4. 縫製裡本體

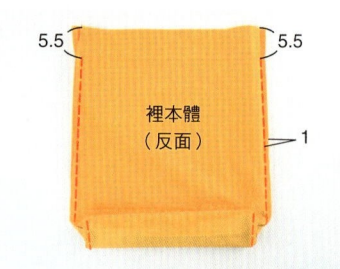

1. 依照 **3.-6.**～**9.**的作法，縫合裡本體的側邊和底寬。

5. 縫製內側口袋

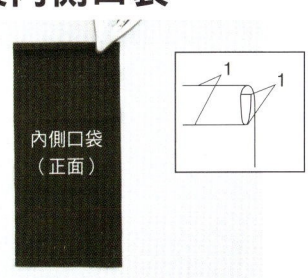

1. 將內側口袋的袋口往正面摺1cm後再摺1cm，摺出三摺邊。

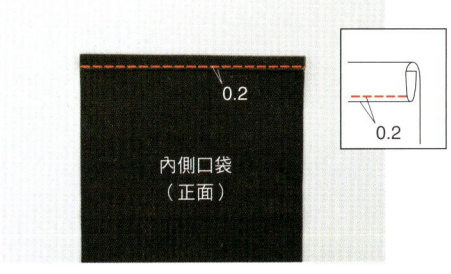

2. 在邊緣加上車縫線。

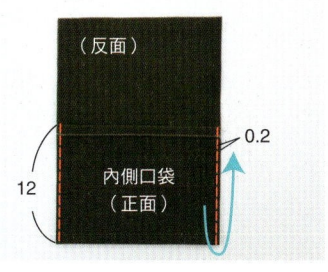

3. 將內側口袋如圖示般摺起，並在邊緣加上車縫線。

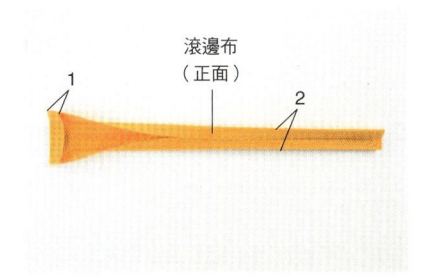

4. 將滾邊布的一端摺起1cm後，兩長邊往中央對齊摺起。

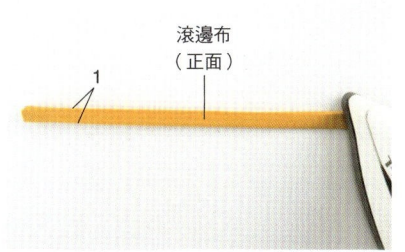

5. 接著再對摺。

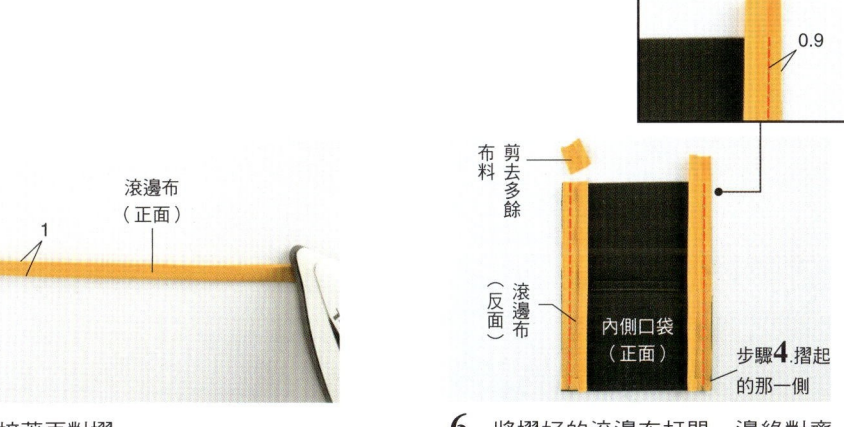

6. 將摺好的滾邊布打開，邊緣對齊內側口袋的側邊，在第一道摺痕往外0.1cm處加上車縫線。接著剪去多餘的滾邊布。

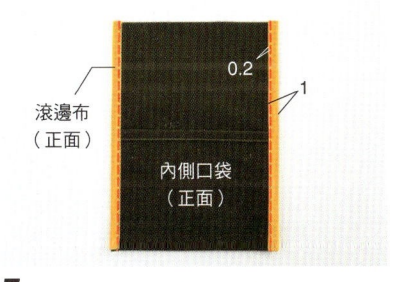

7. 沿著摺痕重新摺起滾邊布，並包住內側口袋的兩側縫份，然後沿著邊緣加上車縫線。

6. 縫製袋口掛耳

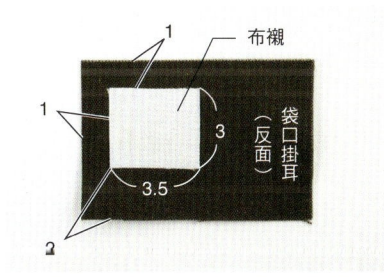

1. 將布襯如圖示黏貼在袋口掛耳的反面。

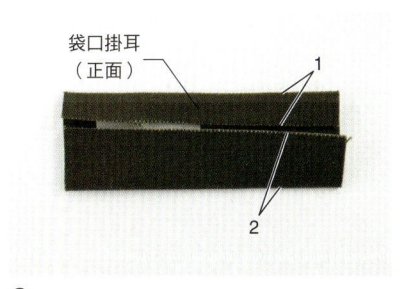

2. 將上下長邊依圖示摺起。

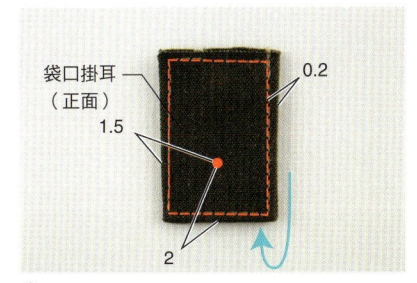

3. 對摺後，在周圍加上車縫線。在按扣安裝位置標註記號。

4. 在按扣安裝位置用錐針開孔。要穿至錐針的根部，才可鑽出明顯的開孔。

Point

面扣和底扣的折腳難以穿過開孔時，用小剪刀在開孔的周圍剪出十字形牙口。

5. 將面扣的折腳穿過開孔。

【從另一邊看的圖示】

6. 用錐針按壓,使折腳周圍的布料更平整,方便安裝。

7. 放好橡膠墊和撞釘底座後,將面扣側放在撞釘底座上。
將母扣對準放在面扣上,撞釘棒放在母扣上,用木槌用力敲打。

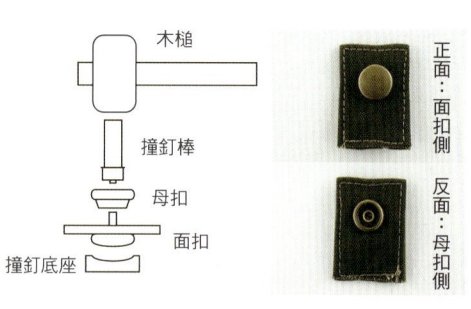

【安裝好按扣的樣子】

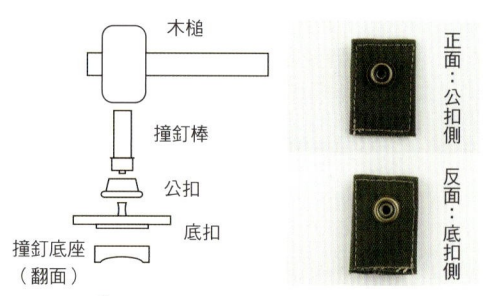

8. 用相同的作法安裝底扣和公扣。

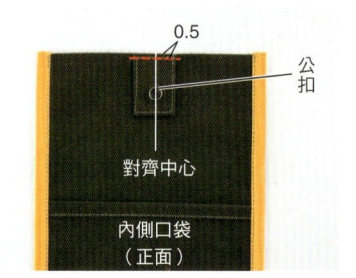

7. 縫合表本體和裡本體

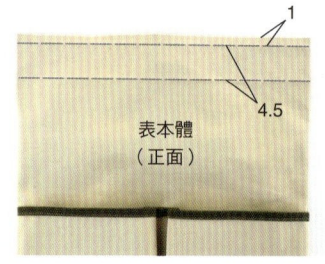

9. 將安裝好公扣和底扣的袋口掛耳,對齊中心後疏縫固定在內側口袋。

1. 如圖示般用熨斗在表本體的袋口熨燙出摺痕。

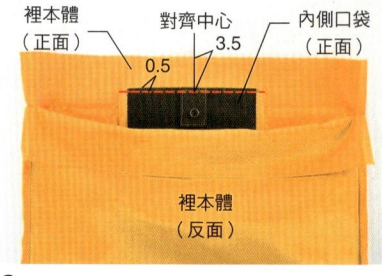

2. 將內側口袋疏縫固定在裡本體的袋口。

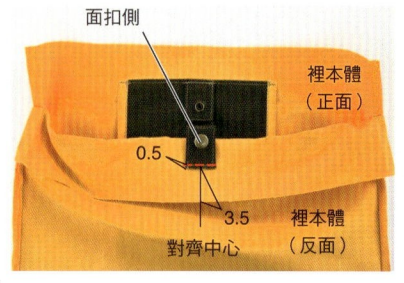

3. 將袋口掛耳(面扣側)疏縫固定在另一邊的袋口。

4. 將裡本體放入表本體內,有內側口袋的那一側位於後側。

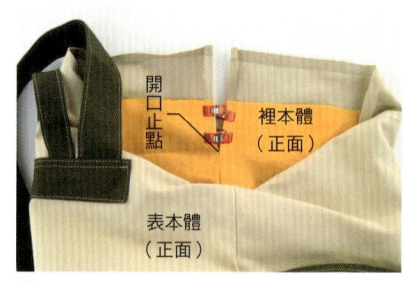

5. 對齊開口止點後,用疏縫固定夾固定。

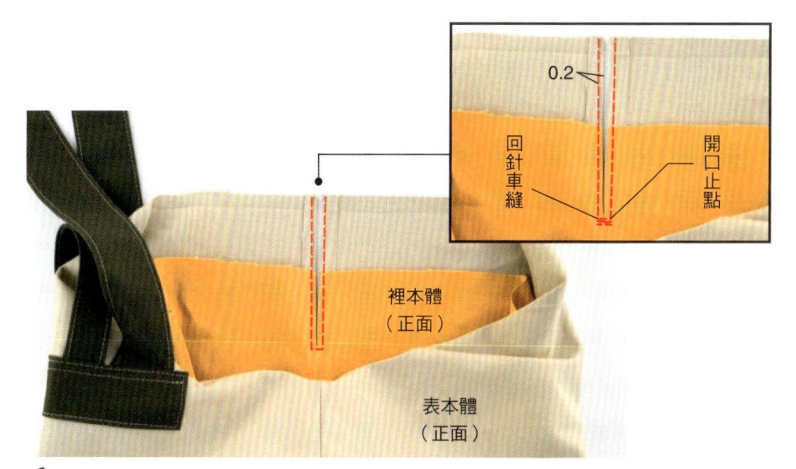

6. 在開口邊緣加上車縫線。另一邊也同樣加上車縫線。

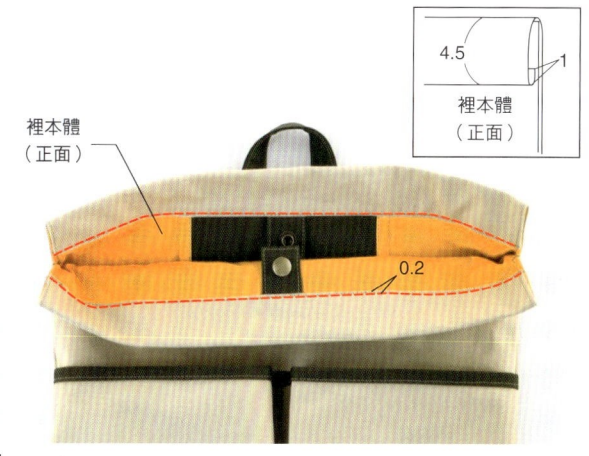

7. 將表本體的袋口，沿著摺痕重新往內摺起，並且在邊緣加上車縫線。

8. 完成肩背帶

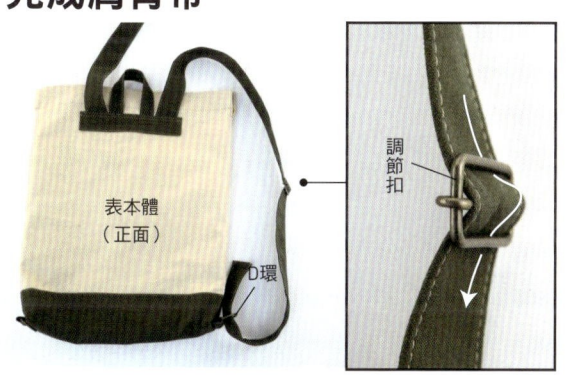

1. 將肩背帶穿過調節扣後，再穿過D環。
   ※請注意不要扭轉肩背帶。

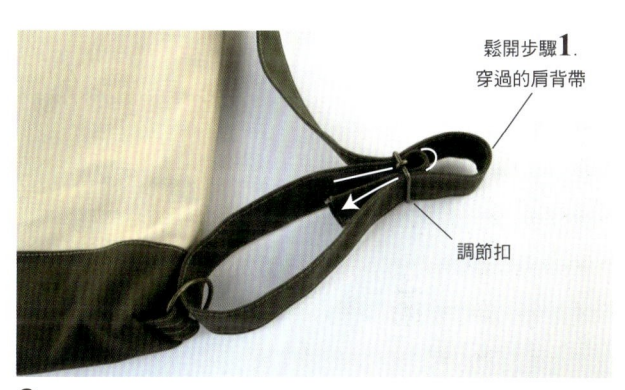

2. 從調節扣的背面將肩背帶穿過調節扣中央的五金。

3. 將肩背帶的末端摺起1.5cm。

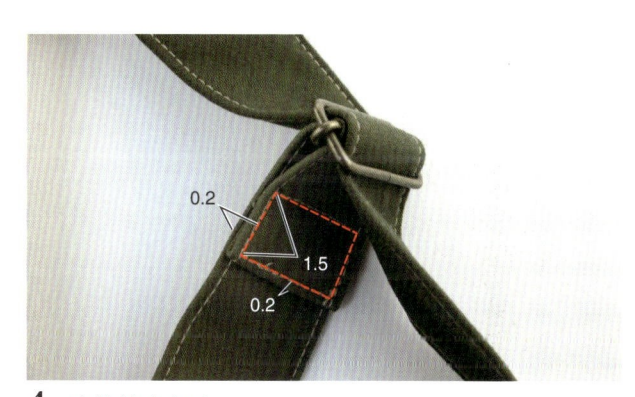

4. 車縫縫出方形。

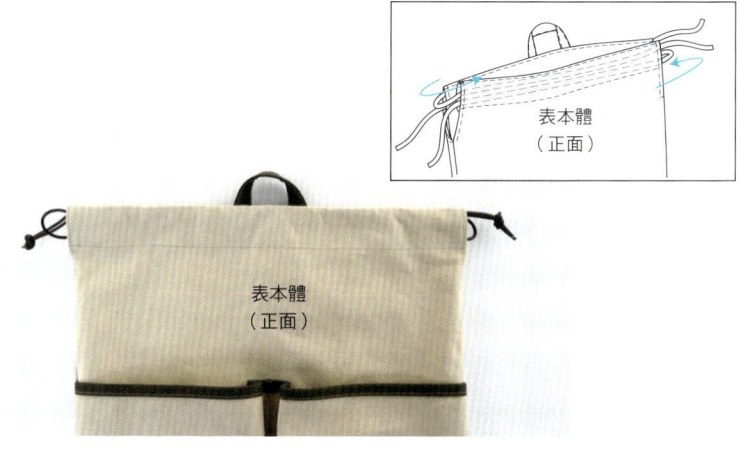

5. 將皮繩（1m×2條）穿過開口後在末端打結。

完成

P.36 / 10 編織提把圓底包

材料
- 表布 …………… 110cm寬45cm長（亞麻帆布）
- 配布 …………… 112cm寬45cm長（11號帆布）
- 裡布 …………… 112cm寬70cm長（棉厚織79號）
- 布襯 …………… 30cm寬30cm長

完成尺寸：31.5cm × 28cm（底部直徑28cm）

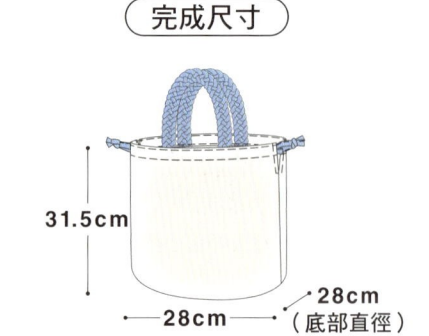

布料裁法

※除了表底和裡底之外，其他不含實際尺寸紙型。
請依照圖示尺寸直接剪裁。
（圖示的數字是包含縫份的尺寸）
※▒ 表示在反面貼上布襯。

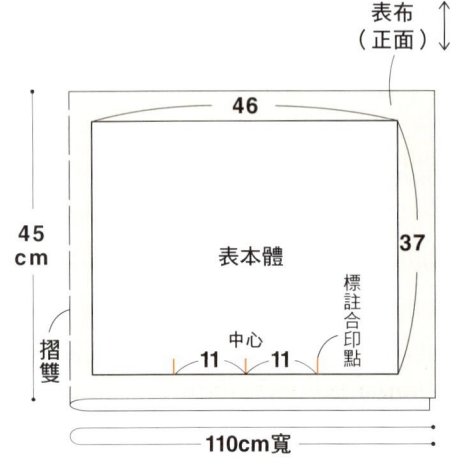

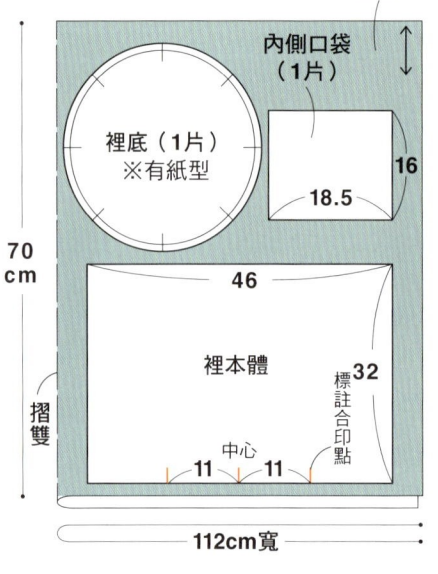

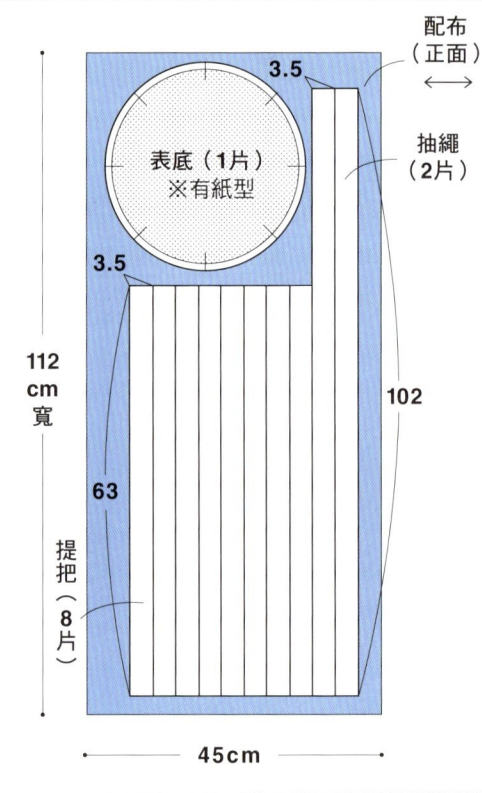

表布（正面） 110cm寬 × 45cm
- 表本體：46 × 37，標註合印點，中心 11、11，摺雙

裡布（正面） 112cm寬 × 70cm
- 裡底（1片）※有紙型
- 內側口袋（1片）18.5 × 16
- 裡本體：46 × 32，標註合印點，中心 11、11，摺雙

配布（正面） 45cm × 112cm寬
- 表底（1片）※有紙型
- 抽繩（2片）3.5 × 102
- 提把（8片）3.5 × 63

四股辮的作法
暫時將4條布綁起
d c b a

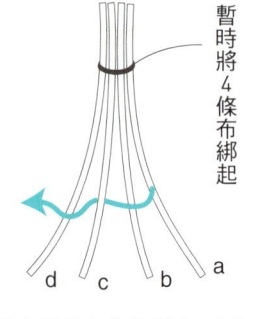

① 將最右邊的布條依照上、下、上的順序穿過其它3條。

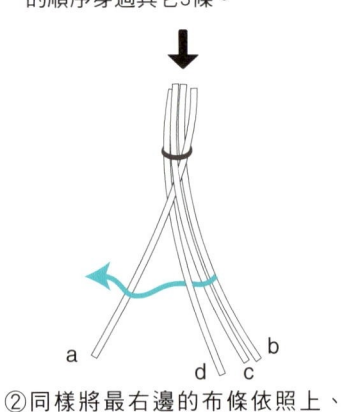

a d c b

② 同樣將最右邊的布條依照上、下、上的順序反覆穿過其它3條。

1. 縫製提把
- 提把（正面）
- ① 將兩邊往中央對齊摺起
- ② 對摺　0.9
- ③ 車縫　0.2
- ※總共做8條
- ④ 編成四股辮
- ⑤ 車縫　約42cm
- ※總共做2條

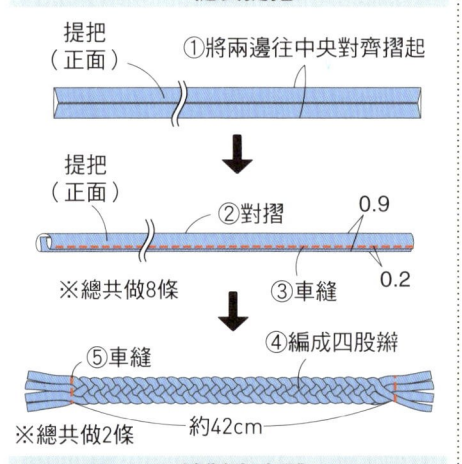

2. 縫製表本體
表本體（正面）
- ① 用熨斗燙壓出摺痕
- 1、9、3.5、9
- ② 車縫
- ③ 燙開縫份
- 開口止點
- 表本體（反面）　1

④ 將表本體和表底對齊後車縫
- 表本體（反面）
- 表底（正面）　1
- 先在本體的縫份剪出0.8cm的牙口
- 對齊中心與合印點

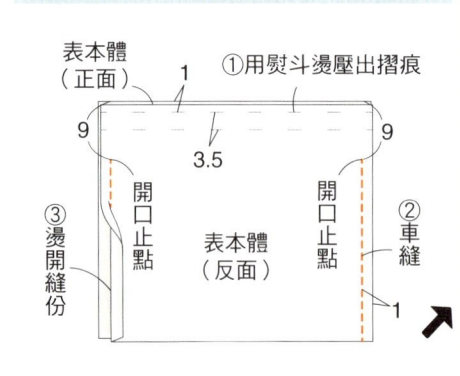

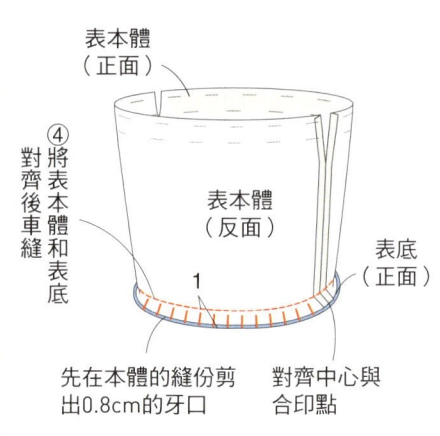

3. 縫製裡本體
- 回針車縫
- 裡本體（正面）
- 對齊中心　10.5
- 內側口袋（正面）　0.2　0.7
- ① 參考P.15 縫製內側口袋
- 4. ①~②

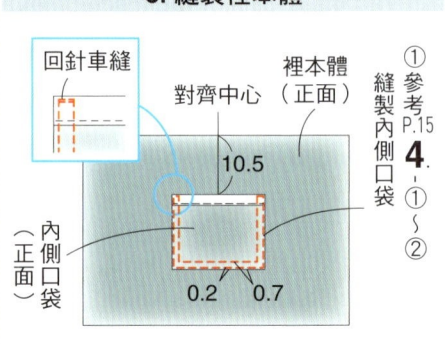

4. 縫合表本體和裡本體

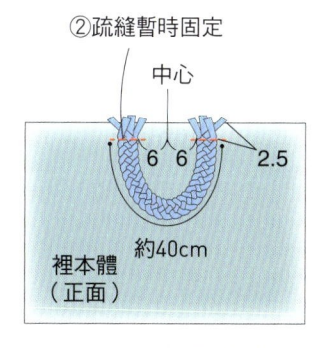

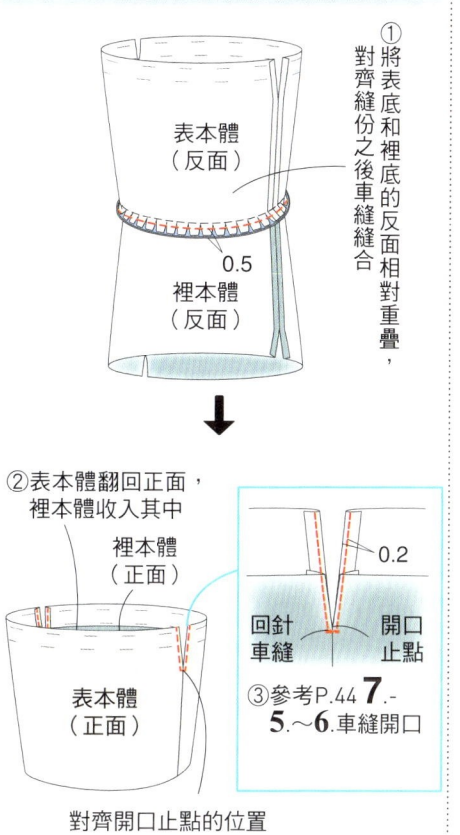

①疏縫暫時固定
中心
6 6 2.5
約40cm
裡本體（正面）

※用相同作法固定另一條

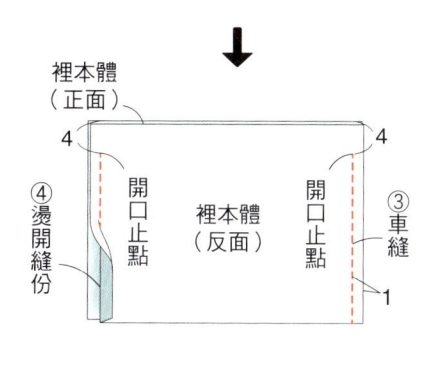

裡本體（正面）
4　　　　　　4
④燙開縫份
開口止點　　開口止點
裡本體（反面）
③車縫
1

⑤依照2.-④縫合裡本體和裡底

①將表底和裡底的反面相對重疊，對齊縫份之後車縫縫合

表本體（反面）
0.5
裡本體（反面）

②表本體翻回正面，裡本體收入其中

裡本體（正面）
表本體（正面）

0.2
回針車縫　開口止點

③參考P.44 7.-5.～6.車縫開口

對齊開口止點的位置

5. 縫合袋口並且穿過抽繩

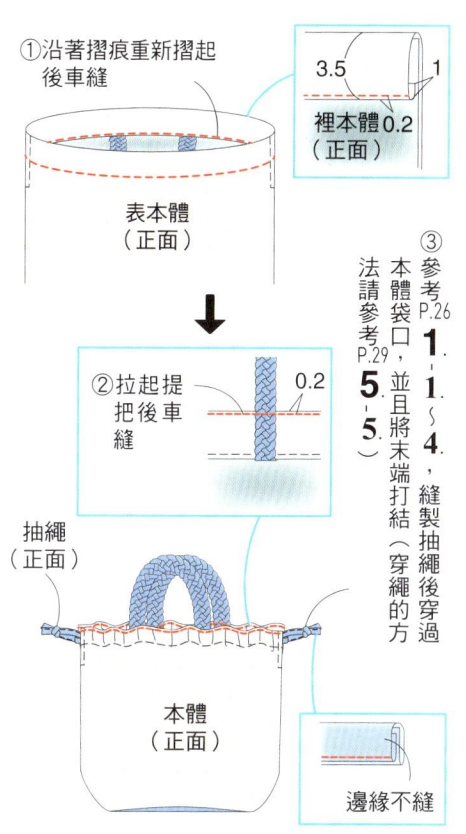

①沿著摺痕重新摺起後車縫

表本體（正面）

3.5　　1
裡本體0.2（正面）

②拉起提把後車縫
0.2

抽繩（正面）
本體（正面）

邊緣不縫

③參考P.26 1.-1.～4.，縫製抽繩後穿過本體袋口，並且將末端打結（穿繩的方法請參考P.29 5.-5.）

P.39 / 12 迷你束口肩背包

材料
- 表布 ………… 70cm寬1.6m長（11號帆布）
- 裡布 ………… 80cm寬40cm長（棉厚織79號）
- 扣眼 ………… 內徑1cm 2個
- 按扣 ………… 直徑1cm 1組
- 布襯 ………… 10cm寬10cm長

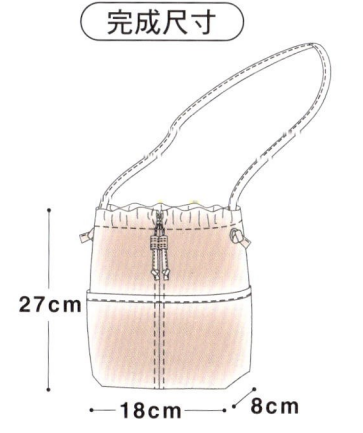

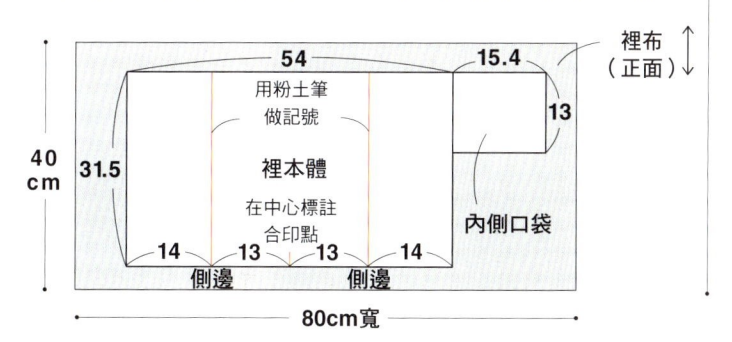

完成尺寸
27cm
18cm　8cm

布料裁法

※這並不是實際尺寸紙型。
請依照圖示尺寸直接剪裁。
（圖示的數字是包含縫份的尺寸）

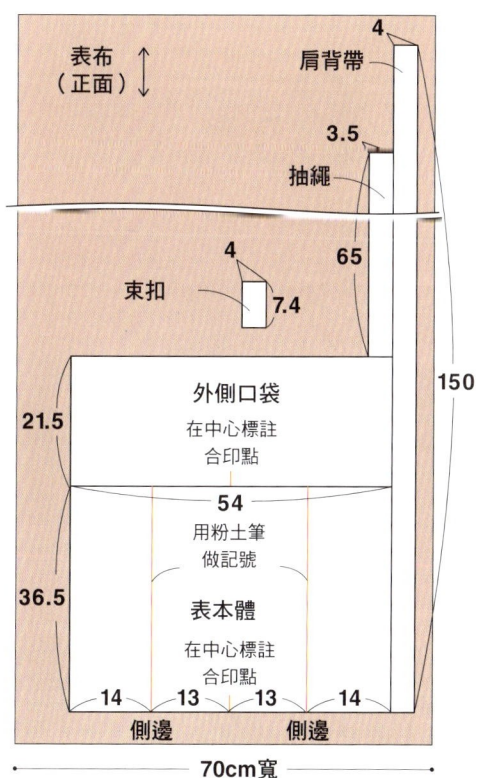

表布（正面）
肩背帶 4
3.5
抽繩
束扣 4／7.4
65
外側口袋 在中心標註合印點
21.5
54
36.5
表本體 在中心標註合印點
14　13　13　14
側邊　側邊
70cm寬
150
1.6m

裡布（正面）
54　　　15.4
用粉土筆做記號
裡本體 在中心標註合印點
40cm　31.5
13
內側口袋
14　13　13　14
側邊　側邊
80cm寬

接續下頁

47

1. 縫製外側口袋

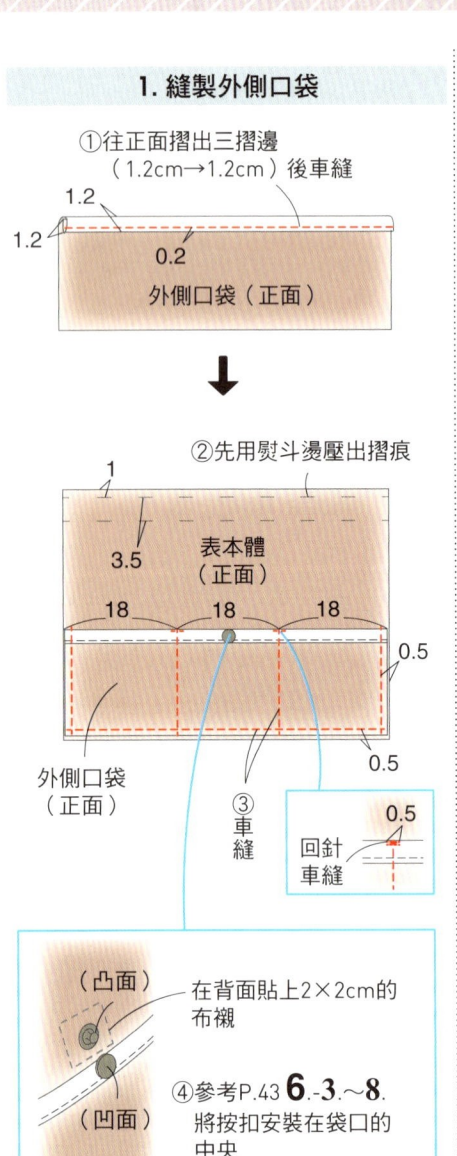

①往正面摺出三摺邊（1.2cm→1.2cm）後車縫

1.2
1.2
0.2
外側口袋（正面）

②先用熨斗燙壓出摺痕

1
3.5
表本體（正面）
18　18　18
0.5
0.5
外側口袋（正面）
③車縫
0.5 回針車縫

（凸面）
在背面貼上2×2cm的布襯
（凹面）

④參考P.43 **6.-3.～8.** 將按扣安裝在袋口的中央

2. 縫製表本體

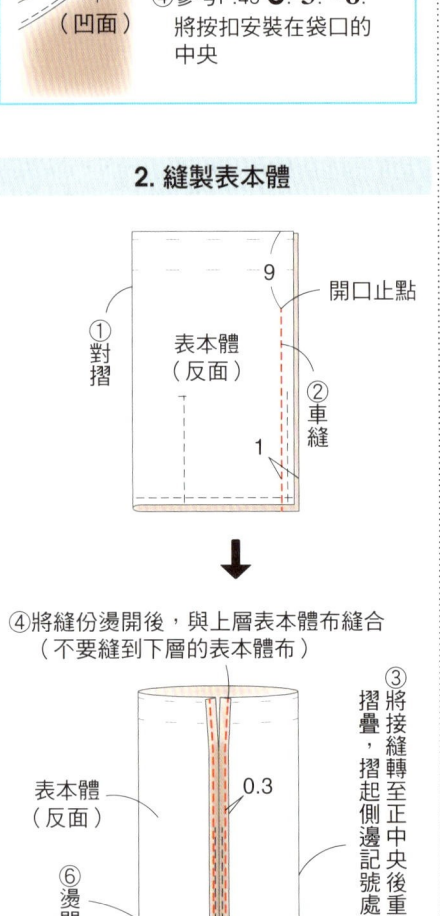

①對摺
②車縫
9 開口止點
表本體（反面）
1

④將縫份燙開後，與上層表本體布縫合（不要縫到下層的表本體布）

表本體（反面）
0.3
③將接縫轉至正中央後重新摺疊，摺起側邊記號處
⑥燙開縫份
⑤車縫
1

貼上3×3cm的布襯
8 側邊記號
表本體（反面）
⑧車縫　8
⑦以側邊記號為中間點，沿著⑤的底部縫線壓平，將邊角摺成三角形

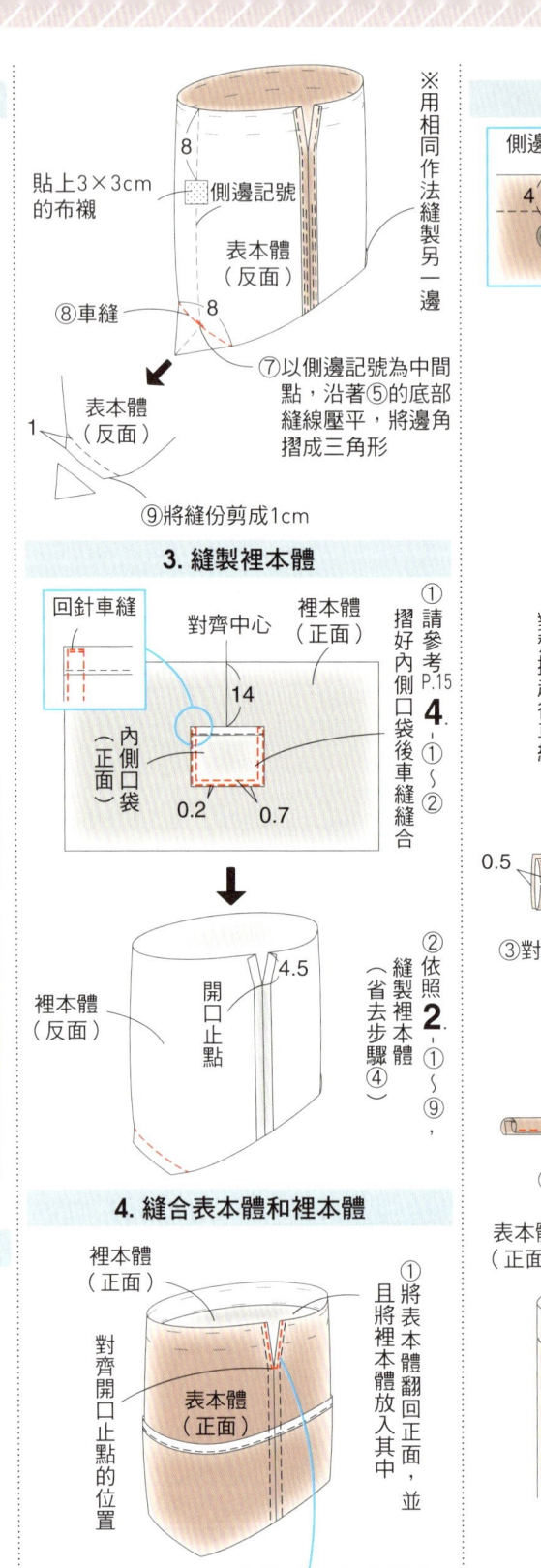

※用相同作法縫製另一邊

表本體（反面）
1
⑨將縫份剪成1cm

3. 縫製裡本體

回針車縫
對齊中心
裡本體（正面）
14
內側口袋（正面）
0.2　0.7

①摺好內側口袋後車縫縫合（請參考P.15 **4.-1.～2.**）

裡本體（反面）
4.5
開口止點

②依照 **2.-1.～9.** 縫製裡本體（省去步驟④）

4. 縫合表本體和裡本體

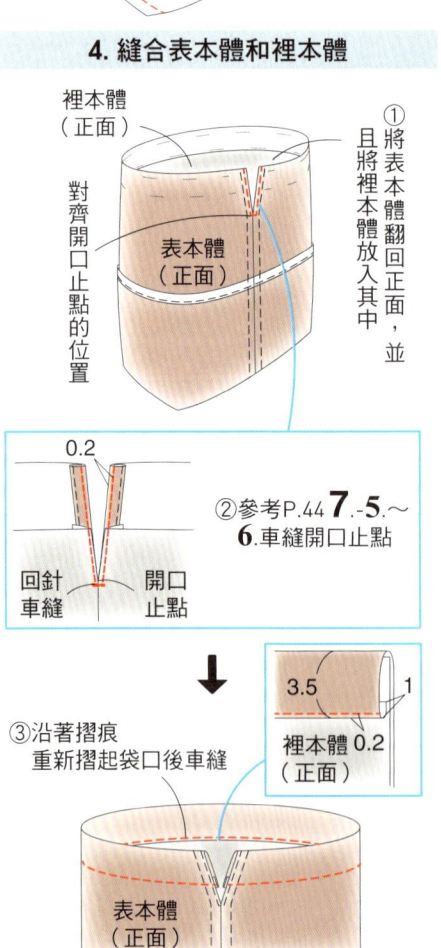

裡本體（正面）
表本體（正面）

①將表本體翻回正面，且將裡本體放入其中，對齊開口止點的位置

0.2
回針車縫　開口止點

②參考P.44 **7.-5.～6.** 車縫開口止點

3.5　1
裡本體 0.2（正面）

③沿著摺痕重新摺起袋口後車縫

表本體（正面）

5. 縫製肩背帶和抽繩

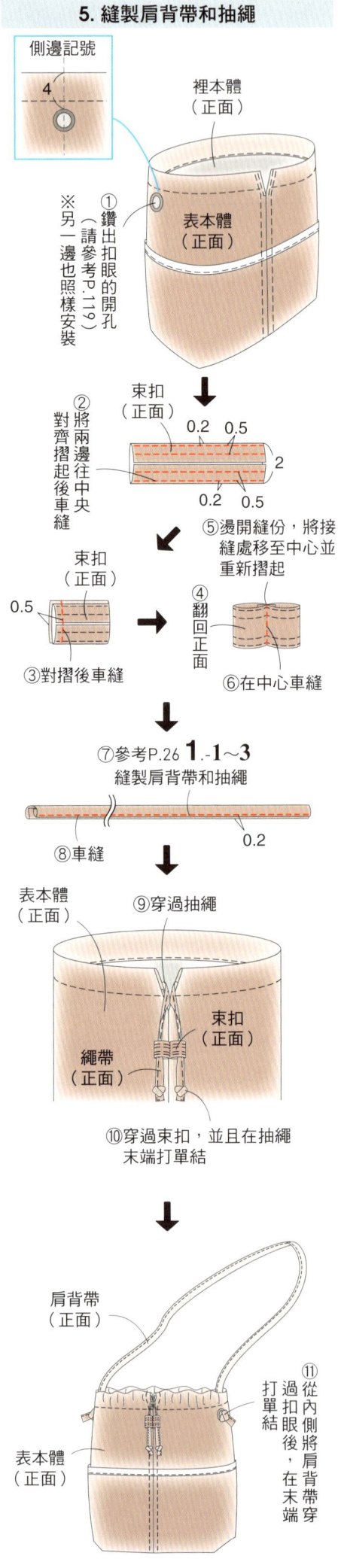

側邊記號
4

裡本體（正面）
表本體（正面）

①鑽出扣眼的開孔（請參考P.119）
※另一邊也照樣安裝

束扣（正面）
0.2　0.5
2
0.2　0.5

②將兩邊摺往中央對齊摺起後車縫

束扣（正面）
0.5
③對摺後車縫
④翻回正面
⑥在中心車縫
⑤燙開縫份，將接縫處移至中心並重新摺起

⑦參考P.26 **1.-1～3** 縫製肩背帶和抽繩

⑧車縫　0.2

表本體（正面）
⑨穿過抽繩
束扣（正面）
繩帶（正面）

⑩穿過束扣，並且在抽繩末端打單結

肩背帶（正面）
表本體（正面）

⑪從內側將肩背帶穿過扣眼後，在末端打單結

P.37 / 11 海洋風束口包

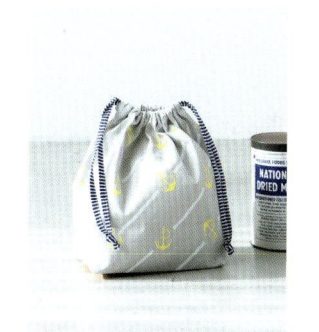

材料
- 表布 …………… 110cm寬45cm長（棉厚織79號）
- 配布A …………… 112cm寬15cm長（細平布）
- 配布B …………… 30cm寬20cm長（棉厚織79號）
- 收邊的滾邊條 …… 0.9cm寬40cm

完成尺寸：30cm × 22cm × 14cm

布料裁法

表布（正面）：38 / 34.5 / 45cm / 7 / 7 / 110cm寬，本體

配布A（正面）：15cm × 112cm寬，抽繩 85、4、4

配布B（正面）：20cm × 30cm寬，底布 24 × 14

※這並不是實際尺寸紙型。
請依照圖示尺寸直接剪裁。
（圖示的數字是包含縫份的尺寸）

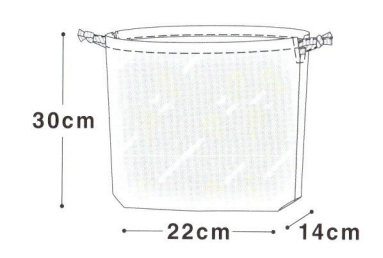

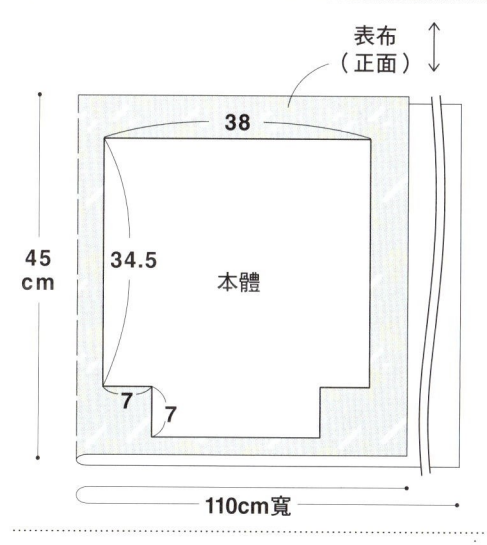

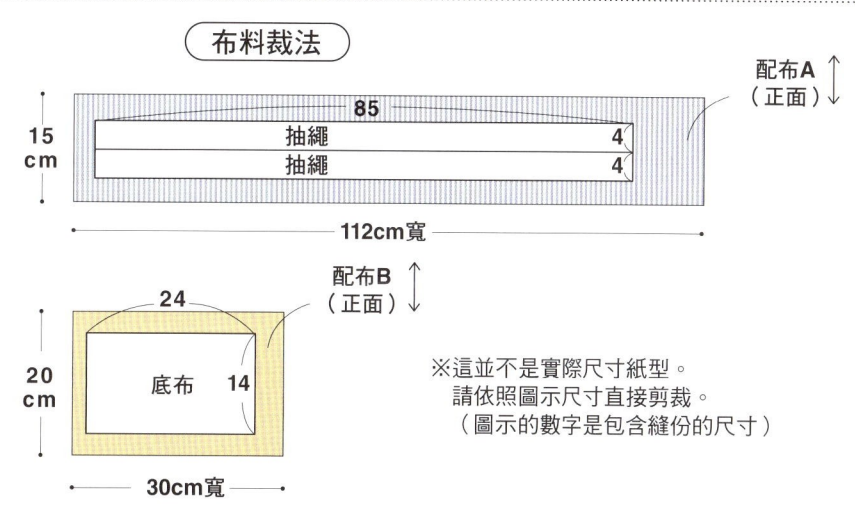

1. 縫製底布

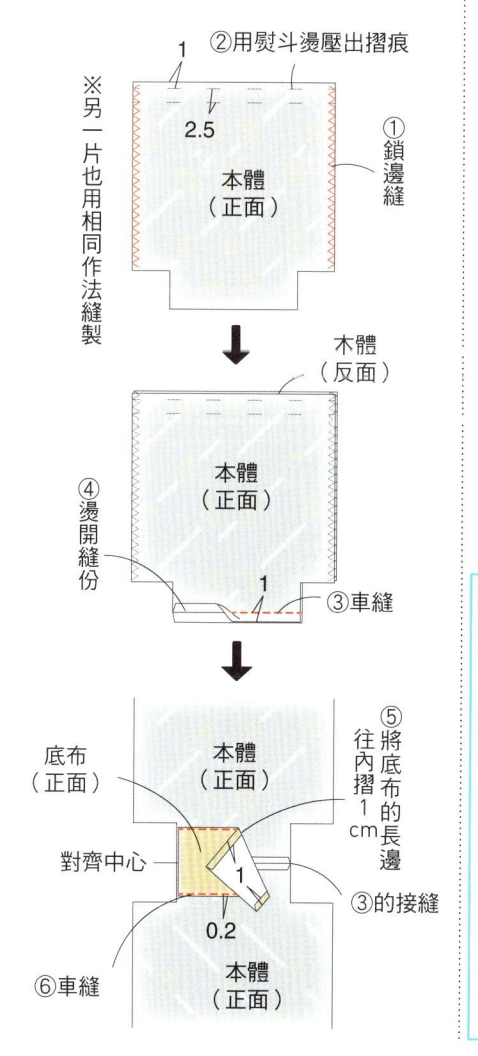

①鎖邊縫
②用熨斗燙壓出摺痕（1、2.5）
※另一片也用相同作法縫製
③車縫（1）
④燙開縫份
⑤將底布的長邊往內摺1cm
⑥車縫（0.2、1）
對齊中心

2. 縫製側邊和底寬

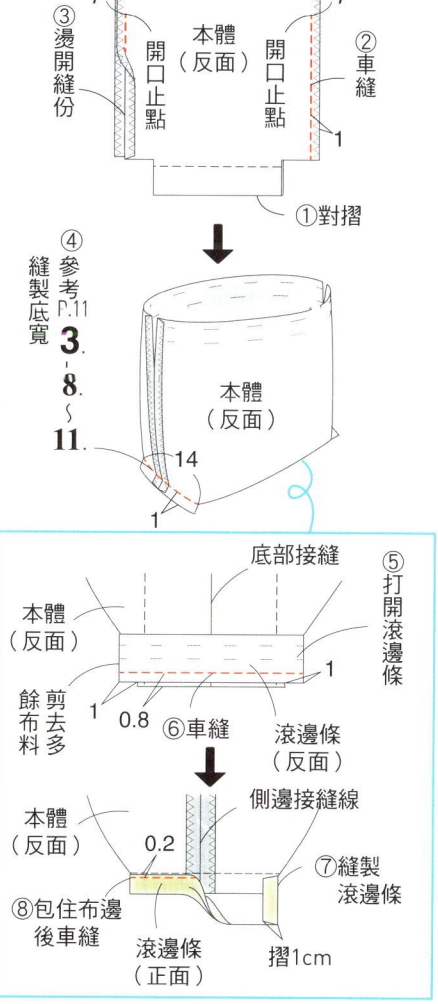

①對摺
②車縫（7、1）
③燙開縫份
開口止點
④縫製底寬 參考P.11 3-8~11
（14、1）

⑤打開滾邊條
⑥車縫（1、0.8）
⑦縫製滾邊條
⑧包住布邊後車縫
底部接縫 / 側邊接縫線 / 滾邊條（反面/正面）
摺1cm / 0.2
餘布料剪去多

3. 縫製袋口、穿過抽繩

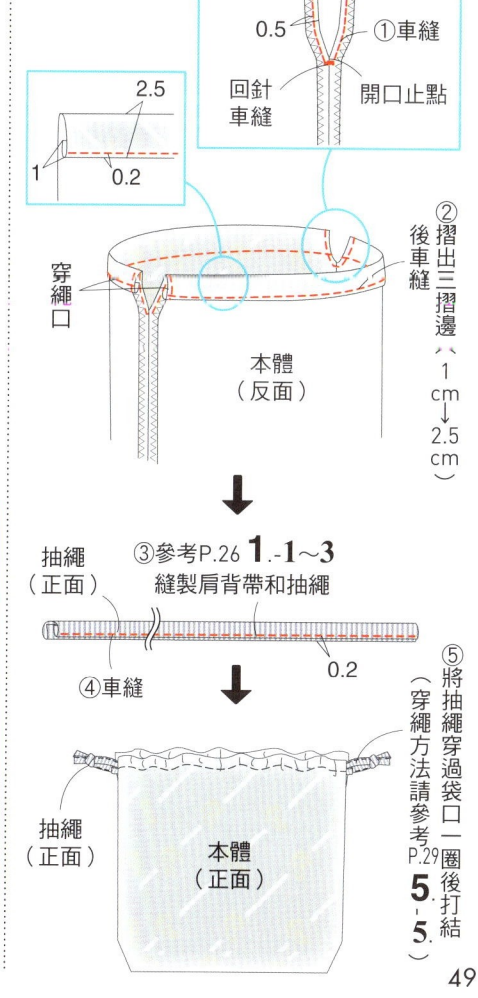

①車縫（0.5）
回針車縫 / 開口止點
穿繩口
②摺出三摺邊（1cm→2.5cm）後車縫
2.5 / 1 / 0.2

③參考P.26 1.-1~3 縫製肩背帶和抽繩
抽繩（正面）
④車縫 0.2

⑤將抽繩穿過袋口一圈後打結
（穿繩方法請參考P.29 5.-5）

49

4.SQUARE BOTTOM BAG
方底包

方底包＝加了方形底布的包包，
這種包款的特點是容量大、結構穩固。

SQUARE BOTTOM BAG
13
【旅行款波士頓包】
作法│P.54

雖然精簡行李是我的目標，但是不知為何旅行結束時，我的包包總是塞得滿滿當當。這款波士頓包在拉鍊側邊添加了四合扣，可以稍微增大包包的容量。如果是2～3晚的小旅行，有這款波士頓包就綽綽有餘。

表布＝11號帆布55色系列（16淺灰色）　配布＝11號帆布55色系列（55藏青色）　裡布＝棉厚織79號（粉藍色）／L'idée
按扣＝15mm（SUN 18-53、AG）／清原　縫線＝Schappe Spun縫線#30（161冰灰色）／FUJIX

SQUARE BOTTOM BAG
14
【提帶船型帆布包】

作法 | P.60

包包的形狀是像船一樣的倒梯形，不論哪種尺寸都很受歡迎。足夠的底寬放入拿取物品都很方便，相當實用。這款船型包共有4條提袋，有長有短，使用上更為靈活。

袋口沒有拉鍊和遮蓋的設計，所以在包內添加有拉鍊的吊袋。

表布＝厚棉布／作者個人物品　裡布A＝棉厚織79號（山吹色）／L'idée　配布＝11號帆布（#5000-4黑色）／富士金梅®　縫線＝Schappe Spun縫線#30（99藏青色、原色）／FUJIX

袋底夠寬又穩固，很適合裝便當盒等略帶重量的物品。

SQUARE BOTTOM BAG

15

【復古牛奶包】

作法 | P.62

這款小包包的造型類似配送牛奶的袋子。將包包側邊的按扣扣起的話，就會如照片一樣呈現圓呼呼的輪廓。

袋底夠寬又穩固，很適合裝便當盒等略帶重量的物品。

表布＝11號帆布（#5000-18綠色）／富士金梅®　配布＝棉厚織79號（米白色）／L'idée　四合扣＝13mm（SUN 18-23、古典金）／清原　縫線＝Schappe Spun縫線#30（64綠色、原色）／FUJIX

SQUARE BOTTOM BAG
16
【跳色船型肩背包】

作法｜P.64

跳色船型肩背包可以當成簡單裝扮時的造型配件，小巧的立體輪廓在搭配時能夠立刻為穿搭製造亮點。包底和拉鍊布建議使用大膽鮮豔的單色布料。

包內簡單設計了一個貼袋。

表布＝8號格紋帆布（灰色蘇格蘭紋）／茂木商工　裡布＝棉厚織79號（山吹色）／L'idée
配布A＝11號帆布（#5000-6黃色）　配布B＝11號帆布（#5000-4黑色）／富士金梅®
D環＝15mm（SUN 10-77黑鎳色）　調節扣＝15mm（SUN 13-126黑鎳色）／清原
縫線＝Schappe Spun縫線30番（230芥末黃、402黑色）／FUJIX

P.50 / 13 旅行款波士頓包

材料
- 表布‥‥‥‥‥‥80cm寬1.2m長（11號帆布）
- 配布‥‥‥‥‥‥80cm寬1.2m長（11號帆布）
- 裡布‥‥‥‥‥‥112cm寬60cm長（棉厚織79號）
- 布襯‥‥‥‥‥‥50cm寬30cm長
- 拉鍊‥‥‥‥‥‥60cm 1條（VISLON）
- 按扣‥‥‥‥‥‥1.5cm寬2組

※修改拉鍊長度的方法請參考P.77

完成尺寸：22cm × 40cm × 15cm

按扣
撞釘底座　撞釘棒
公扣　底扣　母扣　面扣

這是可牢牢扣住的金屬扣。安裝時需要有撞釘棒以及木槌或鐵鎚。

木槌和橡膠墊
木槌也可以用鐵鎚代替。為了避免傷及桌面，下面一定要鋪上橡膠墊等硬質墊板。

布料裁法

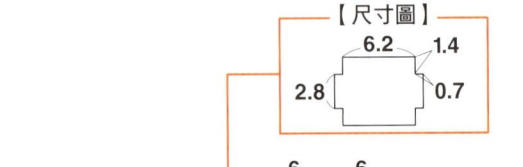

【尺寸圖】
- 6.2　1.4
- 2.8　0.7

※這並不是實際尺寸紙型。請依照圖示尺寸直接剪裁。
（圖示的數字是包含縫份的尺寸）
※▒▒ 表示在反面貼上布襯。

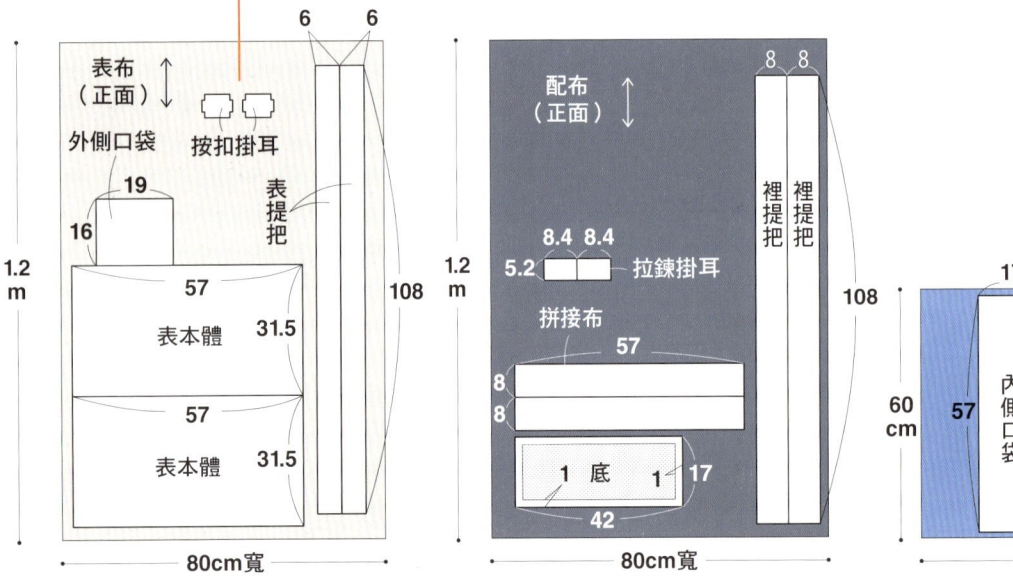

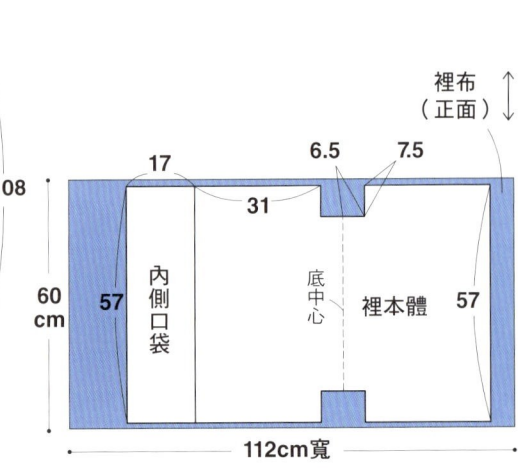

表布（正面） 80cm寬 × 1.2m
- 外側口袋 19 × 16
- 表本體 57 × 31.5（×2）
- 表提把 6 × 108（×2）
- 按扣掛耳

配布（正面） 80cm寬 × 1.2m
- 裡提把 8 × 108（×2）
- 拉鍊掛耳 5.2 × 8.4（×2）
- 拼接布 57 × 8（×2）
- 底 42 × 17（1／1）

裡布（正面） 112cm寬 × 60cm
- 內側口袋 17 × 31
- 裡本體 57（×2）
- 底中心 6.5 / 7.5

---

1. 縫製外側口袋

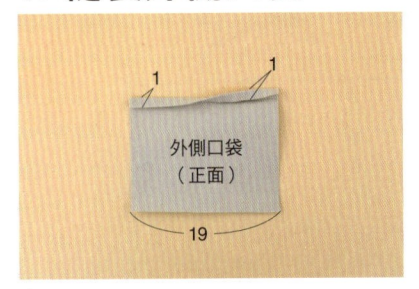

1. 將外側口袋的袋口往正面先摺1cm再摺1cm，摺出三摺邊。
   （外側口袋（正面）1／1／19）

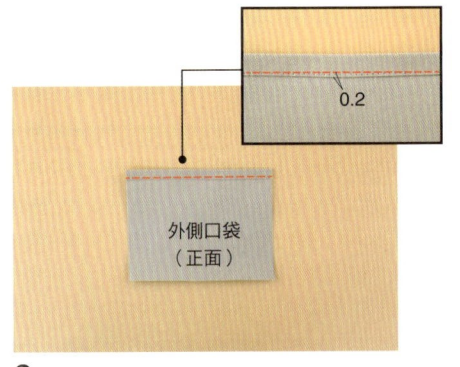

2. 在邊緣車縫固定。（0.2）

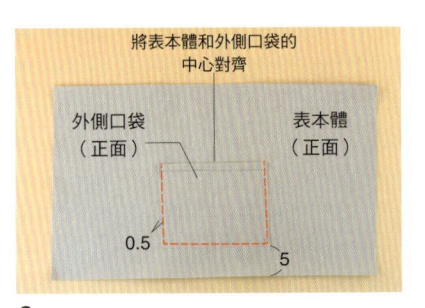

3. 疏縫固定外側口袋周圍。
   將表本體和外側口袋的中心對齊
   外側口袋（正面）　表本體（正面）
   0.5／5

54

2. 縫製提把

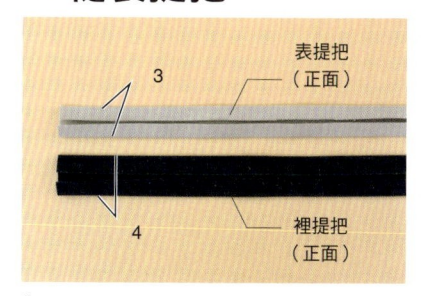

1. 將表提把和裡提把的兩邊往中央對齊摺起。

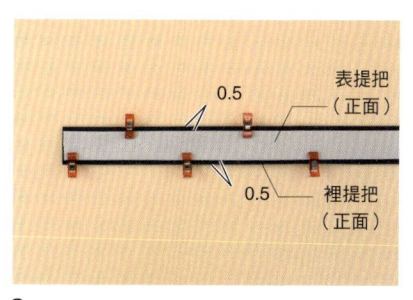

2. 將表、裡提把的正面朝外重疊，並且用疏縫固定夾固定。

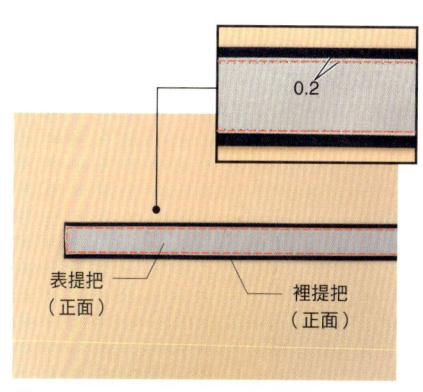

3. 周圍加上車縫線。

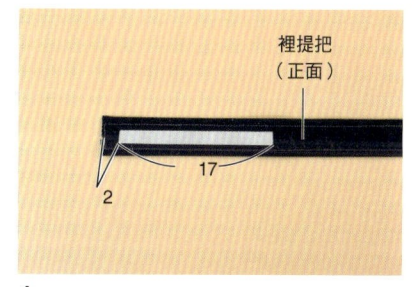

4. 將雙面膠（1.5cm寬）依圖示黏貼在裡提把的兩端。

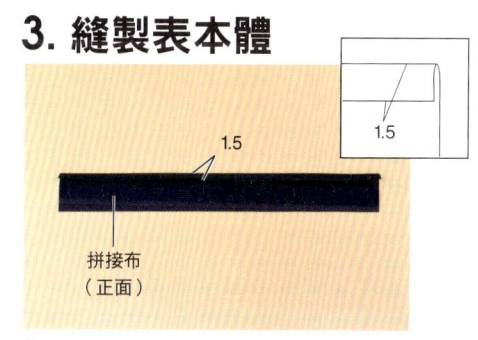

3. 縫製表本體

1. 將拼接布其中一個長邊摺起1.5cm。

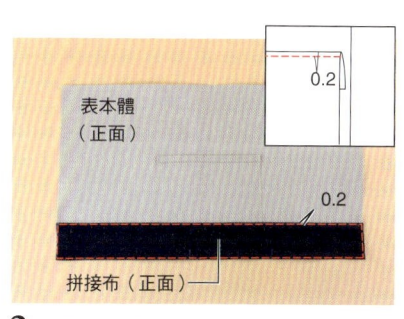

2. 將表本體和拼接布的下緣對齊重疊，並且在周圍加上車縫線。

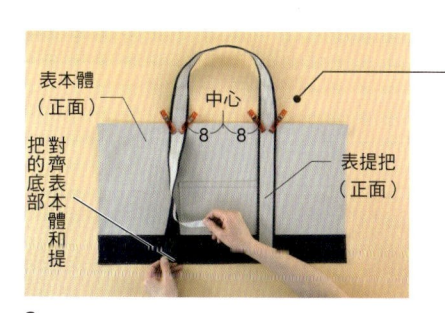

3. 用雙面膠將提把黏貼在表本體上，並用疏縫固定夾夾住袋口，牢牢固定住提把的根部。

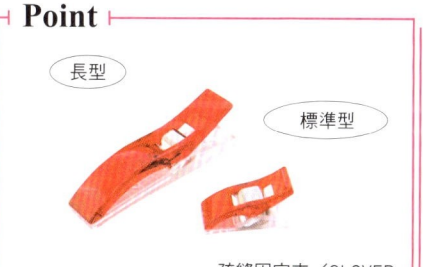

Point

長型 / 標準型

疏縫固定夾／CLOVER

想要夾住距離布料邊緣較遠的地方，建議使用長型疏縫固定夾。如果使用標準型固定夾，因為能固定的區域比較短，提把的位置會比較容易偏離。

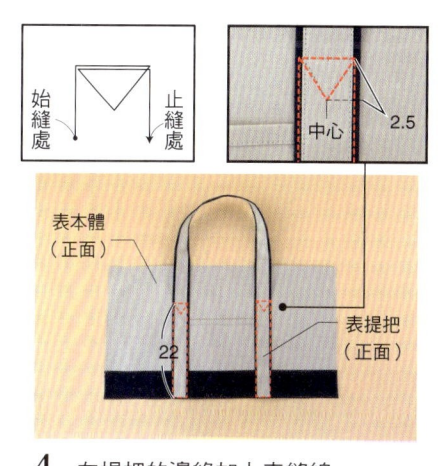

4. 在提把的邊緣加上車縫線。

※縫製時可以撕去暫時固定用的雙面膠（也可以不撕）。

5. 沒有外側口袋的另一側，也用相同的作法縫上提把。

6. 將兩片表本體正面相對重疊，並從距離上側邊緣3cm處開始，車縫縫合兩側，然後燙開縫份。

4. 縫製拉鍊掛耳和按扣掛耳

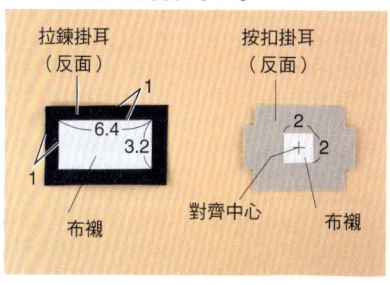

1. 將布襯如圖示黏貼在拉鍊掛耳和按扣掛耳的反面。

55

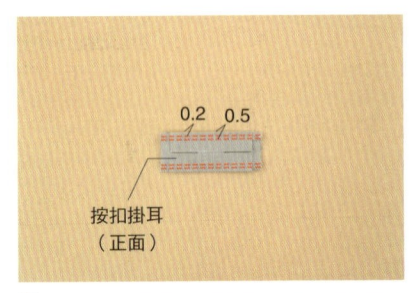

2. 將按扣掛耳的長邊往中央對齊摺起後，車縫固定。

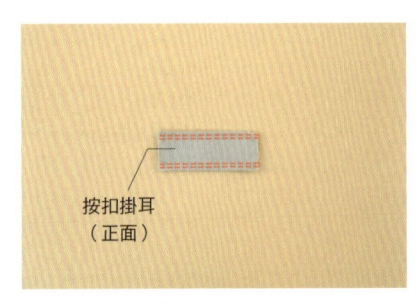

【從正面看的樣子】

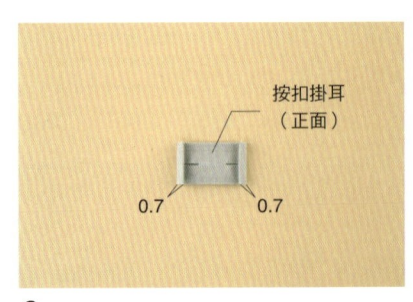

3. 將短邊摺起。

4. 用錐針在按扣掛耳中心開孔。

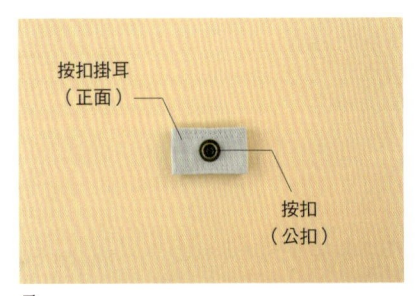

5. 安裝按扣（公扣）（安裝方法請參考P.44 6.-5.～7.）。

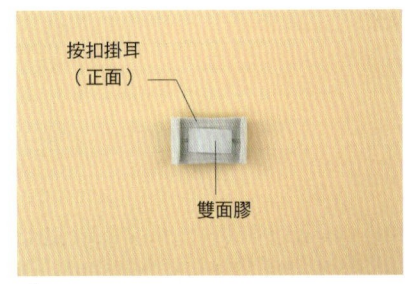

6. 將雙面膠（1.5cm）黏貼在摺起的那面。

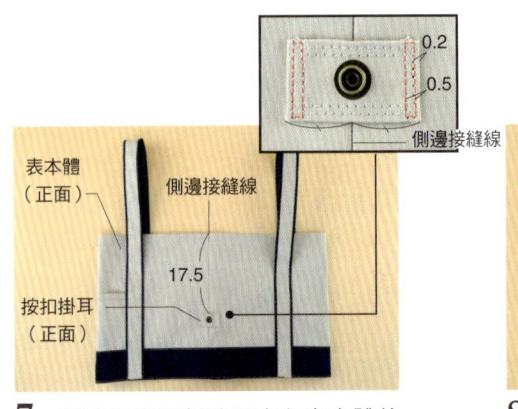

7. 將按扣掛耳暫時固定在表本體的側邊，並加上車縫線（縫好後可以撕除雙面膠）。
另一邊也用相同的作法縫製。

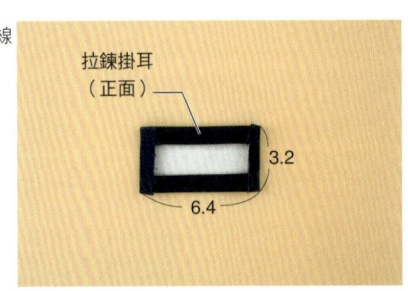

8. 沿著布襯摺起拉鍊掛耳的周圍。

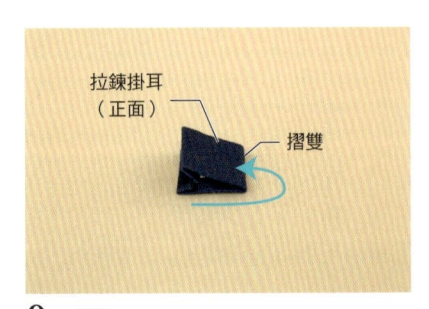

9. 對摺。

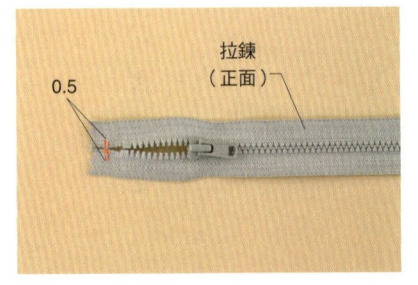

10. 為了避免拉鍊上耳分開，加上車縫線。

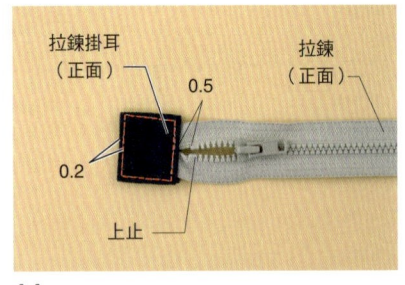

11. 將拉鍊掛耳夾住拉鍊的一端，並且在周圍車縫一圈固定。

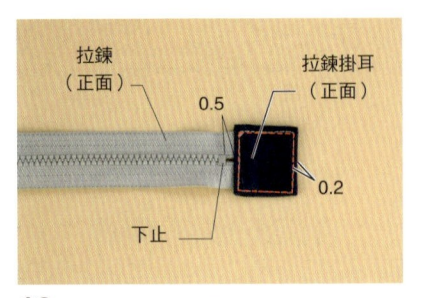

12. 另一端也用相同的作法縫製。

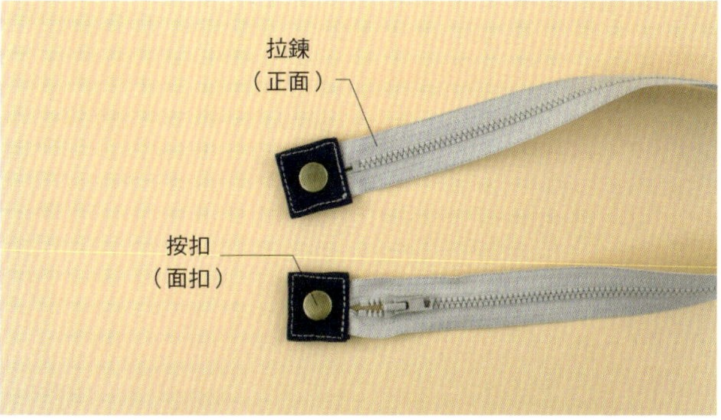

5. 縫製拉鍊

13. 將按扣（面扣）安裝在拉鍊掛耳的中心。

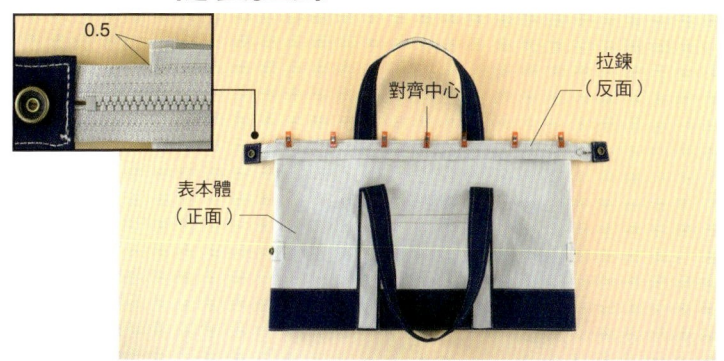

1. 在距離袋口下方0.5cm的位置，將拉鍊與表本體正面相對並且對齊中心重疊，用疏縫固定夾固定。

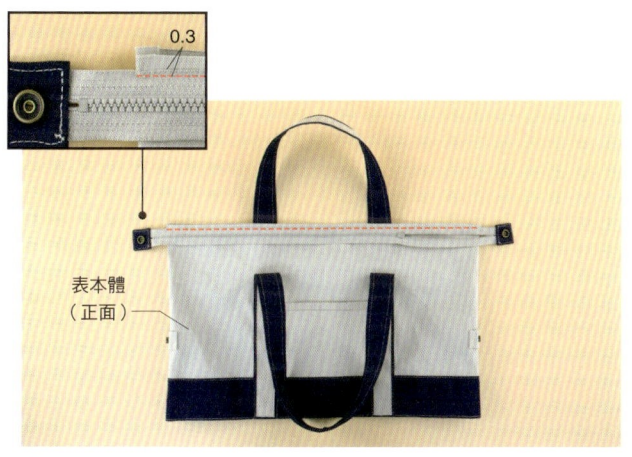

2. 在距離邊緣0.3cm的位置加上車縫線。

3. 拉開拉鍊，並將另一邊尚未縫合的拉鍊，用相同的作法縫合在袋口另一側。

6. 縫製裡本體

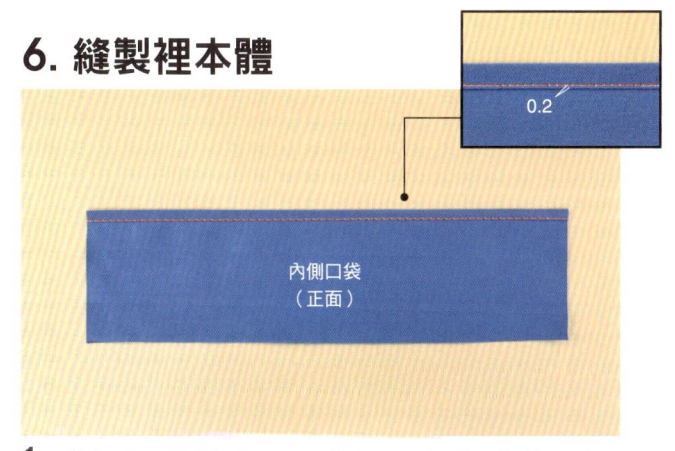

1. 將內側口袋先摺1cm後再摺1cm，摺出三摺邊，並且在邊緣加上車縫線。

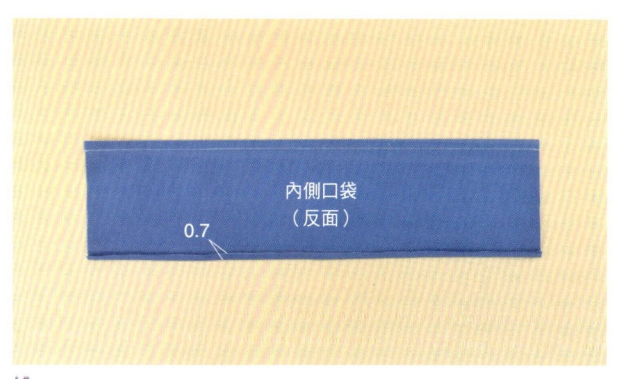

2. 將下端往反面摺0.7cm。

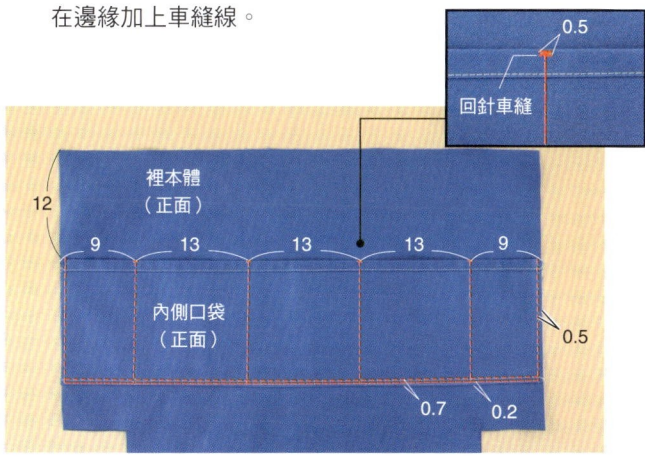

3. 重疊內側口袋與裡本體，以車縫固定並縫出分格。

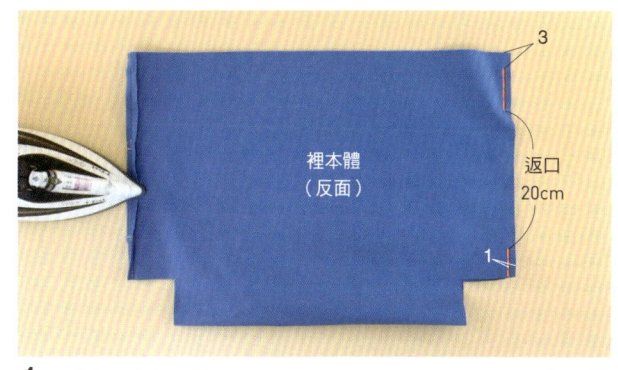

4. 將裡本體對摺，兩邊車縫後燙開縫份（一邊留下返口不縫）。

5. 將底寬重疊後縫合（請參考P.11 **3.-8.~11.**）。

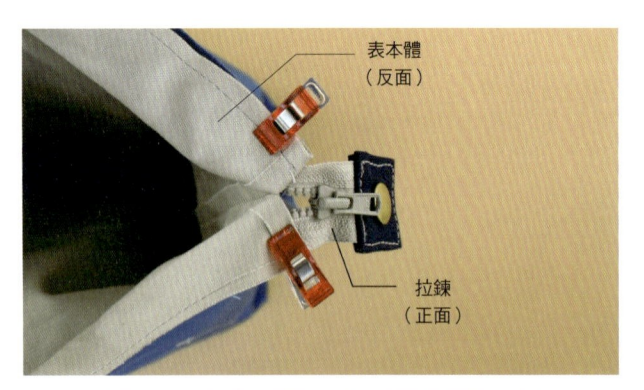

【邊緣部分重疊的樣子※請注意不要扭轉拉鍊】

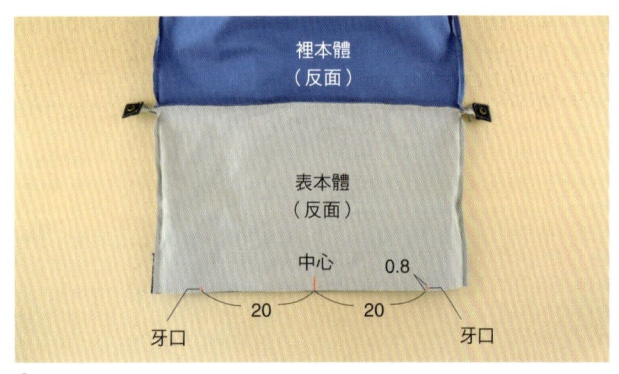

3. 拉出表本體，用粉土筆在底側中心標註合印點，並剪出牙口如圖。

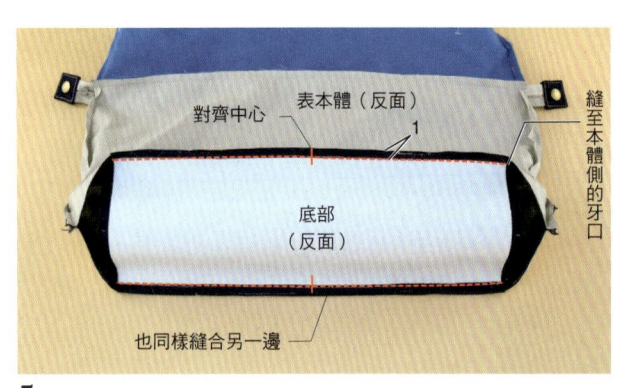

5. 將底部與表本體正面相對重疊，並從牙口縫合至牙口。兩側都用相同作法縫製。

7. 縫合表本體和裡本體

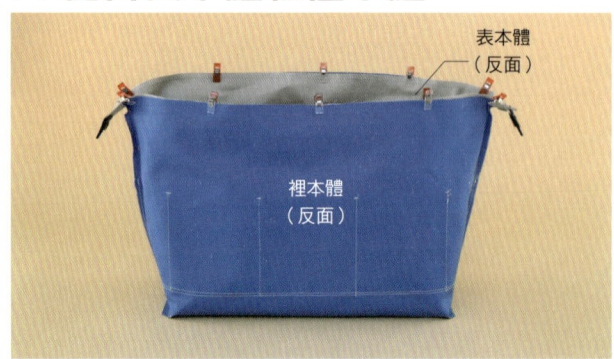

1. 將表本體放入裡本體，袋口對齊，並用疏縫固定夾固定。
   ※裡本體有口袋那側，和表本體沒有口袋那側，正面相對重疊。

2. 在距離邊緣1cm的位置，車縫固定。

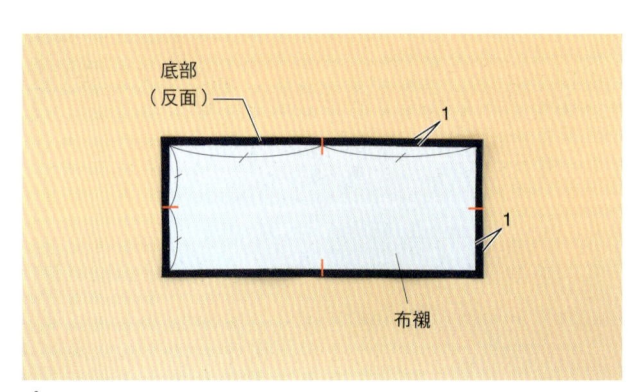

4. 在底部反面距離周圍1cm的位置黏貼布襯，並用粉土筆標註合印點。

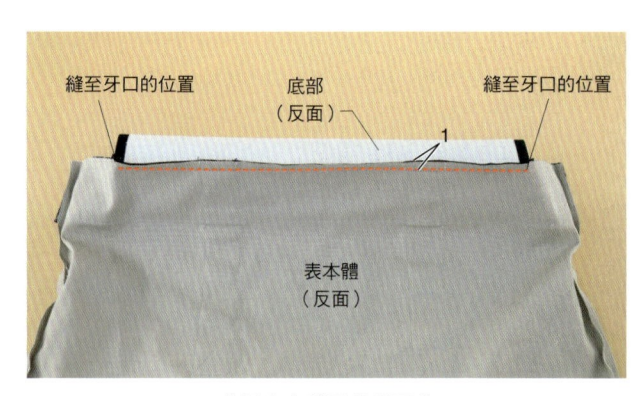

【從表本體看的樣子】

58

表本體
（反面）

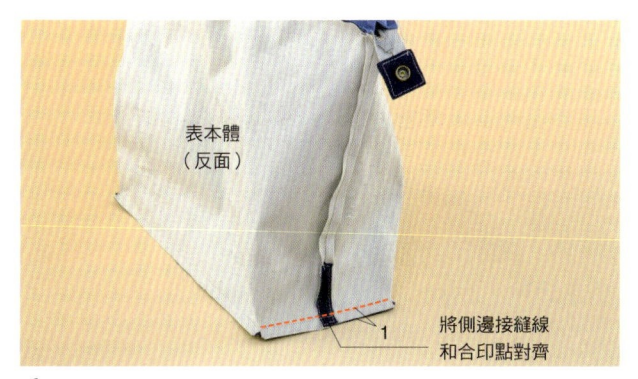

將側邊接縫線
和合印點對齊

底部
（反面）

將側邊接縫線
與合印點對齊

6. 將牙口打開，對齊底部的短邊和未縫合的部分後，以車縫縫合。

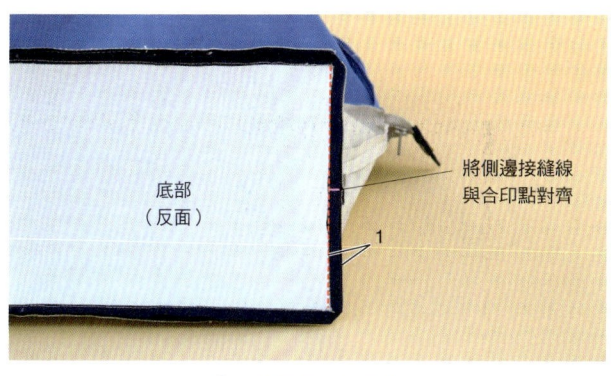

【從底部看的樣子】

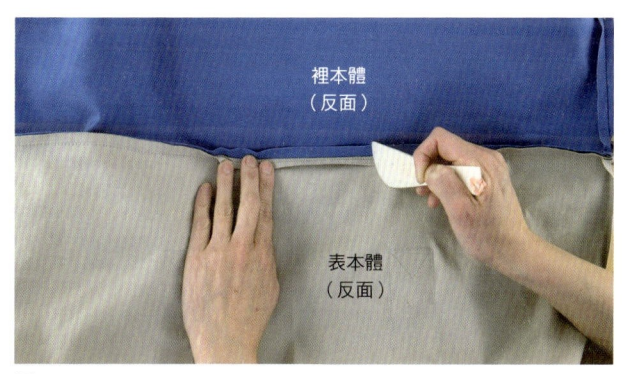

裡本體
（反面）

表本體
（反面）

裡本體
（正面）

表本體
（正面）

7. 用骨筆劃開袋口的縫份。

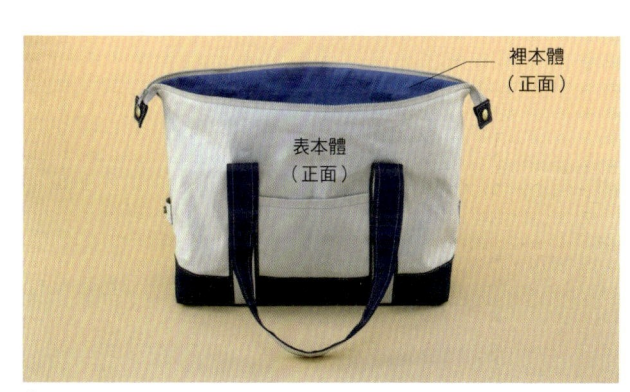

8. 從裡本體的返口翻回正面，並調整袋口形狀。

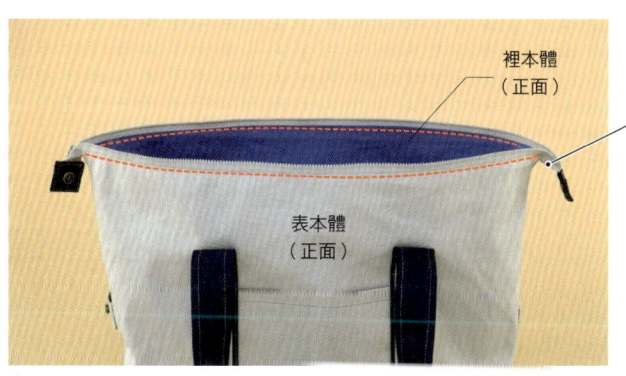

裡本體
（正面）

表本體
（正面）

0.2

表本體
（正面）

0.5

回針車縫

9. 在袋口邊緣加上車縫線。

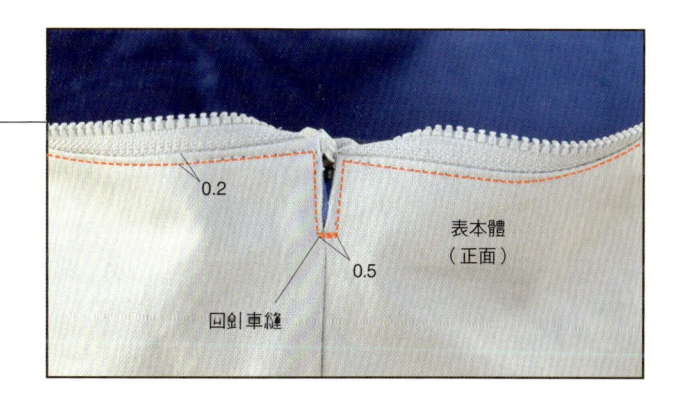

裡本體
（正面）

0.2

10. 在返口加上車縫線，並將裡本體放回表本體中。

完成

P.51 / 14 提帶船型帆布包

材料

- 表布 …………………… 100cm寬60cm長（厚棉布）
- 配布 …………………… 70cm寬50cm長（11號帆布）
- 裡布A ………………… 90cm寬70cm長（棉厚織79號）
- 裡布B ………………… 60cm寬30cm長（印花棉布）
- 布襯 …………………… 60cm寬50cm長
- 拉鍊 …………………… 30cm寬1條（FLATKNIT）
- 收邊的滾邊條 ………… 0.9cm寬40cm長

完成尺寸：30.5cm × 28cm × 22cm

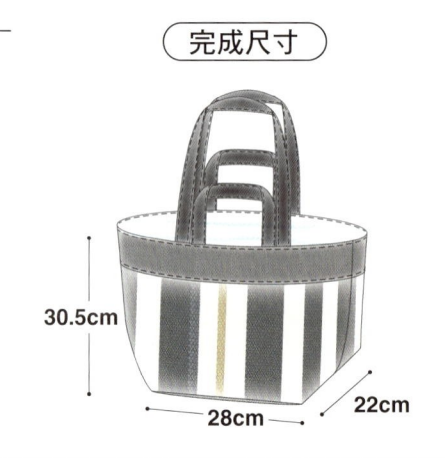

布料裁法

※這並不是實際尺寸紙型。
請依照圖示尺寸直接剪裁。
（圖示的數字是包含縫份的尺寸）
※ ▨ 表示在反面貼上布襯。

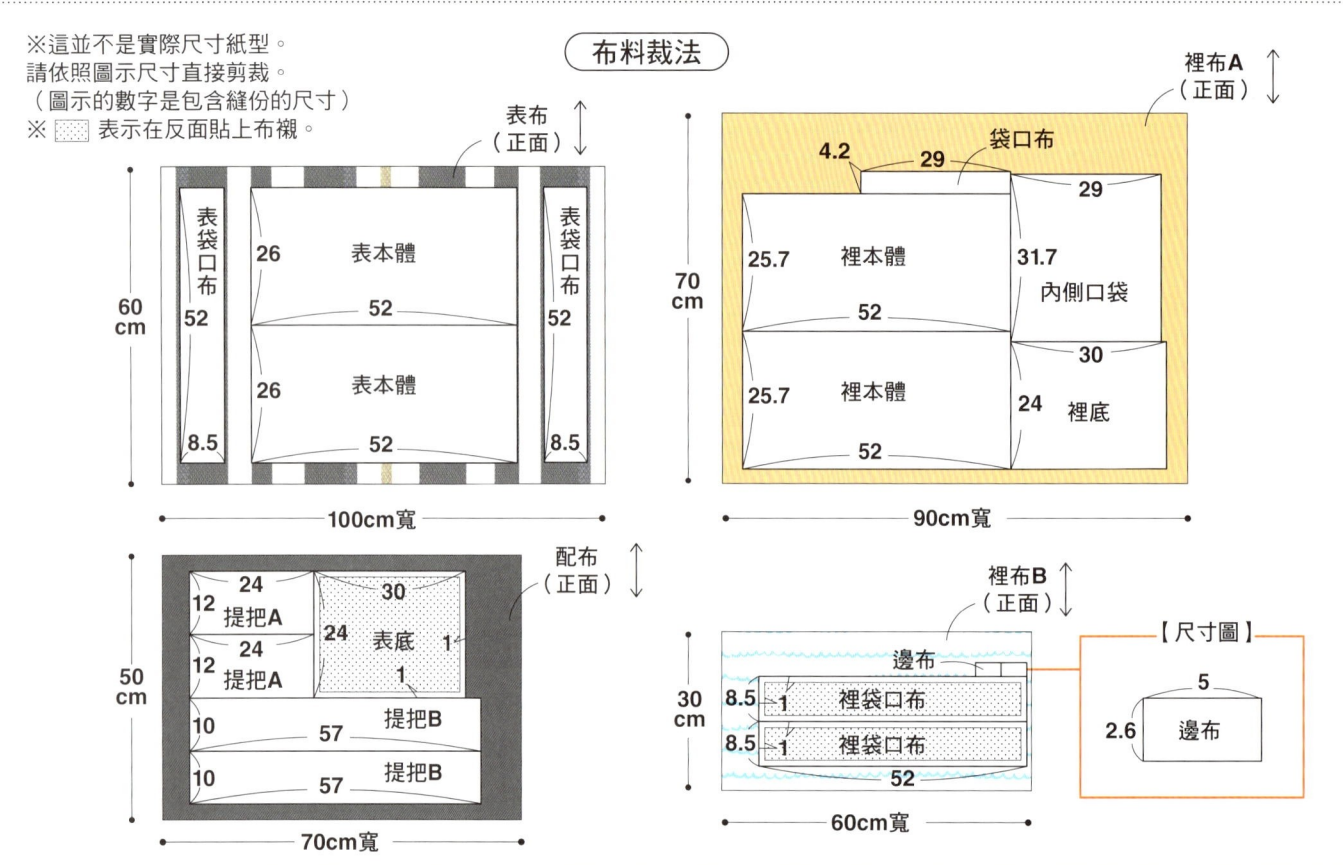

表布（正面） 100cm寬 × 60cm
- 表袋口布 52 / 26 / 8.5
- 表本體 52 / 26
- 表本體 52

裡布A（正面） 90cm寬 × 70cm
- 袋口布 4.2 / 29 / 29
- 裡本體 25.7 / 31.7 / 52 内側口袋
- 裡本體 25.7 / 52 / 24 / 30 裡底

配布（正面） 70cm寬 × 50cm
- 提把A 24 / 12
- 提把A 24 / 12
- 表底 24 / 30 / 1
- 提把B 10 / 57
- 提把B 10 / 57

裡布B（正面） 60cm寬 × 30cm
- 邊布
- 裡袋口布 8.5 / 1 / 52
- 裡袋口布 8.5 / 1

【尺寸圖】邊布 5 / 2.6

1. 縫製提把

提把B（正面）
① 兩邊往中央對齊摺起
② 對摺
③ 車縫
2.5 / 0.2 / 0.2

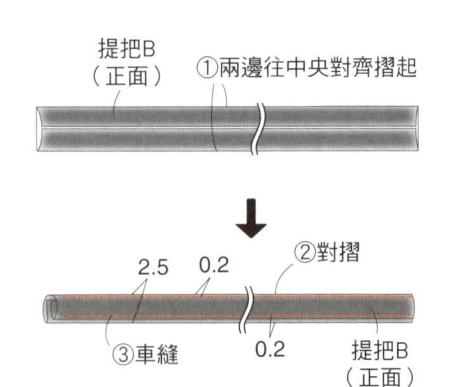

※用相同的作法縫製提把A

2. 縫製表本體

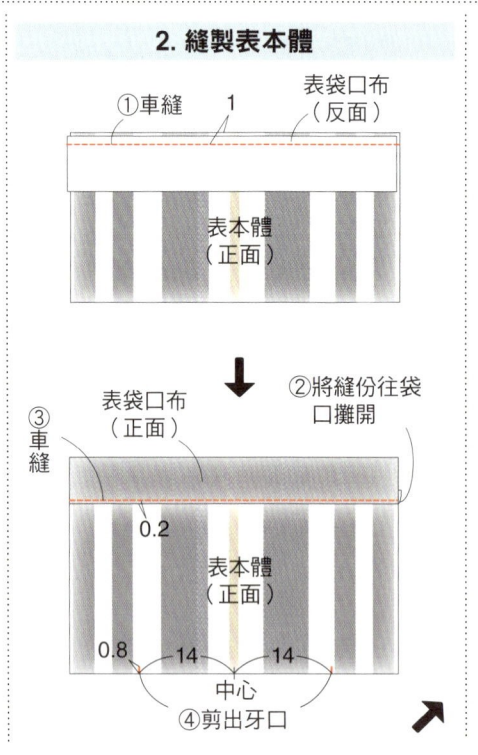

① 車縫 1
表袋口布（反面）
表本體（正面）

② 將縫份往袋口攤開
③ 車縫
表袋口布（正面）
0.2
表本體（正面）
0.8 / 14 / 14 中心
④ 剪出牙口

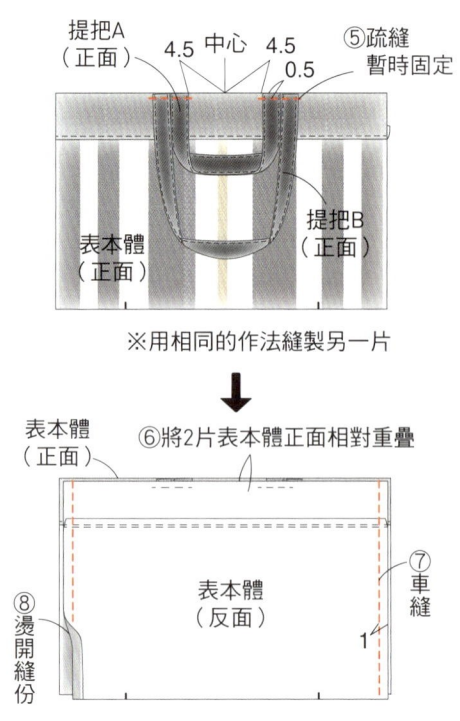

提把A（正面）4.5 中心 4.5
⑤ 疏縫暫時固定 0.5
表本體（正面）
提把B（正面）

※用相同的作法縫製另一片

⑥ 將2片表本體正面相對重疊
表本體（反面）
⑦ 車縫 1
⑧ 燙開縫份

※底部縫合的方法請參考P.58. **7.**-**4.**～**6.**

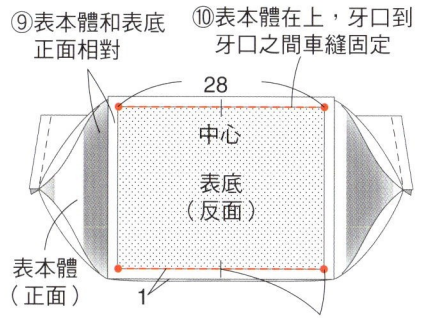

⑨表本體和表底正面相對
⑩表本體在上，牙口到牙口之間車縫固定
28
中心
表底（反面）
表本體（正面）
1

對齊表本體和表底長邊的中心，並將表本體的牙口和表底完成線的邊角對齊

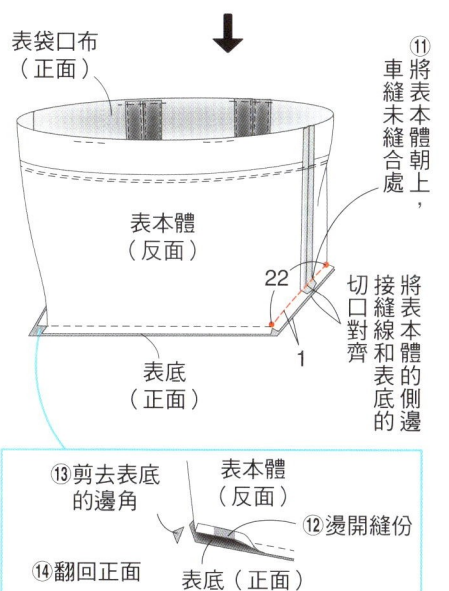

表袋口布（正面）
表本體（反面）
表底（正面）
22
1
⑪將表本體未縫合處，車縫接縫線和表底的邊切口對齊，將表本體的側邊

⑬剪去表底的邊角
表本體（反面）
⑫燙開縫份
⑭翻回正面
表底（正面）

3. 縫製內側口袋

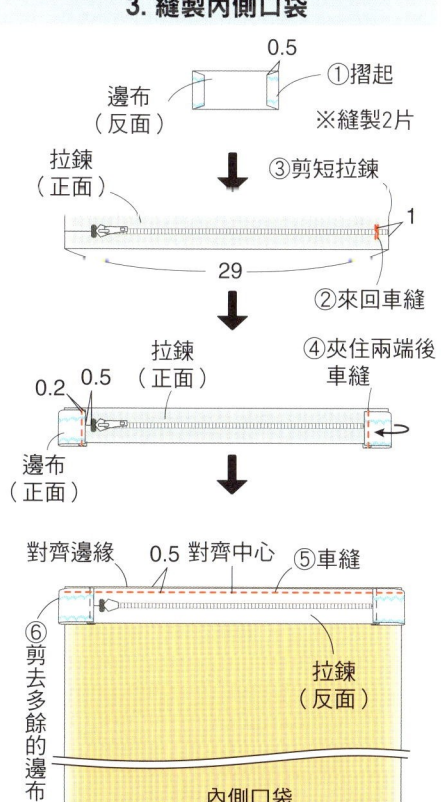

邊布（反面）
0.5
①摺起
※縫製2片

拉鍊（正面）
③剪短拉鍊
29
1
②來回車縫

拉鍊（正面）
④夾住兩端後車縫
0.2　0.5
邊布（正面）

對齊邊緣　0.5　對齊中心　⑤車縫
拉鍊（反面）
⑥剪去多餘的邊布
內側口袋（正面）

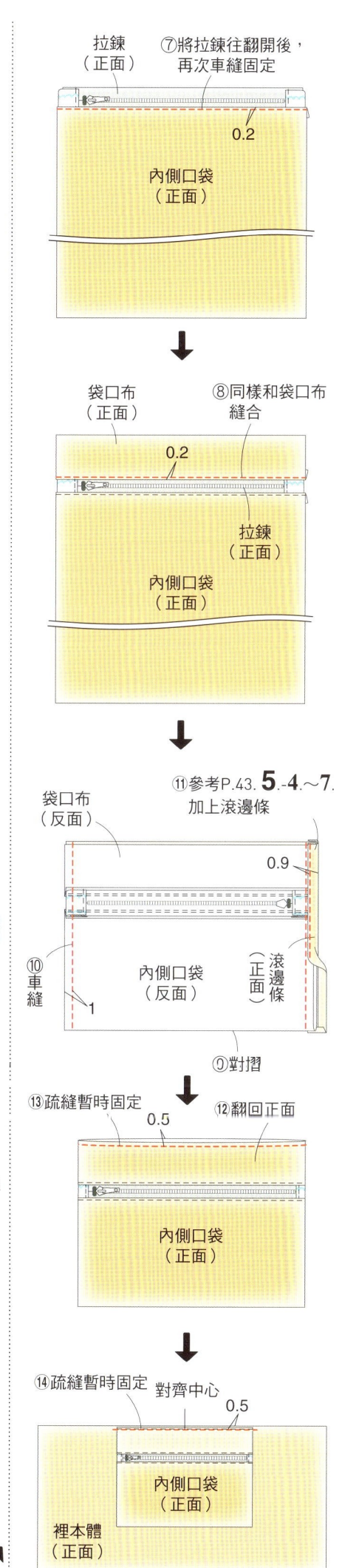

拉鍊（正面）
⑦將拉鍊往翻開後，再次車縫固定
0.2
內側口袋（正面）

袋口布（正面）
⑧同樣和袋口布縫合
0.2
拉鍊（正面）
內側口袋（正面）

⑪參考P.43. **5.**-**4.**～**7.** 加上滾邊條

袋口布（反面）
0.9
⑩車縫
1
內側口袋（反面）
滾邊條（正面）

⑨對摺

⑬疏縫暫時固定　⑫翻回正面
0.5
內側口袋（正面）

⑭疏縫暫時固定　對齊中心
0.5
內側口袋（正面）
裡本體（正面）

---

4. 縫製裡本體

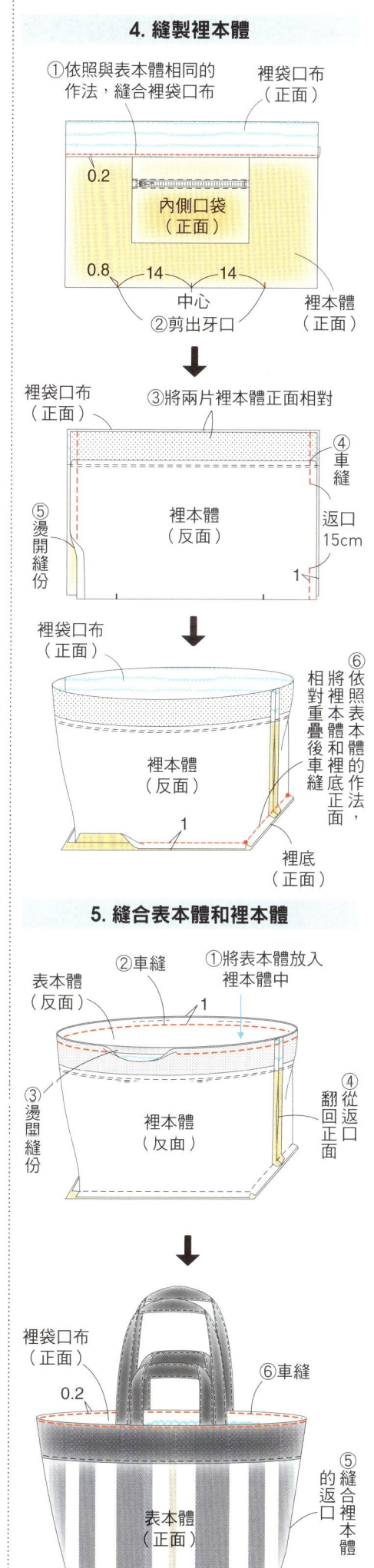

①依照與表本體相同的作法，縫合裡袋口布
裡袋口布（正面）
0.2
內側口袋（正面）
0.8　14　14
中心
②剪出牙口
裡本體（正面）

③將兩片裡本體正面相對
裡袋口布（正面）
④車縫
⑤燙開縫份
裡本體（反面）
返口15cm
1

⑥依照表本體的作法，將裡本體和裡底正面相對重疊後車縫
裡袋口布（正面）
裡本體（反面）
1
裡底（正面）

5. 縫合表本體和裡本體

①將表本體放入裡本體中
②車縫
表本體（反面）
1
③燙開縫份
裡本體（反面）
④從返口翻回正面

裡袋口布（正面）
0.2
表本體（正面）
⑥車縫
⑤縫合裡本體的返口

61

P.52 / 15 復古牛奶包

材料
- 表布 …………… 112cm寬80cm長（11號帆布）
- 配布 …………… 70cm寬20cm長（棉厚織79號）
- 布襯 …………… 40cm寬20cm長
- 按扣 …………… 1.3cm寬5組

完成尺寸
24cm（高）× 24cm（寬）× 15cm（深）

布料裁法

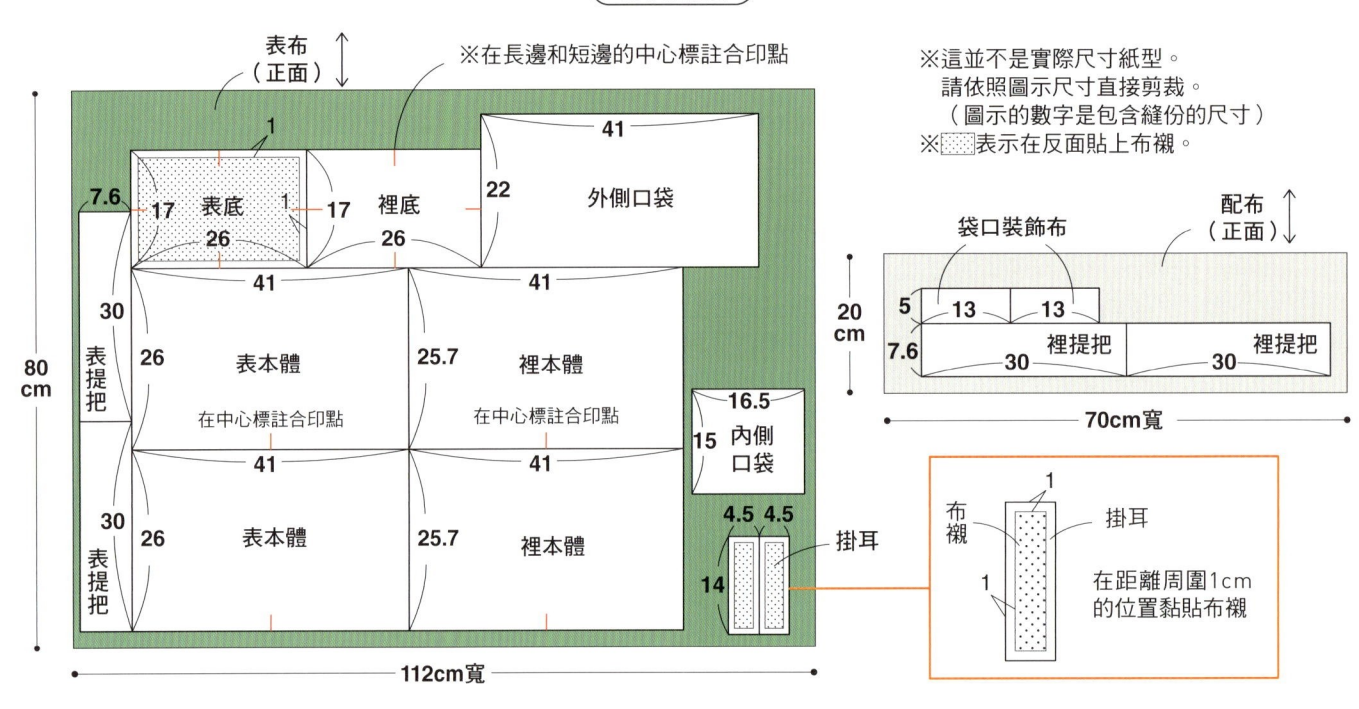

※這並不是實際尺寸紙型。
請依照圖示尺寸直接剪裁。
（圖示的數字是包含縫份的尺寸）
※ 表示在反面貼上布襯。

表布（正面）112cm寬 × 80cm長
- 表底 17×26（※在長邊和短邊的中心標註合印點），7.6
- 裡底 17×26
- 外側口袋 22×41
- 表提把 30×41（×2）
- 表本體 26×41（在中心標註合印點）（×2）
- 裡本體 25.7×41（在中心標註合印點）（×2）
- 內側口袋 15×16.5
- 掛耳 4.5×14（×2）

配布（正面）70cm寬 × 20cm
- 袋口裝飾布 5×13（×2），7.6
- 裡提把 30（×2）

掛耳
布襯 在距離周圍1cm的位置黏貼布襯

---

1. 縫製提把

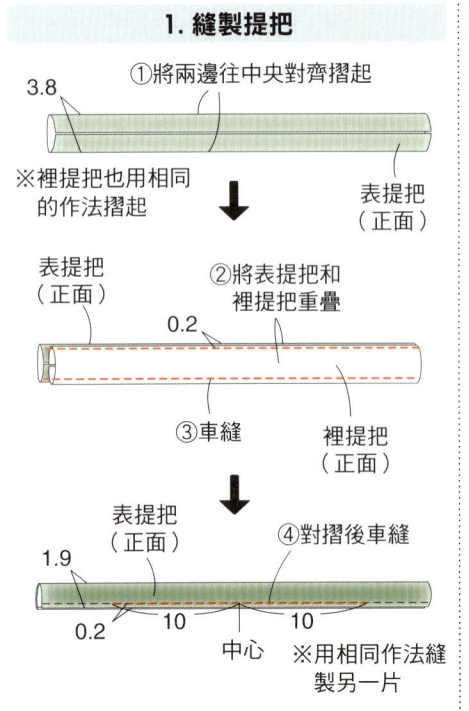

①將兩邊往中央對齊摺起　3.8
※裡提把也用相同的作法摺起

②將表提把和裡提把重疊　0.2
③車縫
表提把（正面）／裡提把（正面）

④對摺後車縫
1.9 ／ 0.2 ／ 10 ／ 10
中心　※用相同作法縫製另一片

2. 縫製掛耳

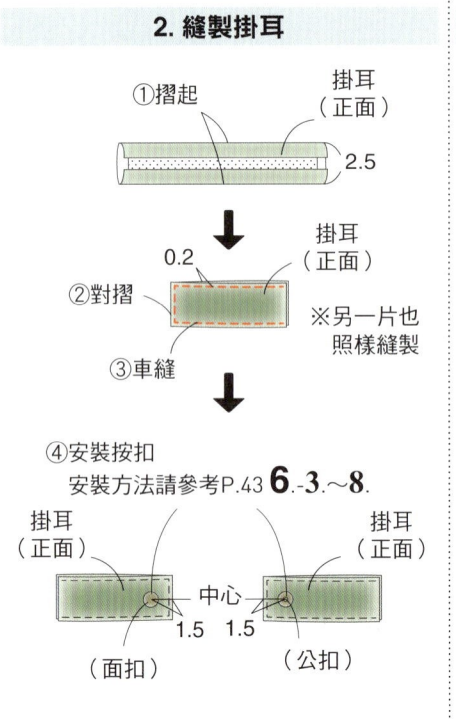

①摺起　2.5
掛耳（正面）

②對摺　0.2
③車縫
※另一片也照樣縫製

④安裝按扣
安裝方法請參考P.43 **6**.-**3**.~**8**.

掛耳（正面）　掛耳（正面）
中心　1.5　1.5
（面扣）（公扣）

3. 縫製表本體

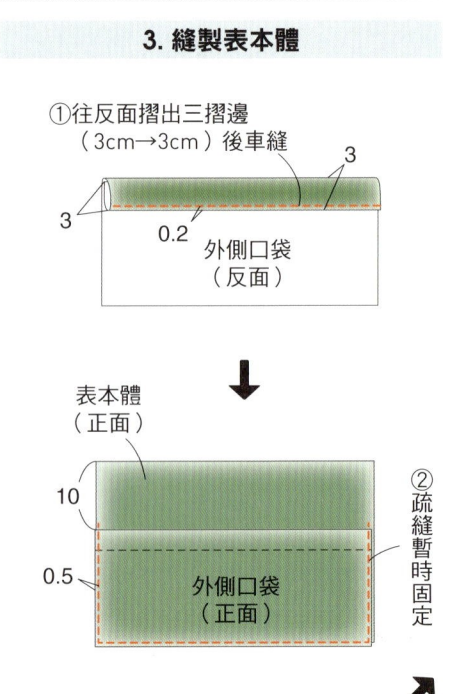

①往反面摺出三摺邊（3cm→3cm）後車縫
3／3／0.2
外側口袋（反面）

表本體（正面）
10
0.5
外側口袋（正面）

②疏縫暫時固定

③安裝按扣
安裝方法請參考P.43 **6.-3.~8.**

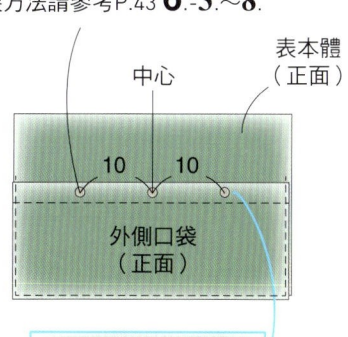

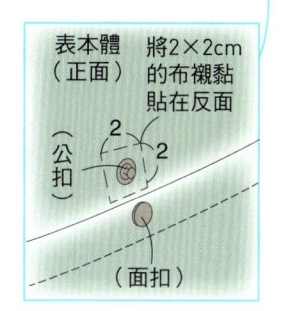

中心
表本體（正面）
10　10
外側口袋（正面）

表本體（正面）　將2×2cm的布襯黏貼在反面
2　2
（公扣）
（面扣）

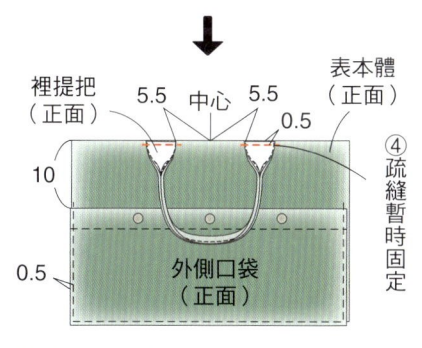

裡提把（正面）
5.5　中心　5.5
表本體（正面）
0.5
10
外側口袋（正面）
0.5
④疏縫暫時固定

※用相同作法縫製另一片（沒有外側口袋）

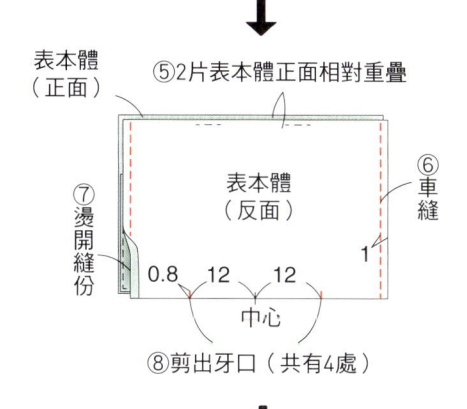

⑤2片表本體正面相對重疊
表本體（正面）
表本體（反面）
⑥車縫
1
⑦燙開縫份
0.8　12　12
中心
⑧剪出牙口（共有4處）

※底部的縫製方法請參考P.58 **7.-4.~6.**

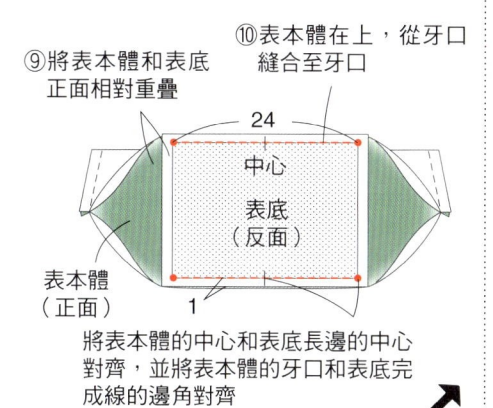

⑨將表本體和表底正面相對重疊
⑩表本體在上，從牙口縫合至牙口
24
中心
表底（反面）
表本體（正面）
1
將表本體的中心和表底長邊的中心對齊，並將表本體的牙口和表底完成線的邊角對齊

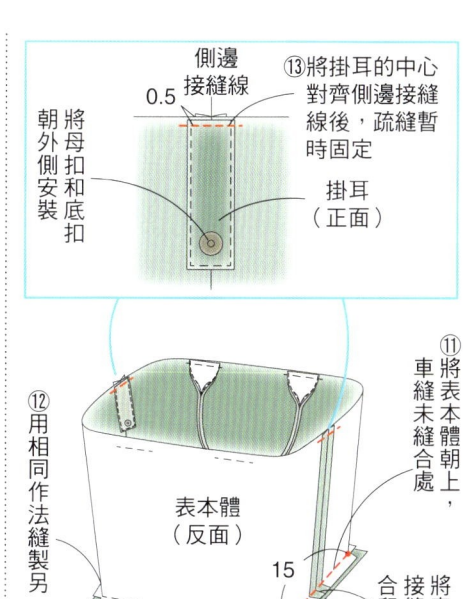

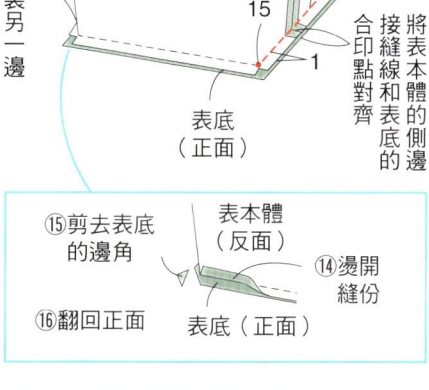

側邊接縫線
0.5
⑬將掛耳的中心對齊側邊接縫線後，疏縫暫時固定
將母扣和底扣朝外側安裝
掛耳（正面）

⑫用相同作法縫製另一邊
表本體（反面）
15
表底（正面）
1
⑪將表本體朝上，車縫未縫合處，將表本體的側邊接縫線和表底的合印點對齊

⑮剪去表底的邊角
表本體（反面）
⑭燙開縫份
⑯翻回正面
表底（正面）

4. 縫製裡本體

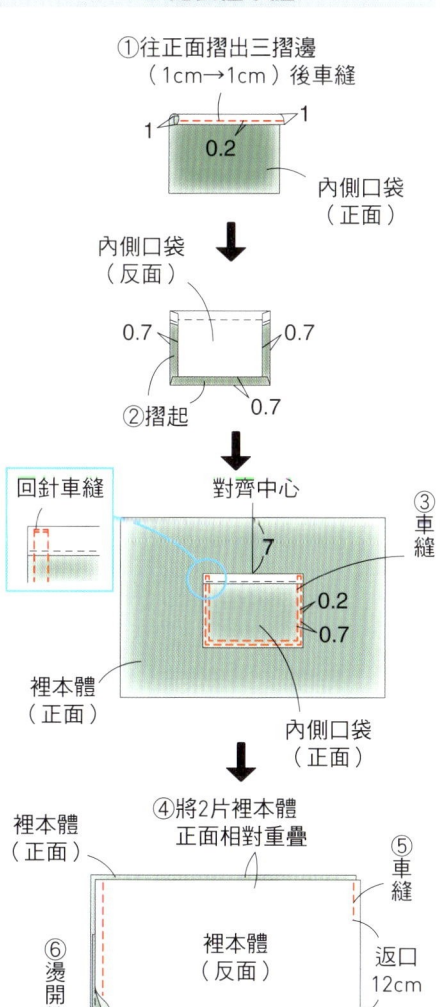

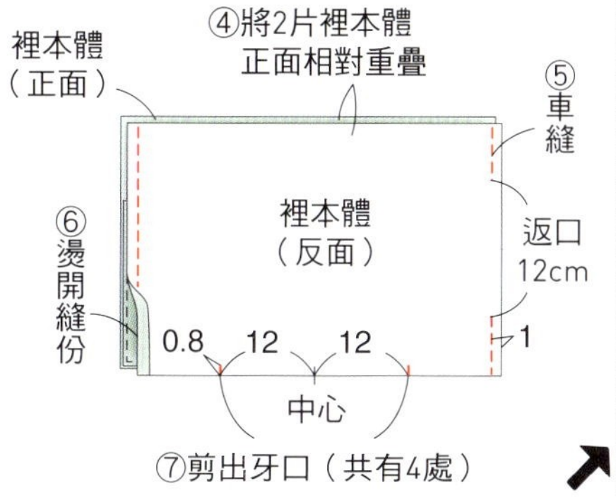

①往正面摺出三摺邊（1cm→1cm）後車縫
1
0.2
內側口袋（正面）

內側口袋（反面）
0.7　0.7
0.7
②摺起

回針車縫
對齊中心
7
0.2
0.7
裡本體（正面）
內側口袋（正面）
③車縫

④將2片裡本體正面相對重疊
裡本體（正面）
⑥燙開縫份
裡本體（反面）
⑤車縫
返口12cm
0.8　12　12
中心
⑦剪出牙口（共有4處）

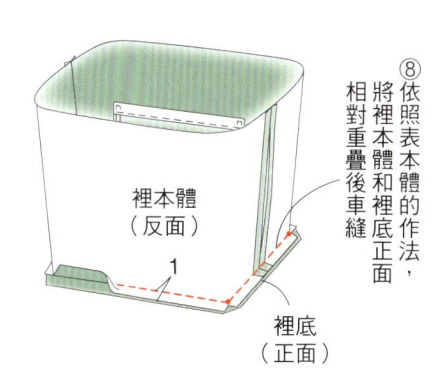

裡本體（反面）
1
裡底（正面）
⑧依照表本體的作法，將裡本體和裡底正面相對重疊後車縫

5. 縫合表本體和裡本體

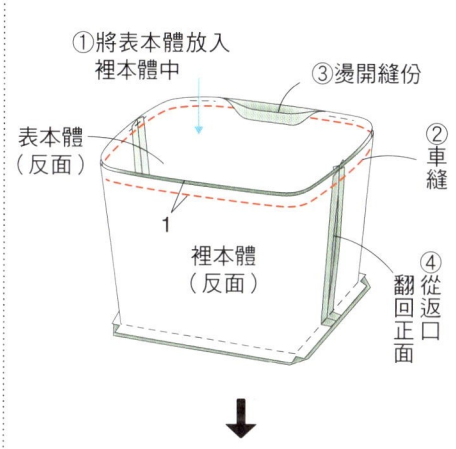

①將表本體放入裡本體中
③燙開縫份
表本體（反面）
②車縫
1
裡本體（反面）
④從返口翻回正面

表提把（正面）
⑥車縫
0.2
表本體（正面）
⑤縫合裡本體的返口

6. 完成

①摺起
袋口裝飾布（正面）
1　1
1

袋口裝飾布（正面）
1.5
②對摺

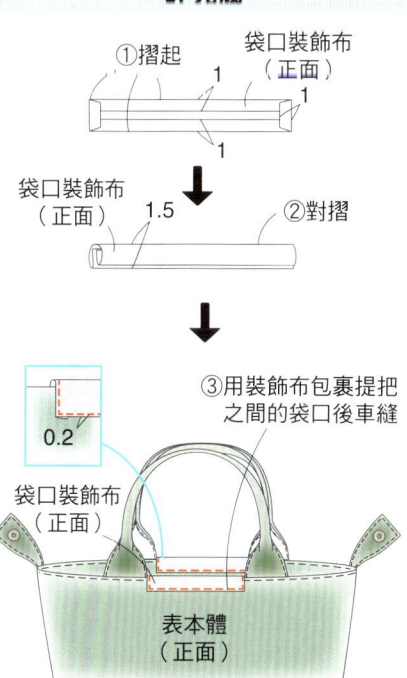

0.2
③用裝飾布包裹提把之間的袋口後車縫
袋口裝飾布（正面）
表本體（正面）

63

P.53 / 16 跳色船型肩背包

材料

- 表布 ……………… 75cm寬20cm長（8號帆布）
- 配布A …………… 60cm寬20cm長（11號帆布）
- 配布B …………… 10cm寬1.5m長（11號帆布）
- 裡布 ……………… 112cm寬35cm長（棉厚織79號）
- 布襯 ……………… 20cm寬20cm長
- 拉鍊 ……………… 30cm 1條（FLATKNIT）
- D環 ……………… 1.5cm寬1個
- 調節扣 …………… 1.5cm寬1個

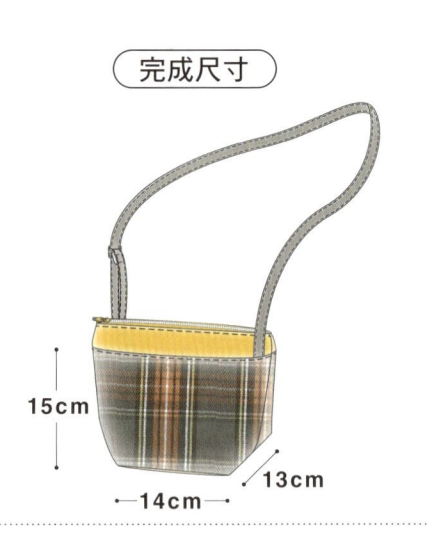

完成尺寸

15cm / 14cm / 13cm

布料裁法

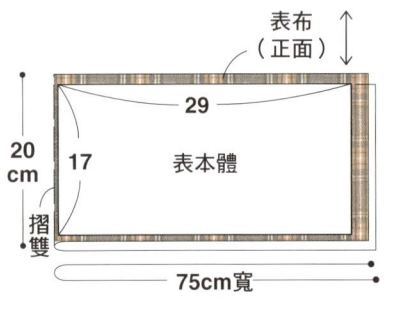

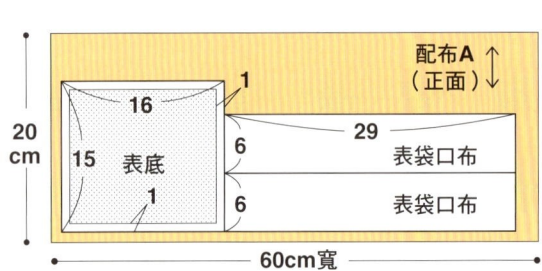

※這並不是實際尺寸紙型。請依照圖示尺寸直接剪裁。
（圖示的數字是包含縫份的尺寸）
※▨表示在反面貼上布襯。

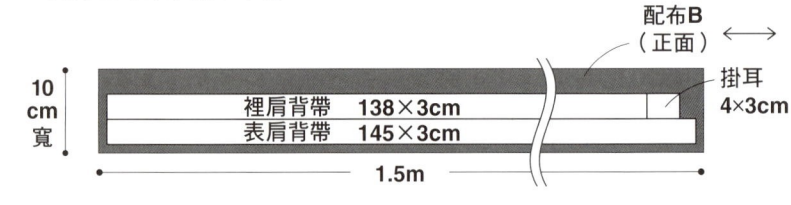

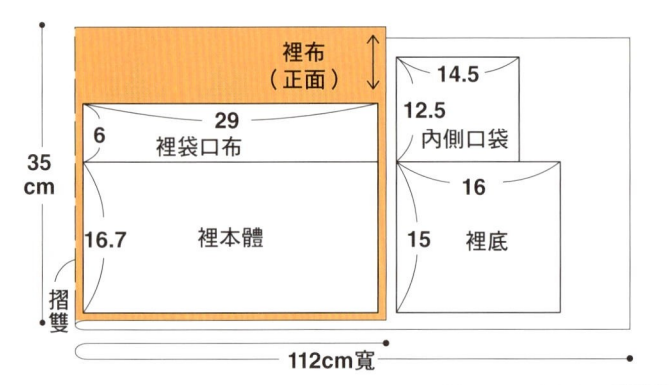

表布（正面）：75cm寬 × 20cm，表本體 29×17，摺雙

配布B（正面）：10cm寬 × 1.5m
- 裡肩背帶 138×3cm
- 表肩背帶 145×3cm
- 掛耳 4×3cm

配布A（正面）：60cm寬 × 20cm
- 表底 16×15（1、1周圍縫份）
- 表袋口布 29×6（×2）

裡布（正面）：112cm寬 × 35cm
- 裡袋口布 29×6
- 裡本體 16.7、摺雙
- 內側口袋 14.5×12.5
- 裡底 16×15

1. 縫製掛耳

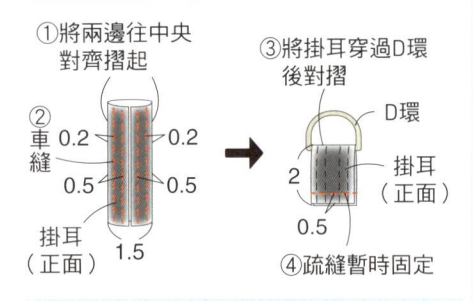

① 將兩邊往中央對齊摺起
② 車縫（0.2、0.5）
掛耳（正面）1.5
③ 將掛耳穿過D環後對摺
D環、掛耳（正面）2、0.5
④ 疏縫暫時固定

2. 縫製肩背帶

※肩背帶的作法請參考P.106. 1.

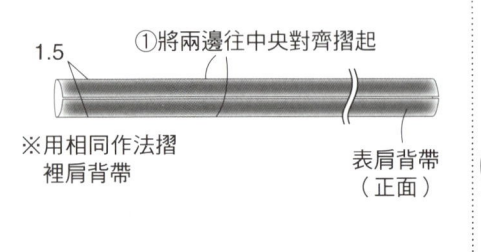

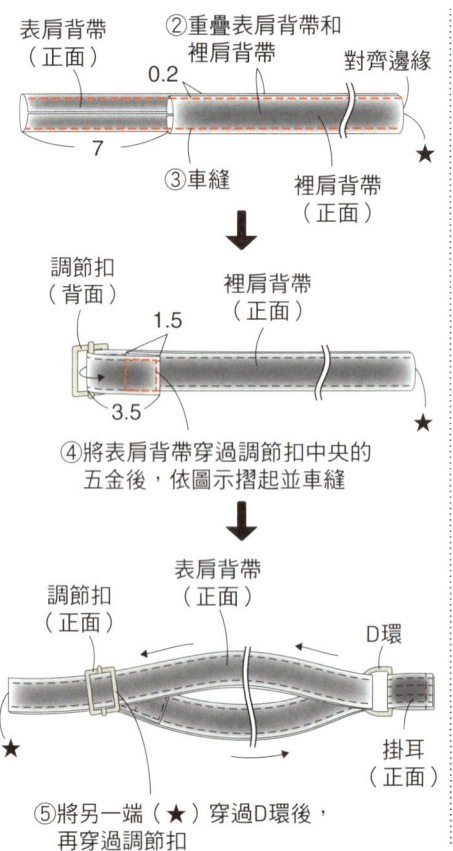

① 將兩邊往中央對齊摺起
1.5　表肩背帶（正面）
※用相同作法摺裡肩背帶

② 重疊表肩背帶和裡肩背帶　對齊邊緣
表肩背帶（正面）　0.2　7
③ 車縫
裡肩背帶（正面）★

調節扣（背面）　1.5　3.5　裡肩背帶（正面）

④ 將表肩背帶穿過調節扣中央的五金後，依圖示摺起並車縫
表肩背帶（正面）　調節扣（正面）　D環　掛耳（正面）

⑤ 將另一端（★）穿過D環後，再穿過調節扣

3. 縫製袋口布

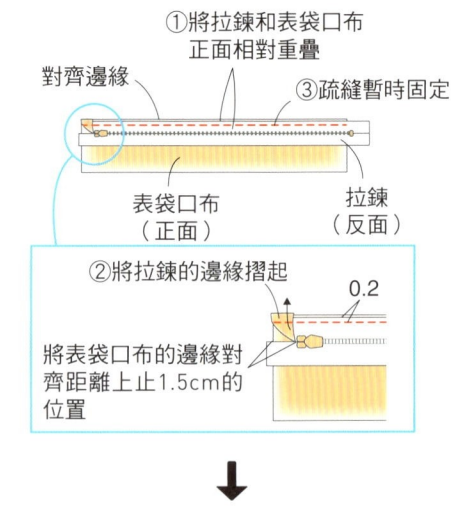

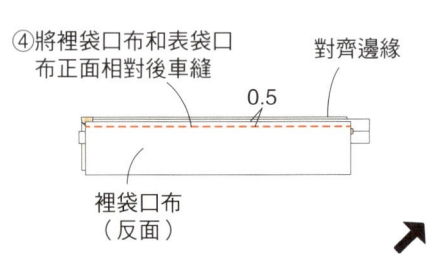

① 將拉鍊和表袋口布正面相對重疊
對齊邊緣　③ 疏縫暫時固定
表袋口布（正面）　拉鍊（反面）

② 將拉鍊的邊緣摺起
將表袋口布的邊緣對齊距離上止1.5cm的位置　0.2

④ 將裡袋口布和表袋口布正面相對後車縫
對齊邊緣　0.5
裡袋口布（反面）

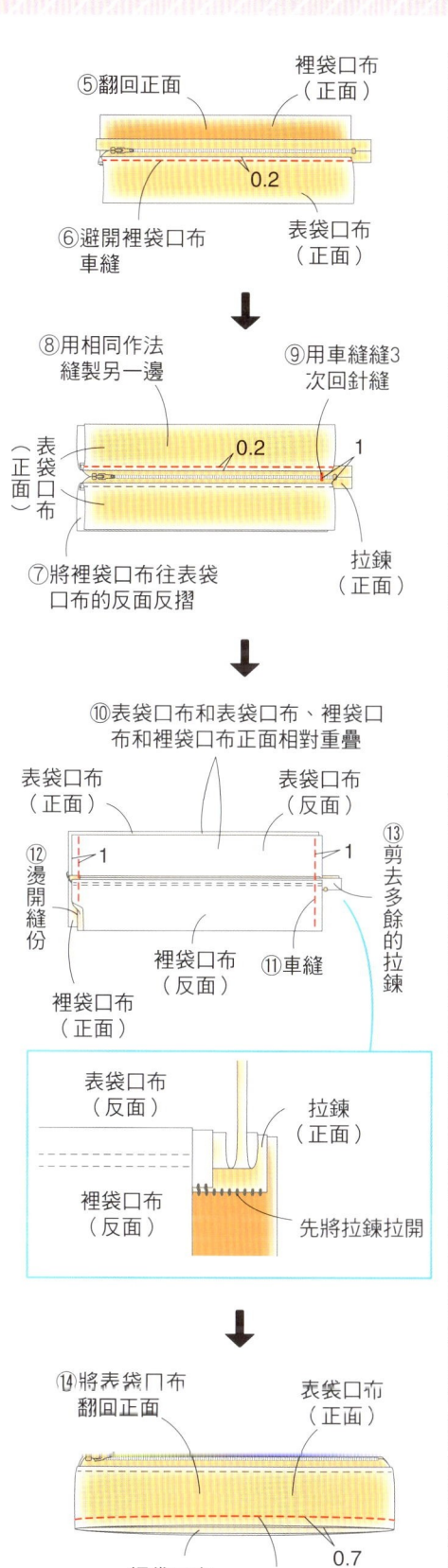

4. 縫製表本體

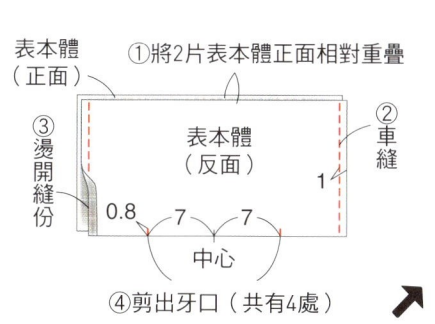

①將2片表本體正面相對重疊
②車縫
③燙開縫份
④剪出牙口（共有4處）
表本體（正面）
表本體（反面）
1
0.8
7　7
中心

5. 縫製裡本體

①往正面摺出三摺邊（1cm→1cm）後車縫
內側口袋（反面）
內側口袋（正面）
1　1
0.2
②摺起
0.7　0.7
0.7

回針車縫
對齊中心
4.5
0.2
0.7
③車縫
裡本體（正面）
內側口袋（正面）

⑤車縫
⑥燙開縫份
④將裡本體正面相對重疊
裡本體（正面）
裡本體（反面）
返口12cm
1
0.8
7　7
中心
⑦剪出牙口（共有4處）

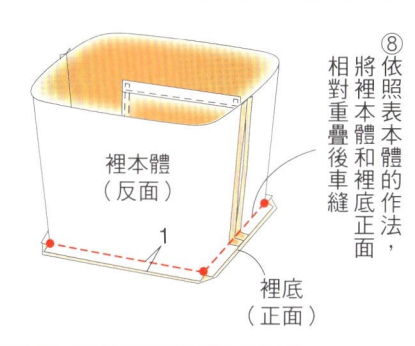

※底部的縫製方法請參考P.58 **7.**-4.～6.

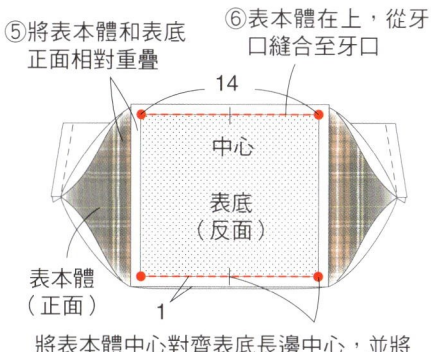

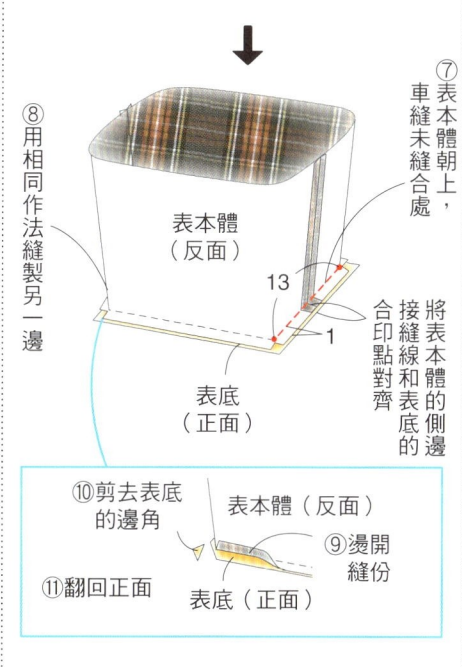

⑤將表本體和表底正面相對重疊
⑥表本體在上，從牙口縫合至牙口
14
中心
表底（反面）
表本體（正面）

將表本體中心對齊表底長邊中心，並將表本體的牙口對齊表底完成線的邊角

⑧用相同作法縫製另一邊
表本體（反面）
表底（正面）
13
1
⑦表本體朝上，車縫未縫合處，將接縫線和表底的邊合印點對齊

⑩剪去表底的邊角
表本體（反面）
⑨燙開縫份
表底（正面）
⑪翻回正面

（頂部左欄）

⑤翻回正面
裡袋口布（正面）
表袋口布（正面）
0.2
⑥避開裡袋口布車縫

⑧用相同作法縫製另一邊
⑨用車縫縫3次回針縫
表袋口布（正面）
0.2
1
拉鍊（正面）
⑦將裡袋口布往表袋口布的反面反摺

⑩表袋口布和表袋口布、裡袋口布和裡袋口布正面相對重疊
表袋口布（正面）
表袋口布（正面）
⑫燙開縫份
裡袋口布（反面）
⑪車縫
⑬剪去多餘的拉鍊
1　1

表袋口布（反面）
拉鍊（正面）
裡袋口布（反面）
先將拉鍊拉開

⑭將表袋口布翻回正面
表袋口布（正面）
裡袋口布（正面）
0.7
⑮疏縫暫時固定

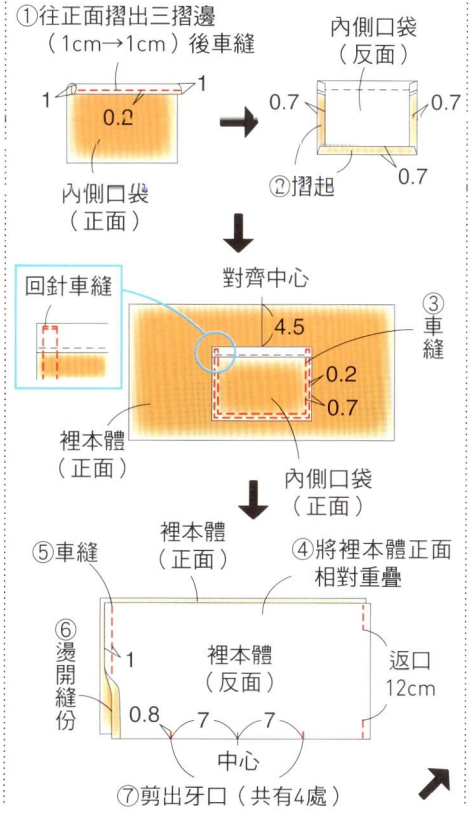

6. 縫合表本體和裡本體

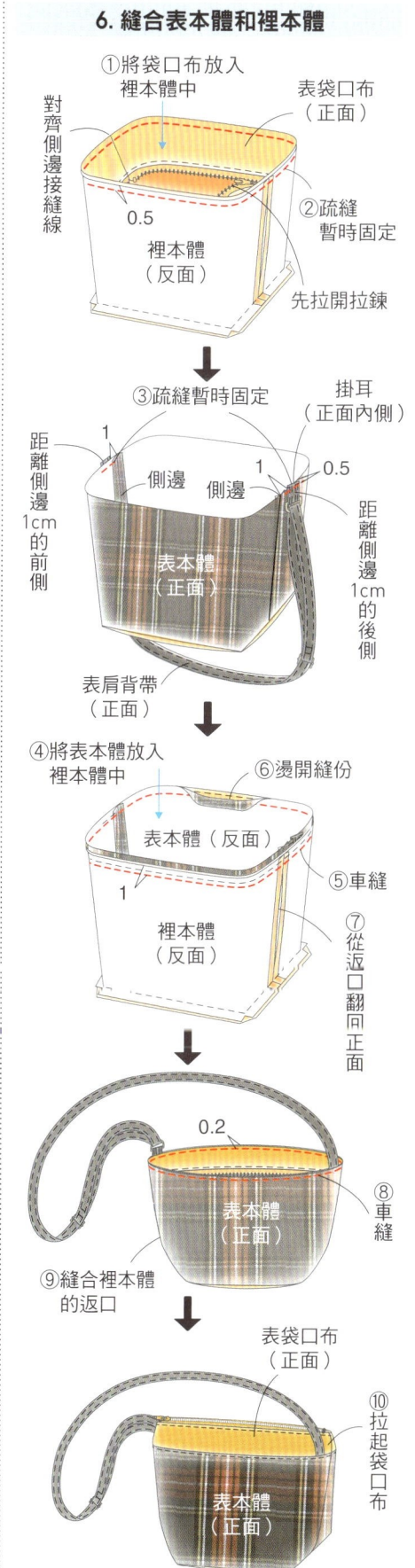

⑧依照表本體的作法，將裡本體和裡底正面相對重疊後車縫
裡本體（反面）
1
裡底（正面）

①將袋口布放入裡本體中
對齊側邊接縫線
表袋口布（正面）
②疏縫暫時固定
0.5
裡本體（反面）
先拉開拉鍊

③疏縫暫時固定
掛耳（正面內側）
距離側邊1cm的前側
側邊　側邊
距離側邊1cm的後側
1　1　0.5
表本體（正面）
表肩背帶（正面）

④將表本體放入裡本體中
⑥燙開縫份
表本體（反面）
⑤車縫
裡本體（反面）
1
⑦從返口翻回正面

0.2
表本體（正面）
⑧車縫
⑨縫合裡本體的返口

表袋口布（正面）
⑩拉起袋口布
表本體（正面）

65

5. ROUND BOTTOM BAG
圓底包

round bottom ＝圓形的底部，
圓底包的結構穩固，
弧形的輪廓也散發可愛的魅力。
雖然圓弧線條對初學者來說難度較高，
但其實只要在接合的布料上剪出牙口，
縫製時留意對齊、朝上擺放等細節，
就可以完成漂亮的成品。

ROUND BOTTOM BAG
17
【馬爾凱托特包】
作法｜P.72

這款托特包是以國外市場常見的編織包為靈感，利用薄薄的印花布料做出三角形的遮蓋布。平時可以將遮蓋布打結增加包的輪廓；不打結也可以用來遮蓋包包的內部，避免包內物品外露。

表布＝染色亞麻帆布（#8500-3黑色）／富士金梅®　裡布＝棉厚織79號（銀灰色）／L'idée　配布＝印花棉布／作者個人物品
提把＝真皮提把（BM-4116#25焦茶色）／INAZUMA　縫線＝Schappe Spun縫線#30（402黑色、161冰灰色）／FUJIX

ROUND BOTTOM BAG

18

【格紋長型圓筒包】

作法 | P.76

這不是一個圓底的包包，而是側身為圓形的包包，但是也歸納在「round bottom bag」的包款中介紹給大家。這個包包使用的蘇格蘭紋飾，是為了本書特別與倉敷帆布合作製作的上棉8號帆布。在縫製圓筒包的時候，裁剪布料可以不需要太留意格紋是否對齊，推薦大家試做看看。

表布＝上棉8號帆布pallet系列by Navy Blue Closet ×倉敷帆布（gray × red check）／倉敷帆布（BAISTONE）　裡布＝棉厚織79號（深紅色）／L'idée　D環＝15mm（SUN 10-100、AG）／清原　提把＝合成皮提把（YAH-40#2紅色）／INAZUMA
縫線＝Schappe Spun縫線#30（14紅色）／FUJIX
※上棉8號帆布：用梭織機織成的100%純棉8號帆布，不同於一般帆布，是用比較細的捻線織成，特色是會呈現絹絲般的光澤，而且非常柔軟。

ROUND BOTTOM BAG
19
【十字底桶型托特包】

作法 | P.78

白色帆布不論夏天還是冬天都給人一種清爽的感覺,令人愛不釋手。這個款式在桶型托特包的基礎上,加上了如工具袋般的外側口袋,設計成能靈活使用的托特包。

表布＝11號帆布55色系列（02白色）／L'idée　縫線＝Schappe Spun縫線#30（原色）／（株）FUJIX

內側吊袋為有拉鍊的設計，也可以依喜好縫製成沒有拉鍊的。

稍大的 27cm 包底，
縫上十字型的裝飾布條，
不但可以為簡約的包款
增添一些造型上的點綴，
也可以當作加強結構的設計，
可謂一舉兩得。

69

ROUND BOTTOM BAG
20
【束口旅行後背包】

作法 | P.80

這是一款很適合一日小旅行的後背包，配色與設計的靈感來自充滿野性的「Safari」風格，但整體氛圍更偏休閒一點。掀蓋和外側口袋都有滾邊設計，為包包添加點綴和變化。袋口則設計成束口袋的樣式，取放物品相當方便。

表布＝11號帆布55色系列（39暗綠色）　裡布＝棉厚織79號（沙米色）　配布＝11號帆布55色系列（11米色）／L'idée
D環＝40mm（SUN 10-106、AG）　調節扣＝40mm（SUN 13-176、AG）　單面扣眼＝內徑10mm（11-176、AG）／清原
圓真皮繩＝寬約3mm（LS30-25焦茶色）　配飾＝有縫線孔的真皮扣件（KA-12#25焦茶色）／INAZUMA
縫線＝Schappe Spun縫線#30（131米色）（67綠色）／FUJIX

P.66　17 馬爾凱托特包

材料
- 表布……………110cm寬50cm長（亞麻帆布）
- 配布……………80cm寬90cm長（印花棉布）
- 裡布……………112cm寬50cm長（棉厚織79號）
- 布襯……………110cm寬50cm長
- 真皮提把（鉚釘款）……長40cm 1組

完成尺寸：22cm × 26cm × 12cm

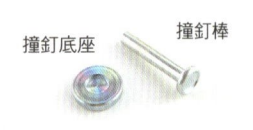

撞釘底座和撞釘棒
這是用鉚釘安裝提把時所需的工具。

木槌和橡膠墊
也可以用鐵鎚代替。為了避免傷及桌面，下面一定要鋪上橡膠墊等硬質墊板。

布料裁法

※內側口袋沒有實際尺寸紙型。
請依照圖示尺寸直接剪裁。
（圖示的數字是包含縫份的尺寸）
※▨表示在反面貼上布襯。

表布（正面）：表底（1片）※有紙型、表本體 ※有紙型　50cm × 110cm寬　摺雙

配布（正面）：束口袋布 ※有紙型（2片）　90cm × 80cm寬

裡布（正面）：裡底（1片）※有紙型、內側口袋（1片）25.5 × 14、裡本體 ※有紙型　50cm × 112cm寬　摺雙

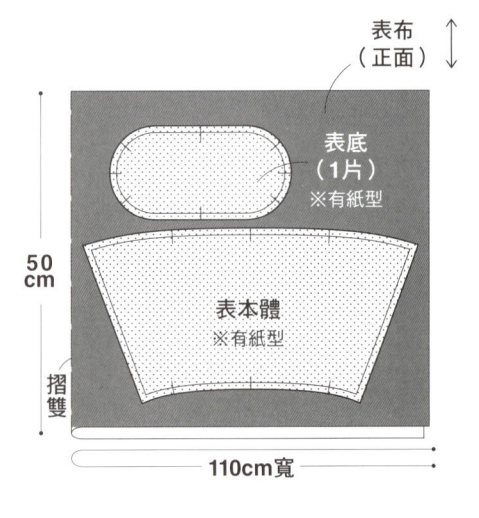

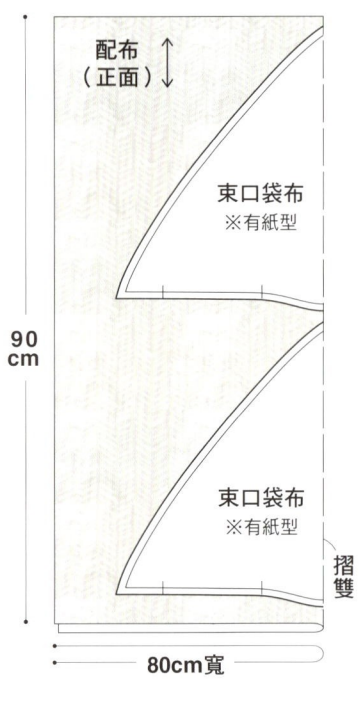

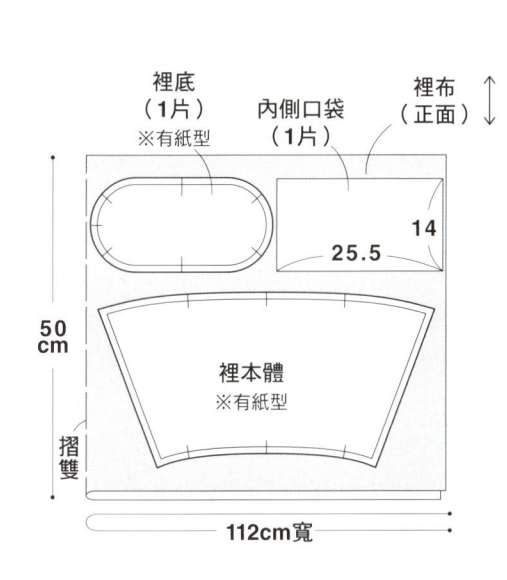

1. 縫製表本體

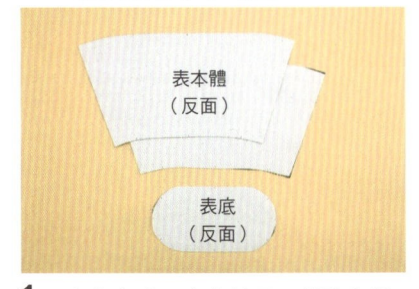

1. 在表本體和表底的反面黏貼布襯。
2. 將2片表本體正面相對重疊，並用疏縫固定夾固定兩邊。 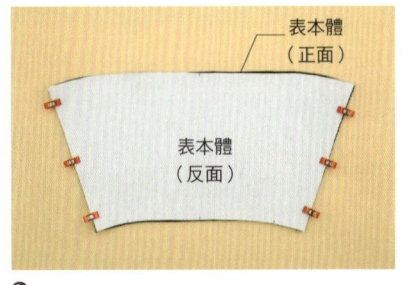
3. 在兩邊車縫。

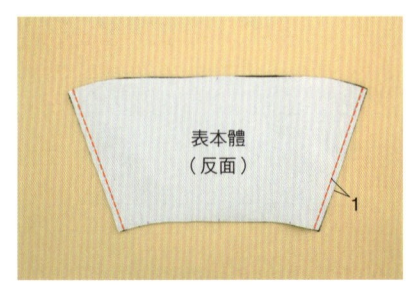

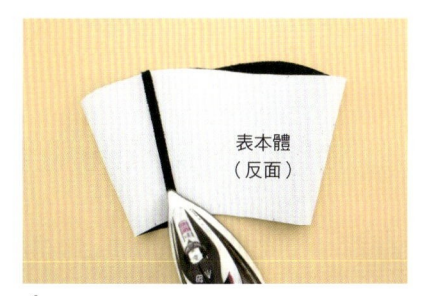

4. 將縫份燙開。

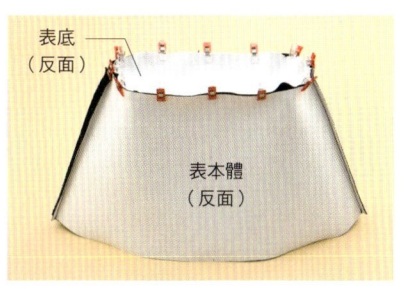

5. 將表本體的底側和表底正面相對重疊,並用疏縫固定夾固定。對齊底部和本體布料的合印點。

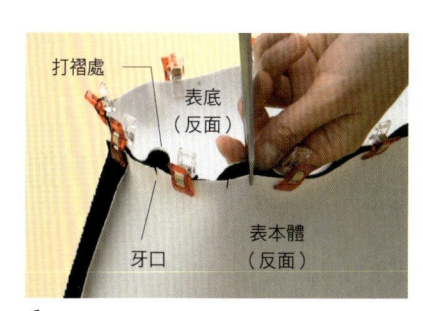

6. 相對於表底打褶的位置,在表本體的縫份剪出0.8cm的牙口(注意不要剪超過1cm)。

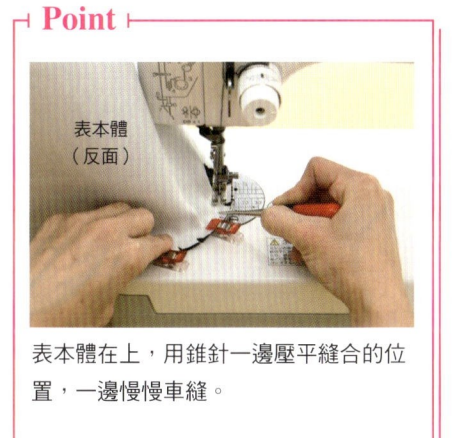

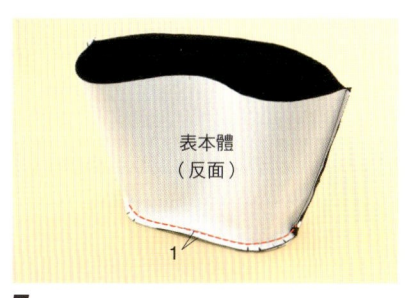

Point

表本體在上,用錐針一邊壓平縫合的位置,一邊慢慢車縫。

7. 車縫縫合。

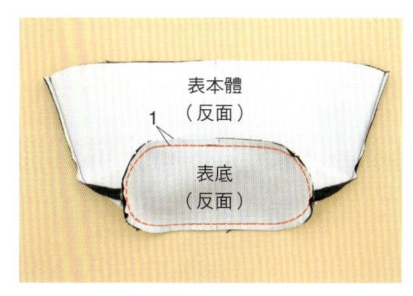

【從底側看的樣子】

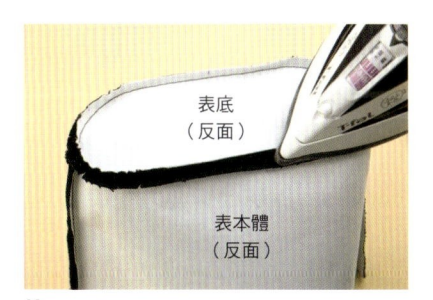

8. 用熨斗燙開縫份。熨燙時可以塞入揉成團的毛巾當作基底。

2. 縫製裡本體

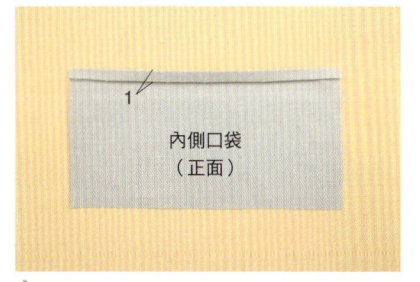

1. 接著將內側口袋的袋口往正面摺1cm。

2. 再往下摺1cm。

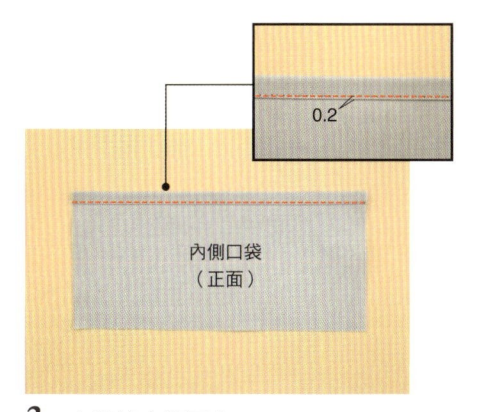

3. 在邊緣車縫固定。

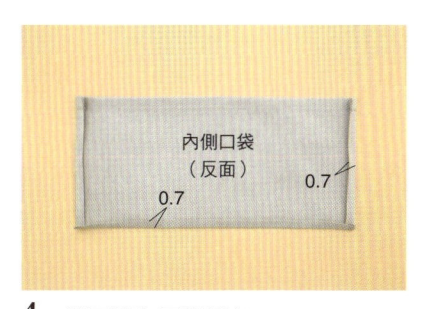

4. 將兩邊和下側摺起0.7cm。

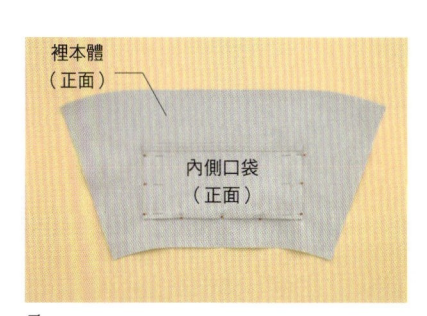

5. 對齊裡本體口袋的安裝位置,並且用珠針暫時固定。

73

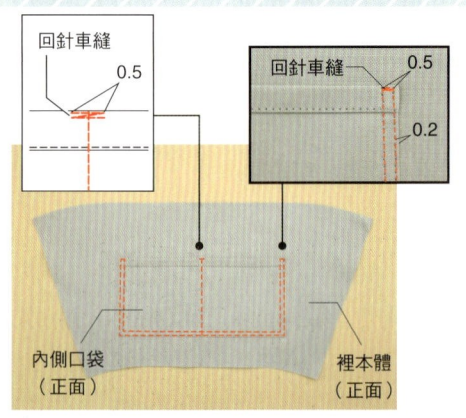

6. 在內側口袋周圍加上車縫線，並在中心縫出分格。

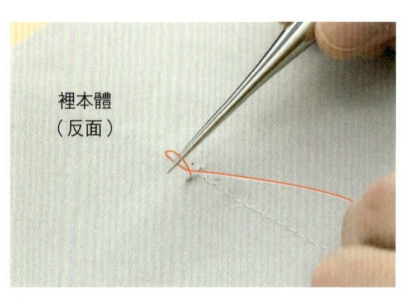

7. 用錐針從裡本體反面拉出在正面的上線。

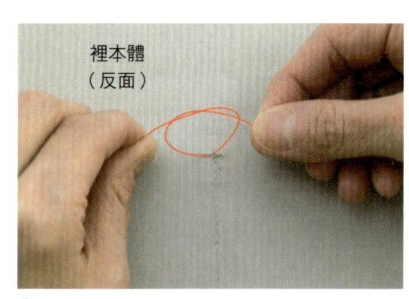

8. 打3次結，留下0.5cm的線頭後剪掉剩餘的部分。

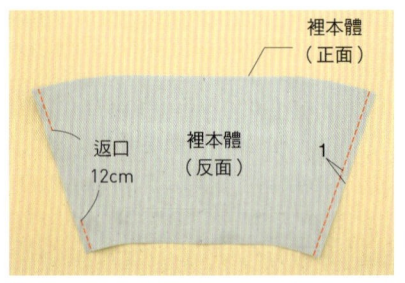

9. 將2片裡本體正面相對重疊，保留一邊返口不縫後，將兩側縫合。

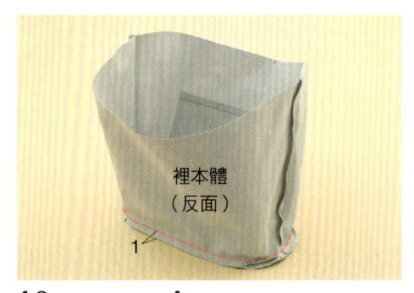

10. 參考P.73 **1.-4.～8.**縫合裡本體和裡底。

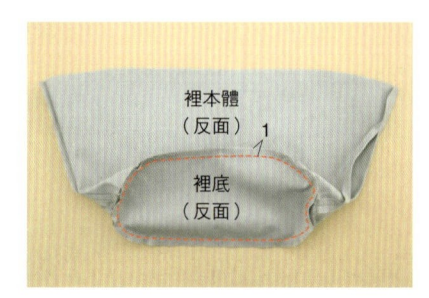

【從底側看的樣子】

3. 縫製束口袋布，縫合表本體和裡本體

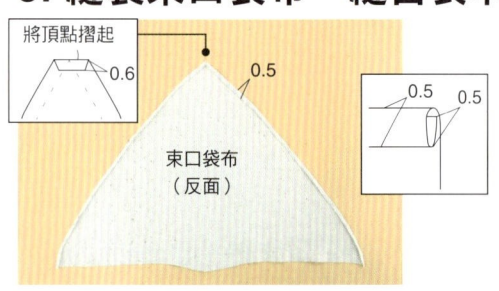

1. 先將三角頂點摺起，接著再將束口袋布兩邊的縫份摺出三摺邊（0.5cm→0.5cm）。

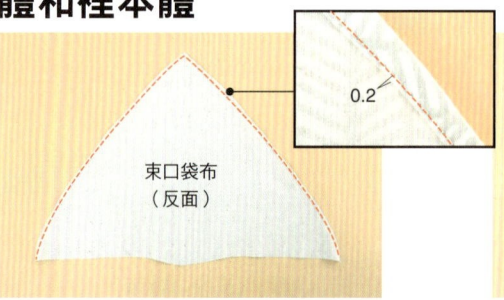

2. 在邊緣車縫固定。

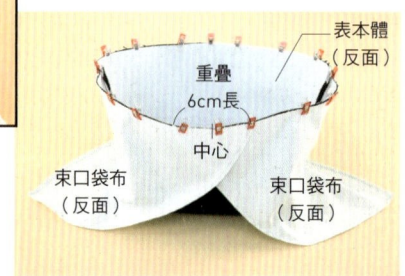

3. 將表本體翻回正面，對齊束口袋布和表本體的中心、側邊，並用疏縫固定夾固定。

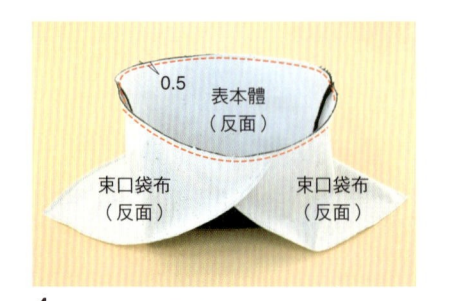

4. 車縫一圈固定。

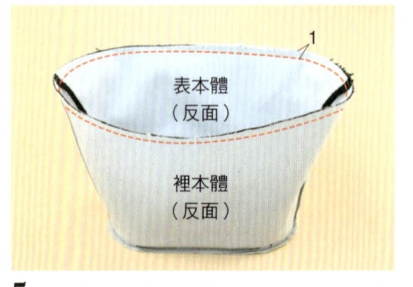

5. 將表本體放入裡本體中，在袋口加上車縫線。

6. 將縫份燙開。

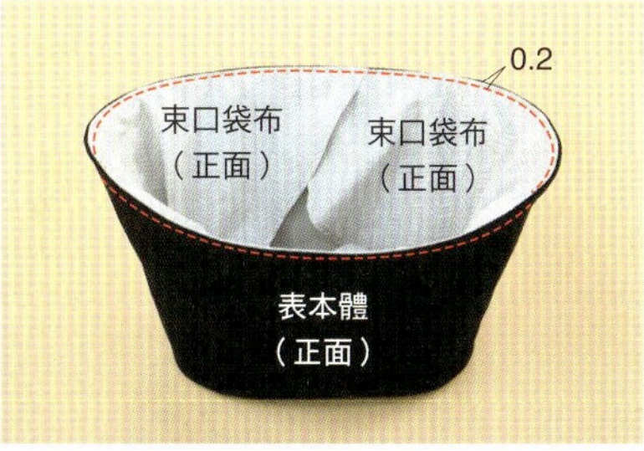

4. 安裝提把

7. 從返口翻回正面，縫合裡本體的返口（請參考P.59 **7.-10.**）。調整形狀後，在袋口的邊緣車縫一圈固定。

1. 將提把位置對齊，並用粉土筆在鉚釘開孔的位置標註記號。

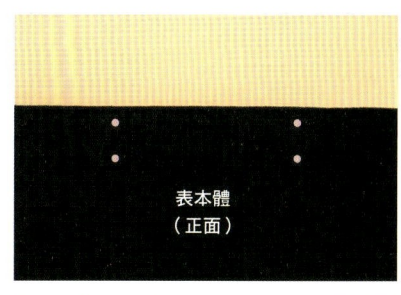

標註記號後的樣子。另一邊的表本體同樣標註記號。

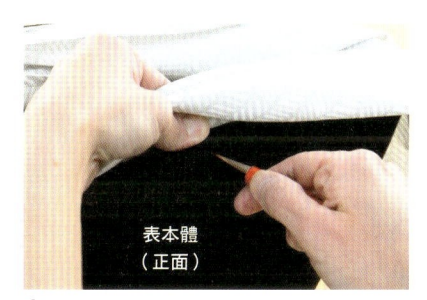

2. 用錐針在記號位置開孔（避開束口袋布）。

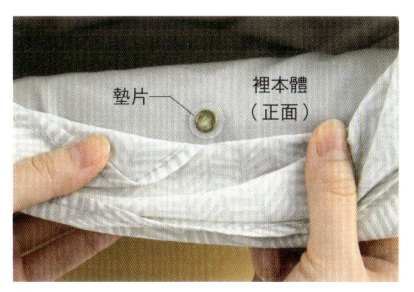

3. 從裡本體將鉚釘腳連同墊片穿過開孔。

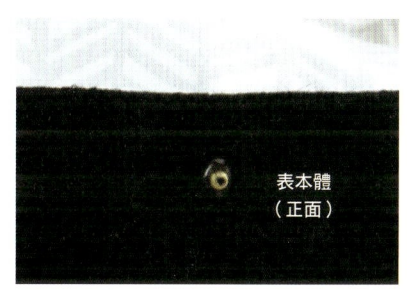

【從表本體看的樣子】

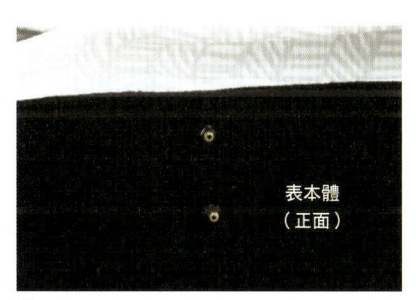

4. 另一個開孔同樣也穿過墊片和鉚釘腳。

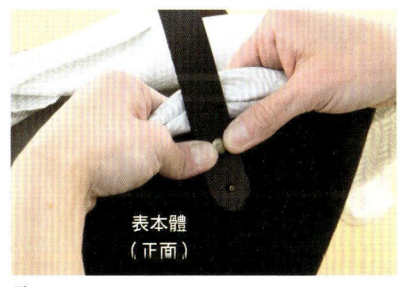

5. 將提把的鉚釘開孔穿過表本體上的鉚釘腳，再從上面扣上鉚釘頭。

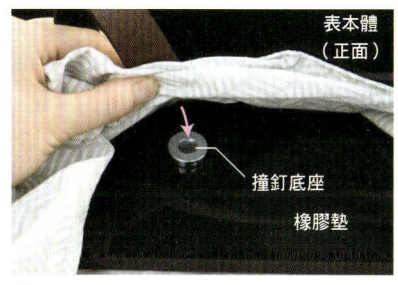

6. 將撞釘底座放在橡膠墊上，鉚釘腳的頭部放在撞釘底座的凹面。

7. 從表本體那一側將撞釘棒對準鉚釘，用木槌用力敲打。

【提把安裝完成的樣子】

完成

P.67 / **18 格紋長型圓筒包**

完成尺寸

材料
表布 ……………… 60cm寬60cm長（8號帆布）
裡布 ……………… 60cm寬60cm長（棉厚織79號）
拉鍊 ……………… 30cm 1條（金屬）
D環 ……………… 1.5cm寬2個
合成皮提把 ……… 長40cm 1組

完成尺寸：16cm × 33cm × 16cm（側片直徑）

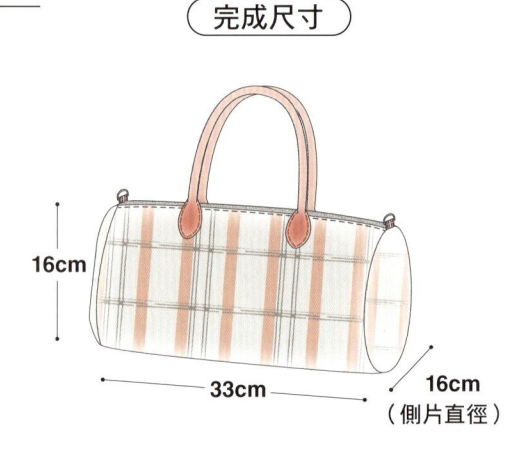

布料裁法

※除了表側片和裡側片，其他不含實際尺寸紙型。請依照圖示尺寸直接剪裁。
（圖示的數字是包含縫份的尺寸）

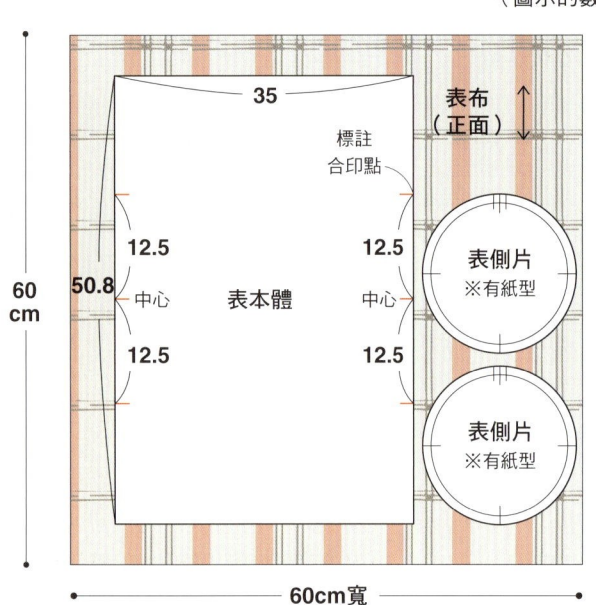

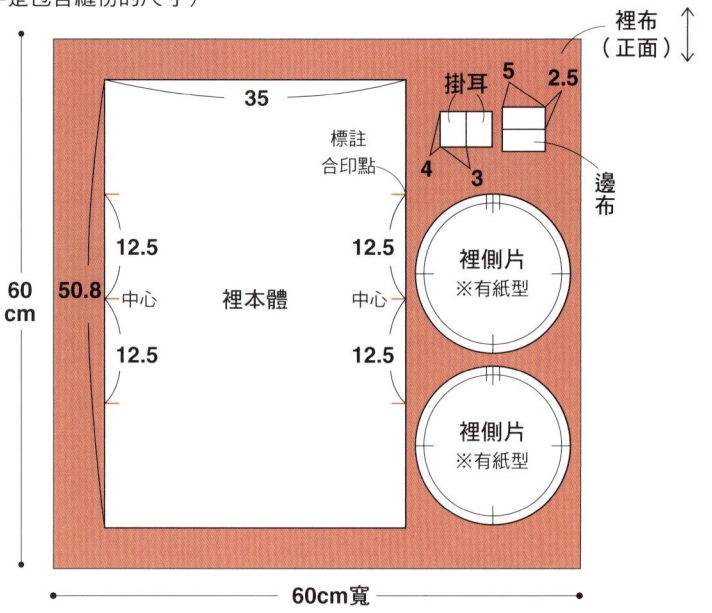

表布（正面） 60cm寬 × 60cm
- 表本體：35 × 50.8，中心，12.5 / 12.5 標註合印點
- 表側片 ※有紙型（2片）

裡布（正面） 60cm寬 × 60cm
- 裡本體：35 × 50.8，中心，12.5 / 12.5 標註合印點
- 裡側片 ※有紙型（2片）
- 掛耳：5 × 4、2.5 × 3
- 邊布

1. 縫製掛耳

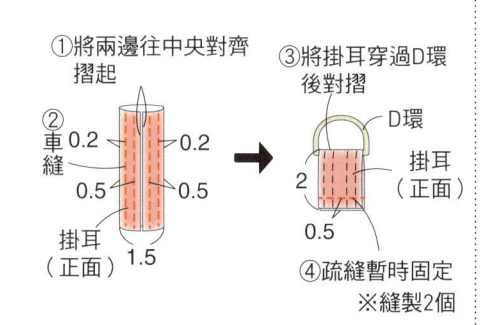

①將兩邊往中央對齊摺起
②車縫 0.2 / 0.2、0.5 / 0.5、1.5
掛耳（正面）

③將掛耳穿過D環後對摺
D環、掛耳（正面）、2、0.5
④疏縫暫時固定
※縫製2個

2. 縫製表本體

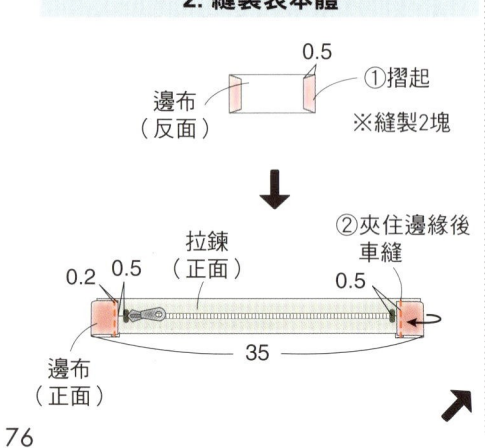

①摺起 0.5
邊布（反面）
※縫製2塊

拉鍊（正面）
②夾住邊緣後車縫
0.2 / 0.5 / 0.5
邊布（正面）、35

③車縫
將距離鍊齒0.7cm的位置對齊距離本體邊緣1cm的位置
1 / 0.7
表本體（正面）、拉鍊（反面）、1

拉鍊（正面）
④將拉鍊拉起後車縫
0.2
表本體（正面）

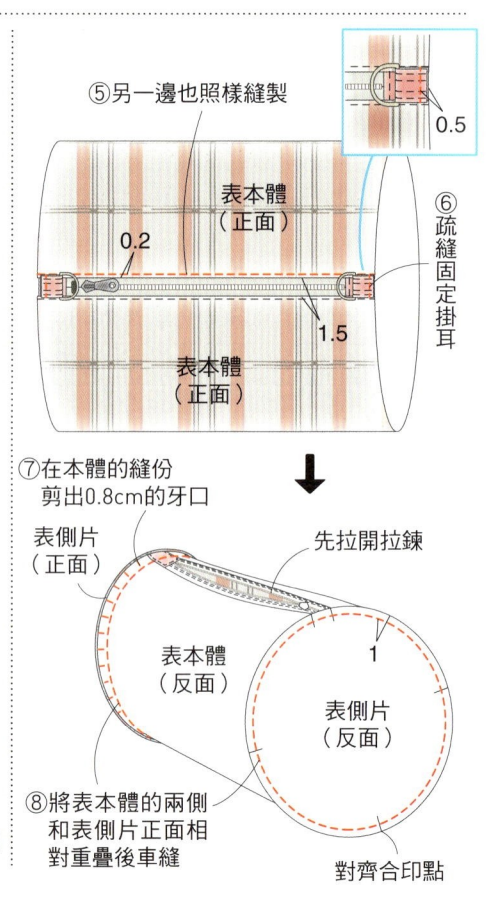

⑤另一邊也照樣縫製
0.5
表本體（正面）、0.2
拉鍊、表本體（正面）
⑥疏縫固定掛耳
1.5

⑦在本體的縫份剪出0.8cm的牙口
表側片（正面）、先拉開拉鍊
表本體（反面）、1
表側片（反面）

⑧將表本體的兩側和表側片正面相對重疊後車縫

對齊合印點

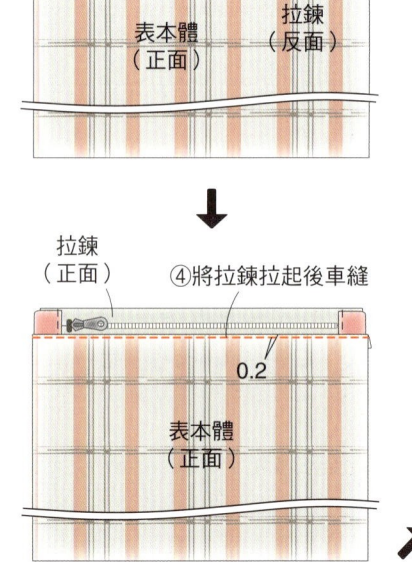

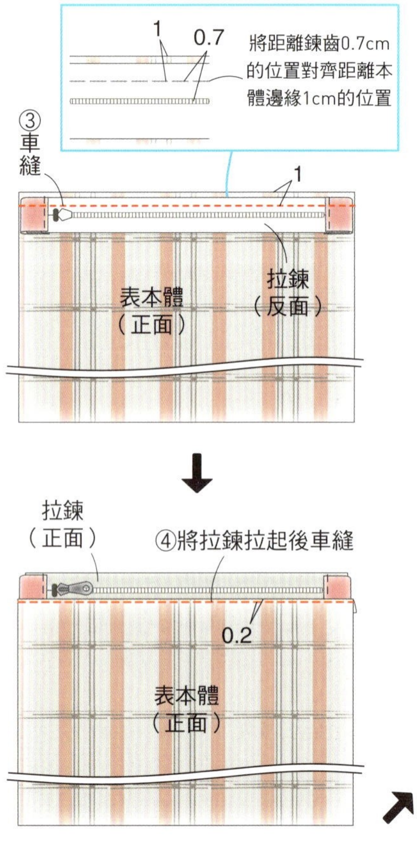

3. 縫製裡本體

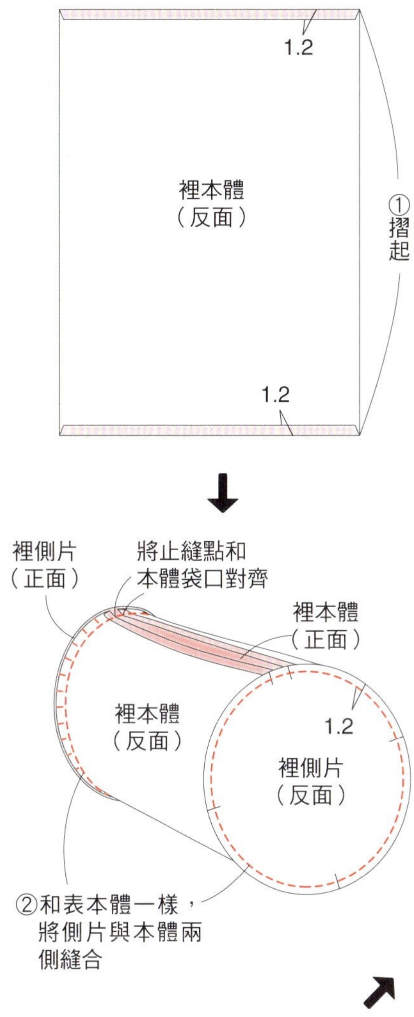

裡本體（反面）

1.2
1.2

① 摺起

↓

裡側片（正面）　將止縫點和本體袋口對齊　裡本體（正面）

裡本體（反面）　1.2　裡側片（反面）

② 和表本體一樣，將側片與本體兩側縫合

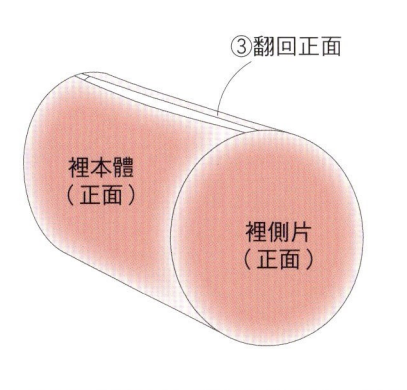

③ 翻回正面

裡本體（正面）　裡側片（正面）

4. 縫合表本體和裡本體

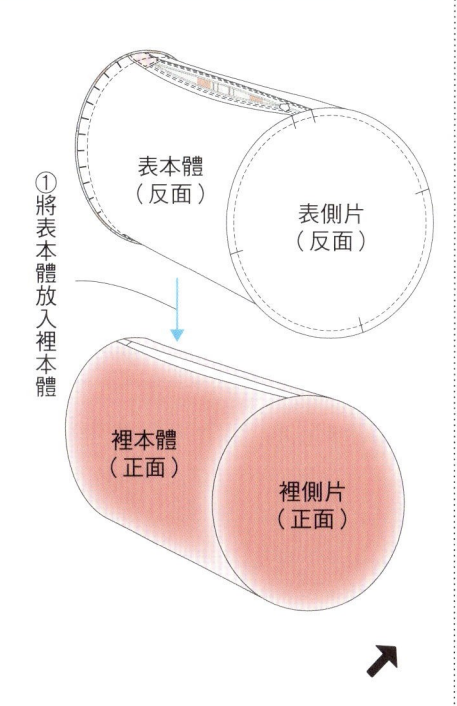

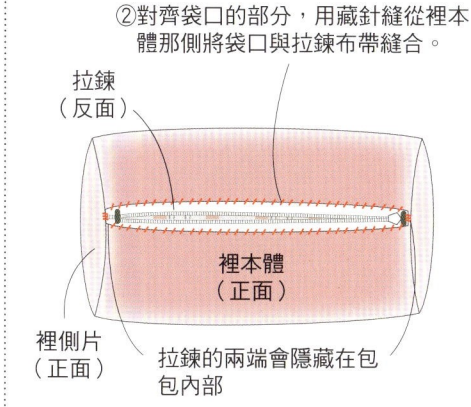

表本體（反面）　表側片（反面）

① 將表本體放入裡本體

裡本體（正面）　裡側片（正面）

② 對齊袋口的部分，用藏針縫從裡本體那側將袋口與拉鍊布帶縫合。

拉鍊（反面）

裡本體（正面）

裡側片（正面）　拉鍊的兩端會隱藏在包包內部

5. 縫合提把

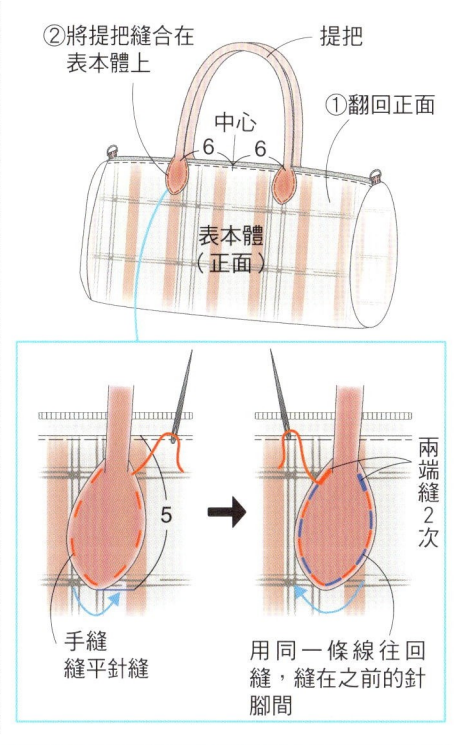

② 將提把縫合在表本體上　提把　① 翻回正面

中心　6　6

表本體（正面）

5

手縫縫平針縫　用同一條線往回縫，縫在之前的針腳間

兩端縫2次

修改拉鍊長度的方法

市售的拉鍊在販售時通常有一定的長度，所以有時候必須配合作品調整長短。以下會說明哪些拉鍊可以自行簡單修改長度，以及哪些拉鍊必須請店家加工修改。

可自行簡單修改的拉鍊

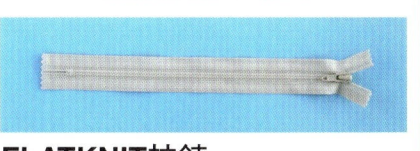

FLATKNIT拉鍊
這是將拉鍊齒織進織帶的拉鍊。使用方便，可簡單修改長度。

▼

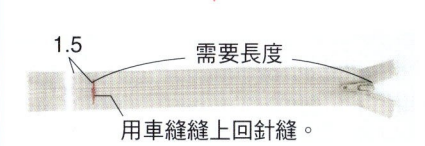

1.5　需要長度
用車縫縫上回針縫。

從上止起算，在所需長度的位置標註記號後，在記號位置回針車縫。
保留距離縫線約1.5cm的長度後，剪去多餘的部分。

需要請店家加工修改的拉鍊

線圈拉鍊
拉鍊齒呈線圈狀，本書用於01百搭經典托特包、04方形托特後背包、16跳色船型肩背包。

金屬拉鍊
拉鍊齒為金屬製。
本書用於18格紋長型圓筒包。

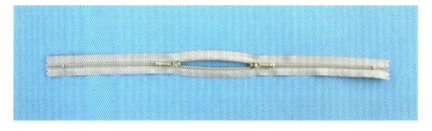

VISLON拉鍊
拉鍊齒為樹脂製的拉鍊。本書用於13旅行款波士頓包、21輕巧貼身腰包、23日雜款長形手提包。

雙開拉鍊
這是有兩個拉鍊頭，從中央往兩側開關的拉鍊。本書用於24中性拉鍊公事包、28雙色波士頓包。

77

P.68 / 19 十字底桶型托特包

材料
- 表布 …… 112cm寬1.4m長（11號帆布）
- 配布 …… 15cm寬5cm長（印花棉布）
- 布襯 …… 90cm寬90cm長
- 拉鍊 …… 30cm 1條（FLATKNIT）
- 收邊的滾邊條 …… 0.9cm寬40cm

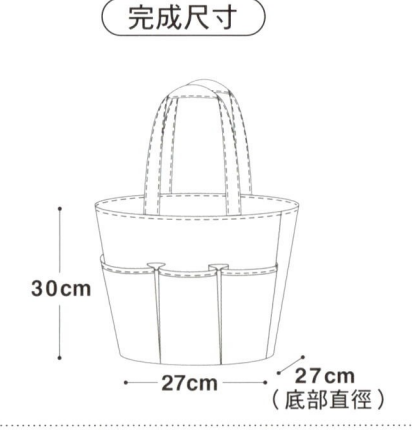

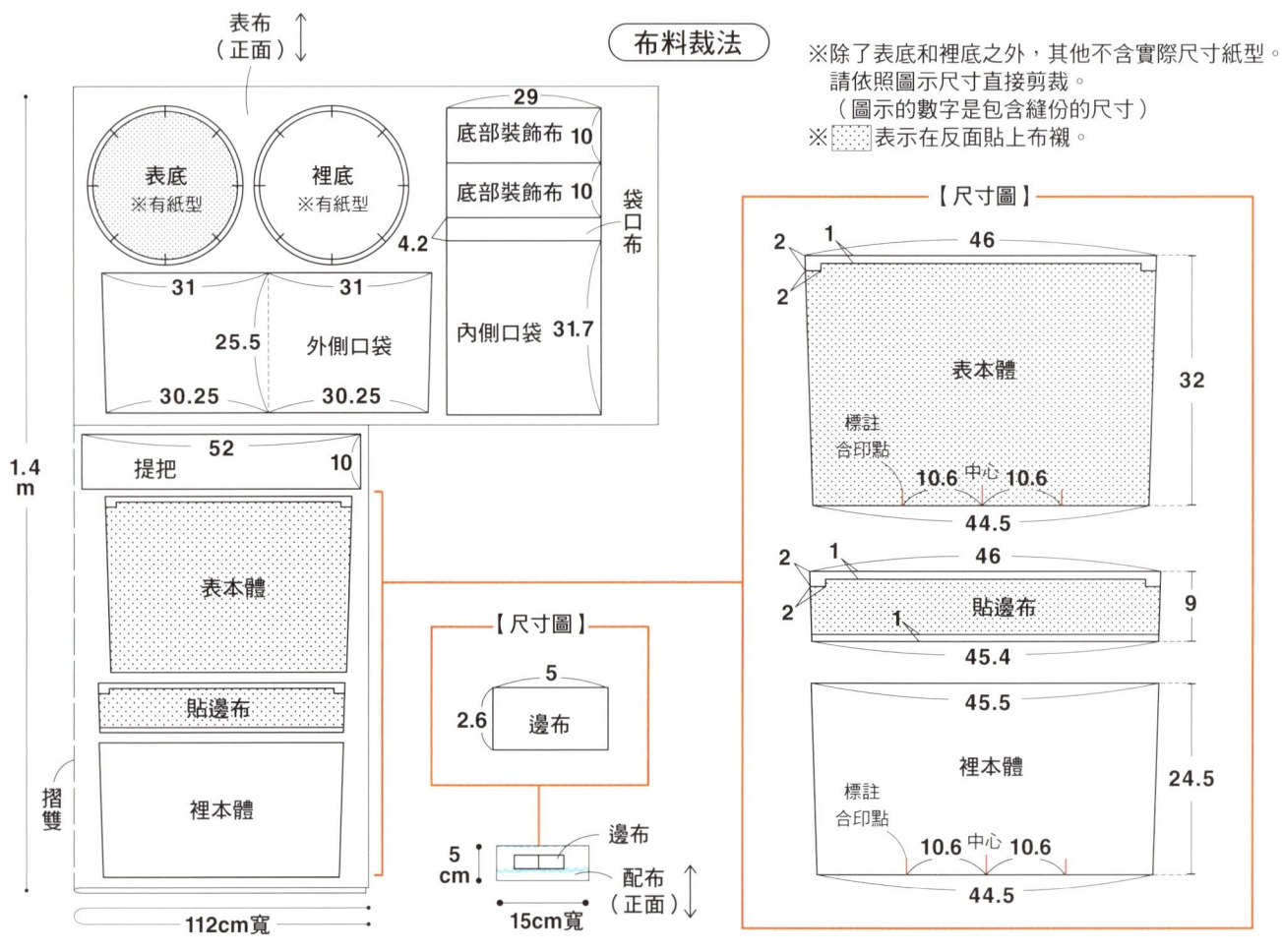

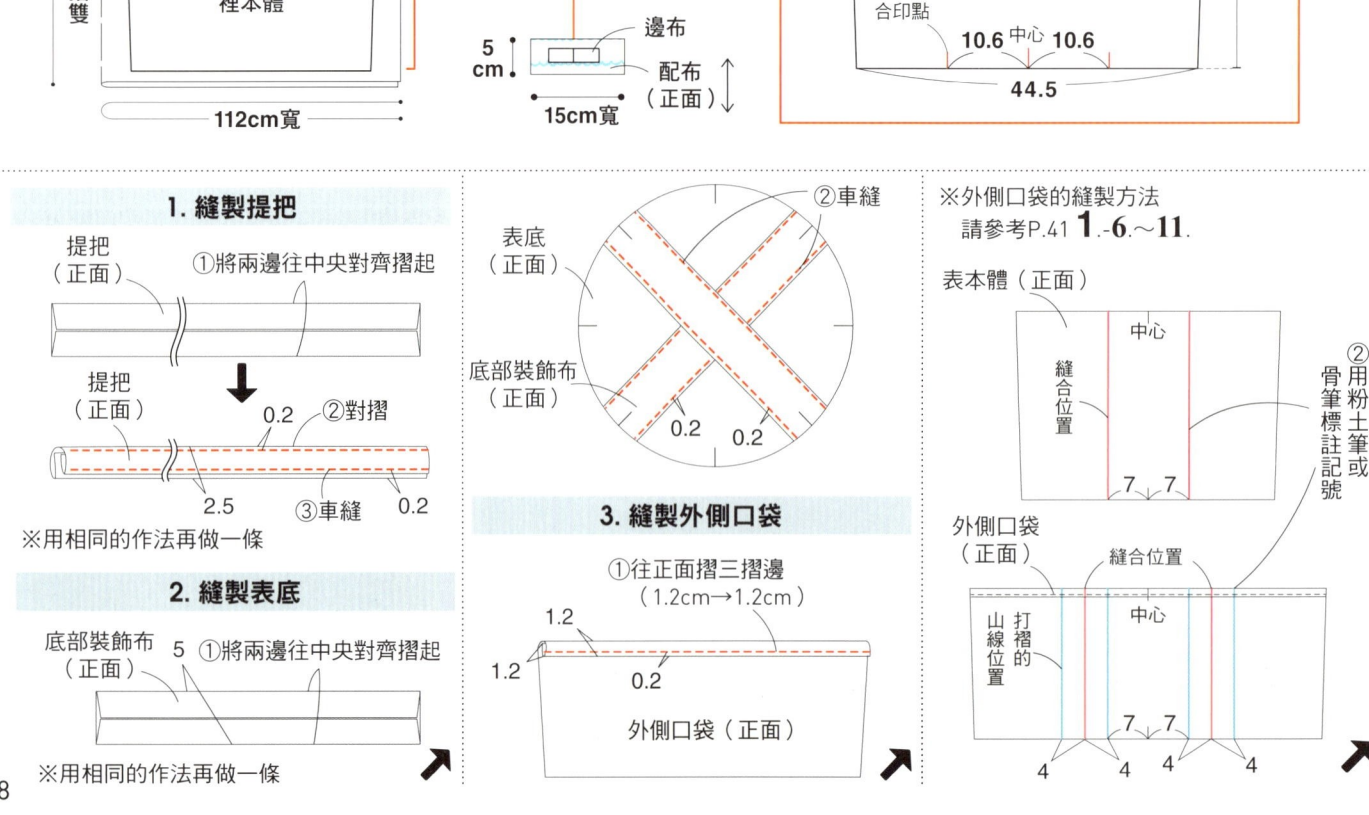

完成尺寸
30cm／27cm／27cm（底部直徑）

布料裁法

※除了表底和裡底之外，其他不含實際尺寸紙型。
請依照圖示尺寸直接剪裁。
（圖示的數字是包含縫份的尺寸）
※▓ 表示在反面貼上布襯。

表布（正面）

- 表底 ※有紙型
- 裡底 ※有紙型
- 底部裝飾布 10
- 底部裝飾布 10
- 袋口布 4.2
- 29
- 外側口袋 31 / 31 / 25.5 / 30.25 / 30.25
- 內側口袋 31.7
- 提把 52 / 10
- 表本體
- 貼邊布
- 裡本體
- 摺雙
- 1.4m
- 112cm寬

【尺寸圖】
- 邊布 5 / 2.6
- 5cm / 15cm寬
- 配布（正面）

【尺寸圖】
- 表本體 46 / 32 / 2 / 1 / 2 / 10.6 中心 10.6 / 44.5
- 貼邊布 46 / 9 / 2 / 1 / 2 / 45.4
- 裡本體 45.5 / 24.5 / 10.6 中心 10.6 / 44.5
- 標註合印點

1. 縫製提把
- 提把（正面）
- ①將兩邊往中央對齊摺起
- 提把（正面）
- 0.2 / ②對摺
- 2.5 / ③車縫 / 0.2
※用相同的作法再做一條

2. 縫製表底
- 底部裝飾布（正面）
- 5 / ①將兩邊往中央對齊摺起
※用相同的作法再做一條

- 表底（正面）
- ②車縫
- 底部裝飾布（正面）
- 0.2 / 0.2

3. 縫製外側口袋
- ①往正面摺三摺邊（1.2cm→1.2cm）
- 1.2 / 1.2 / 0.2
- 外側口袋（正面）

※外側口袋的縫製方法
請參考P.41 1.-6.～11.

- 表本體（正面）
- 中心
- 縫合位置
- ②用粉土筆或骨筆標註記號
- 7 / 7
- 外側口袋（正面）
- 縫合位置
- 中心
- 山線位置 / 打摺的位置
- 7 / 7
- 4 / 4 / 4 / 4

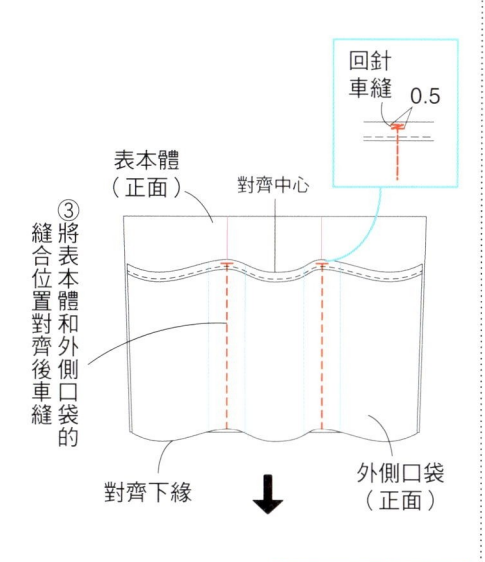

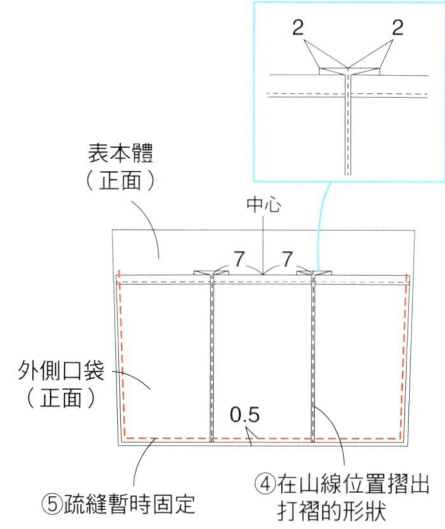

4. 縫製表本體

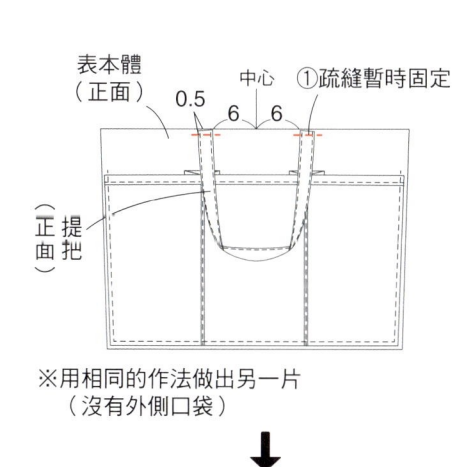

※用相同的作法做出另一片（沒有外側口袋）

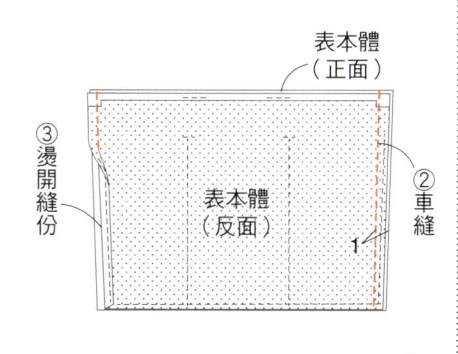

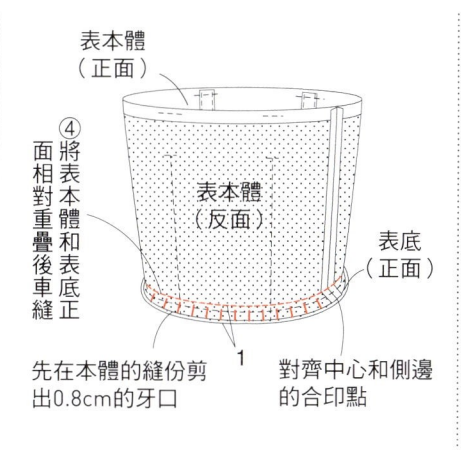

5. 縫製內側口袋

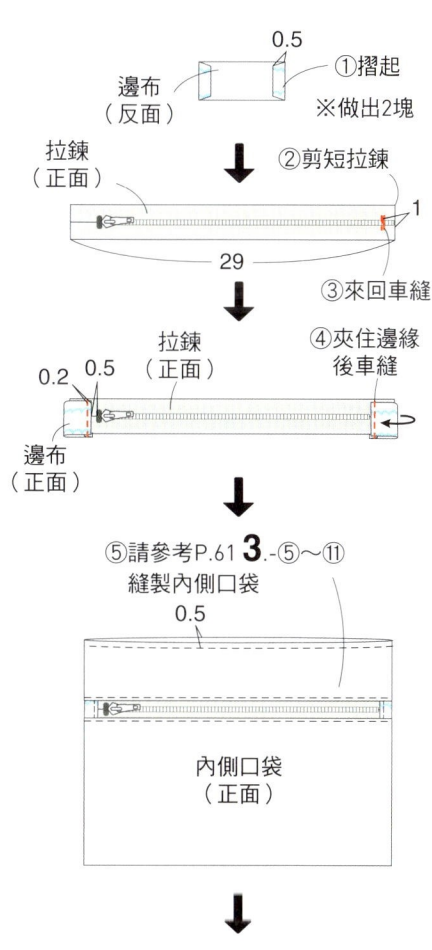

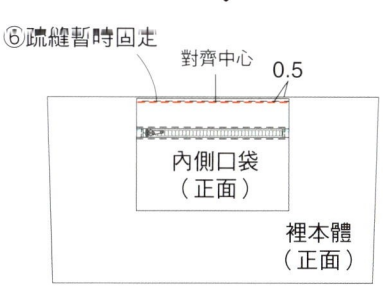

※做出2塊

⑤請參考P.61 3.-⑤~⑪ 縫製內側口袋

6. 縫製裡本體

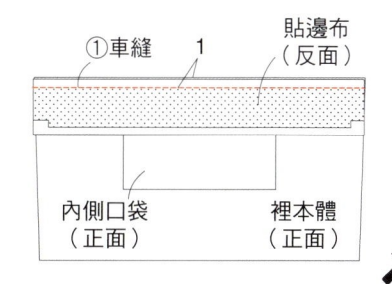

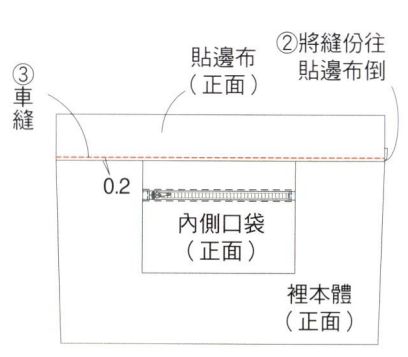

※用相同的作法做出另一片（沒有內側口袋）

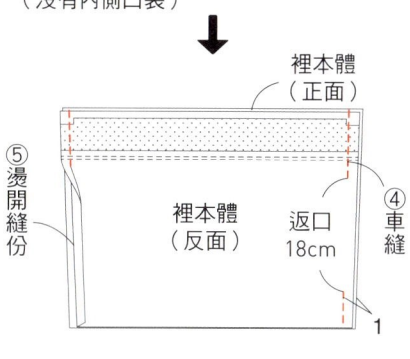

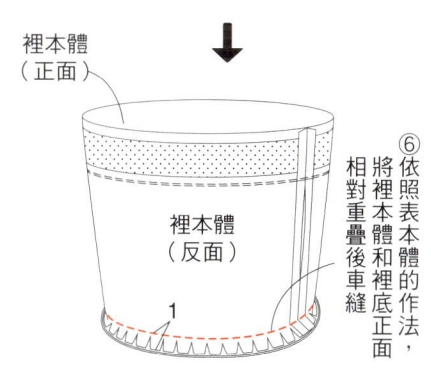

7. 縫合表本體和裡本體

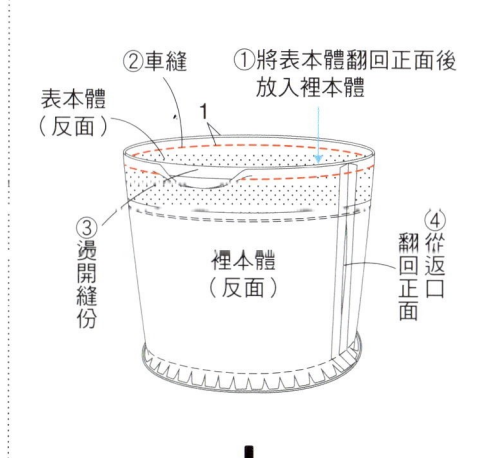

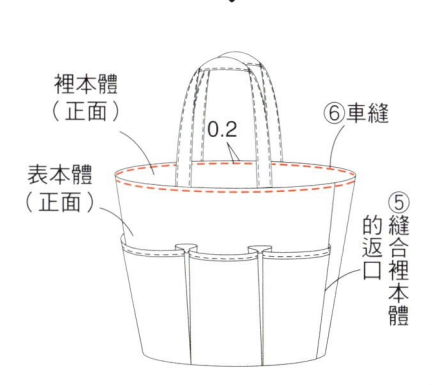

P.70 / 20 束口旅行後背包

材料
- 表布 …………… 112cm寬1.2m長（11號帆布）
- 配布 …………… 112cm寬60cm長（11號帆布）
- 裡布 …………… 112cm寬90cm長（棉厚織79號）
- D環、調節扣 …… 4cm寬各2個
- 布襯 …………… 40cm寬20cm長
- 圓皮繩 ………… 0.3cm寬1m長
- 扣眼 …………… 內徑1cm 1個
- 束扣 …………… 2.5cm寬1個
- 有孔皮扣 ……… 1組

完成尺寸
40cm（高）× 29cm（寬）× 16cm（底寬）

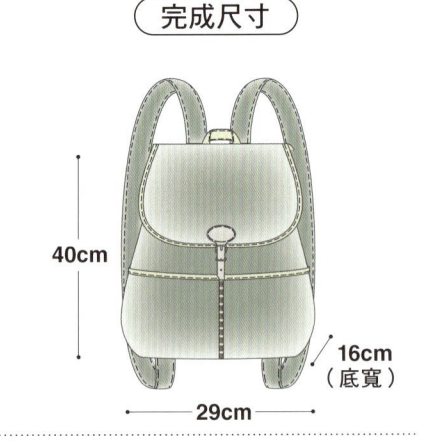

布料裁法

【尺寸圖】
- 口袋裝飾布：1.5 × 20
- 提把：8 × 20
- 背帶布：5 × 31
- 袋口布：3 × 59

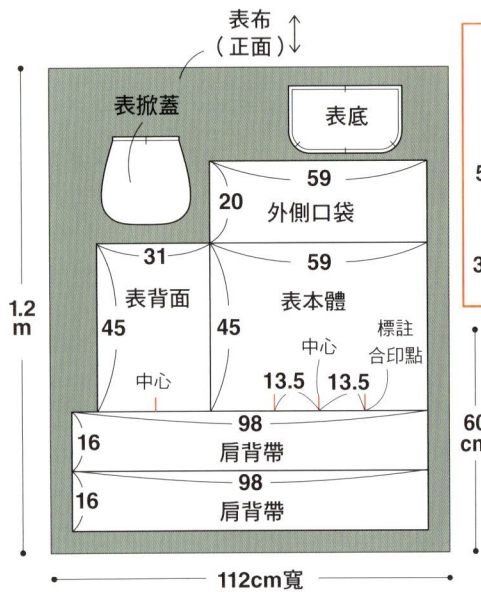

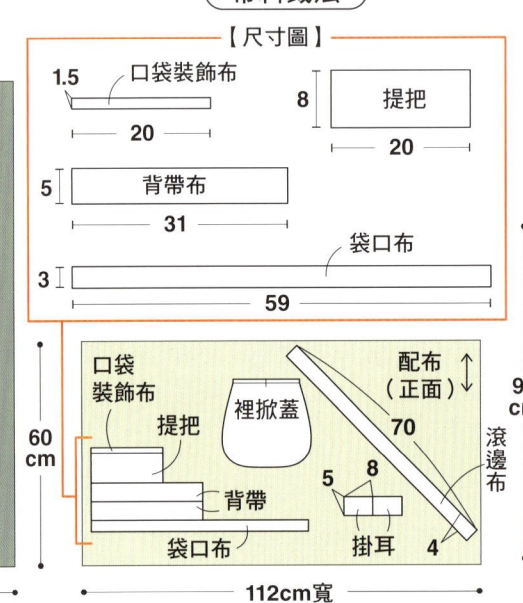

※ 除了表底、裡底、表掀蓋和裡掀蓋，其他不含實際尺寸紙型。
請依照圖示尺寸直接剪裁。
（圖示的數字是包含縫份的尺寸）
※ ▨ 表示在反面貼上布襯。

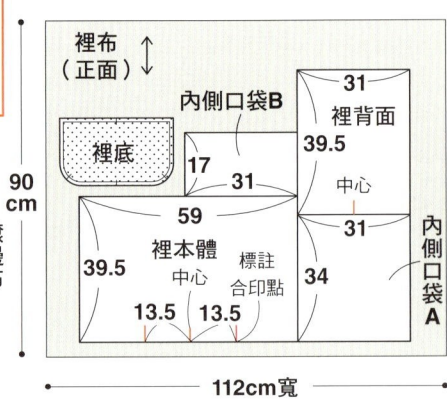

表布（正面）1.2m × 112cm寬：表掀蓋、表底、外側口袋(20×59)、表背面(45×31)、表本體(45×59)、中心、13.5、13.5、標註合印點、肩背帶(16×98)×2

配布（正面）60cm × 112cm寬：口袋裝飾布、提把、裡掀蓋、背帶、袋口布、掛耳、滾邊布、70、5、8、4

裡布（正面）90cm × 112cm寬：裡底、內側口袋B(17×31)、裡背面(31×39.5)、裡本體(59×39.5)、34、13.5、13.5、中心、標註合印點、內側口袋A、31

---

1. 縫製掛耳、提把、肩背帶

【掛耳、肩背帶】
① 參考P.18 1.縫製掛耳和肩背帶 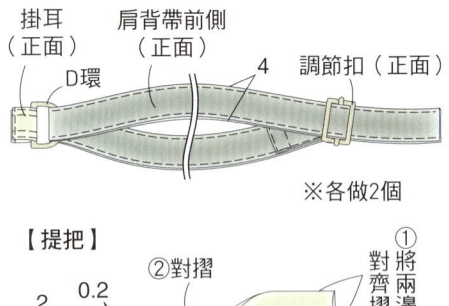
- D環
- 掛耳（正面）2.5
- 肩背帶前側（正面）
- 調節扣（正面）4
※ 各做2個

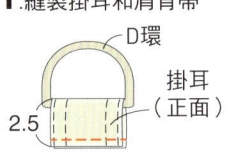

【提把】
① 將兩邊往中央對齊摺起
② 對摺
③ 車縫
- 0.2、2、0.2
- 提把（正面）

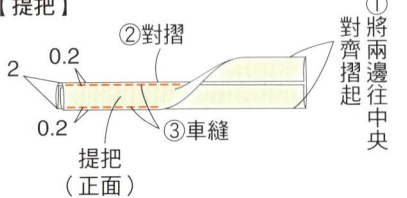

2. 縫製外側口袋

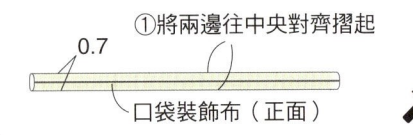

① 將兩邊往中央對齊摺起
- 0.7
- 口袋裝飾布（正面）

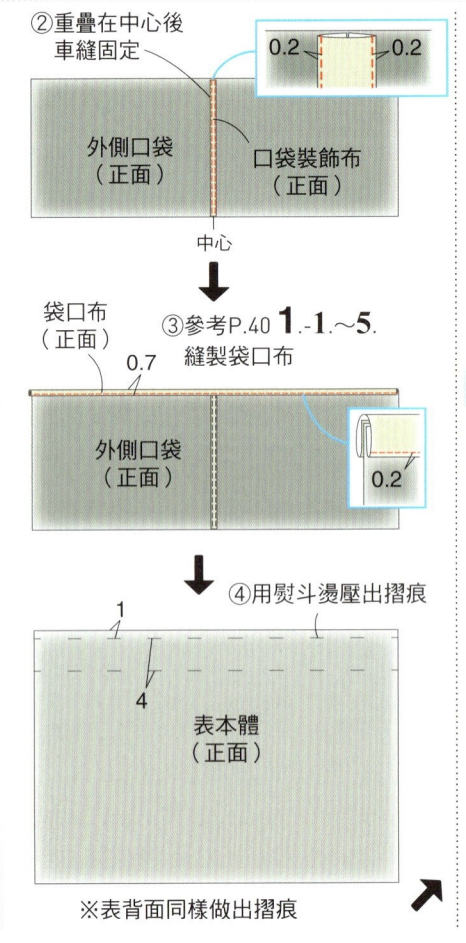

② 重疊在中心後車縫固定
- 0.2、0.2
- 外側口袋（正面）、口袋裝飾布（正面）
- 中心

③ 參考P.40 1.-1.～5.縫製袋口布
- 袋口布（正面）0.7
- 外側口袋（正面）0.2

④ 用熨斗燙壓出摺痕
- 1、4
- 表本體（正面）
※ 表背面同樣做出摺痕

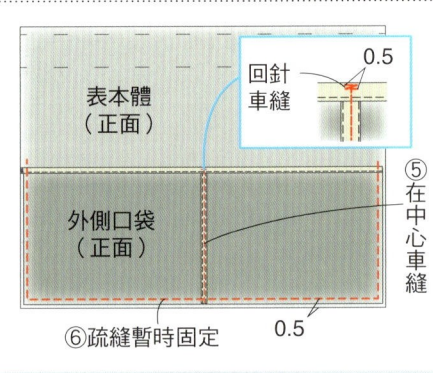

⑤ 在中心車縫
- 回針車縫 0.5
- 表本體（正面）
- 外側口袋（正面）
- 0.5
⑥ 疏縫暫時固定

3. 縫製掀蓋

① 將裡掀蓋和表掀蓋正面朝外重疊後車縫
- 裡掀蓋（反面）
- 表掀蓋（正面）
- 0.5

② 依照外側口袋的製作，要領在掀蓋周圍將滾邊布縫合
- 表掀蓋（正面）
- 滾邊布（正面）
- 0.2、0.9

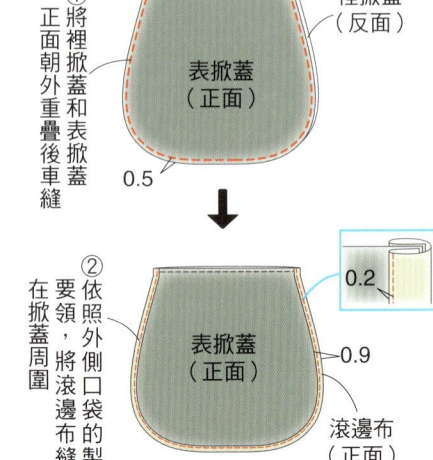

4. 縫製表背面

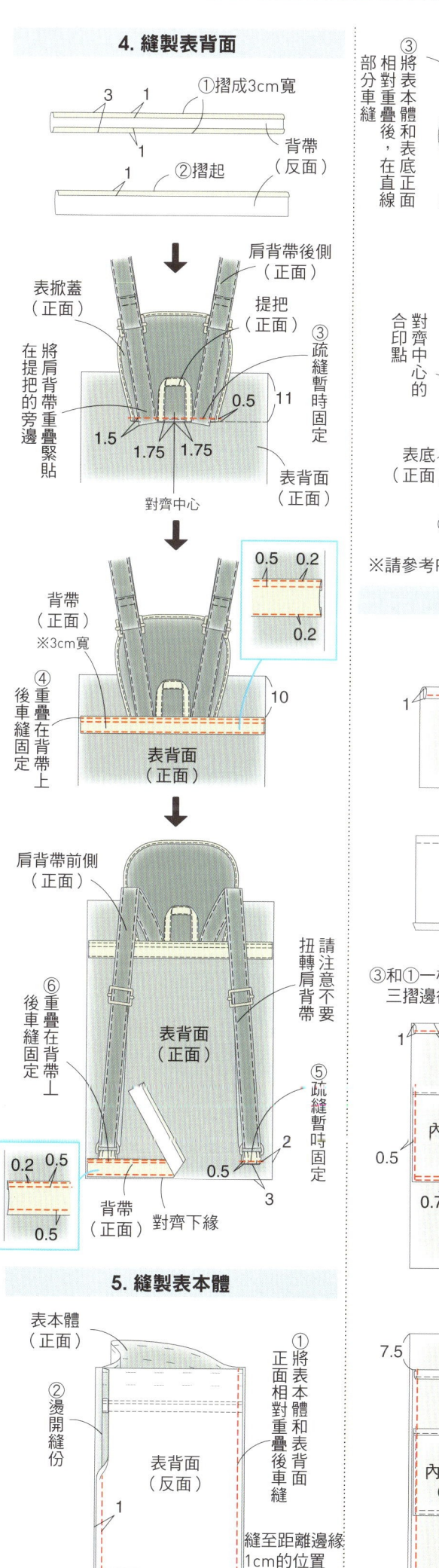

①摺成3cm寬
②摺起
背帶（反面）

表掀蓋（正面）
肩背帶後側（正面）
提把（正面）
③疏縫暫時固定
將肩背帶重疊緊貼在提把的旁邊
1.5　1.75　1.75
0.5　11
表背面（正面）
對齊中心

背帶（正面）
※3cm寬
0.5　0.2
0.2
④重疊後車縫固定在背帶上
10
表背面（正面）

肩背帶前側（正面）
請注意不要扭轉肩背帶
⑥重疊後車縫固定在背帶上
⑤疏縫暫時固定
表背面（正面）
2
3
0.2　0.5
背帶（正面）　對齊下緣
0.5

5. 縫製表本體

表本體（正面）
①將表本體和表背面正面相對重疊後車縫
②燙開縫份
表背面（反面）
1
縫至距離邊緣1cm的位置

---

③將表本體和表底正面相對重疊後，在直線部分車縫
表背面（反面）
中心
表底（反面）
表本體（反面）
縫至距離邊緣1cm的位置

對齊合印點中心的
表背面（正面）
表本體（反面）
表底（正面）
④將本體的縫份剪出0.8cm的牙口
1
⑤對齊未縫合的部分後車縫

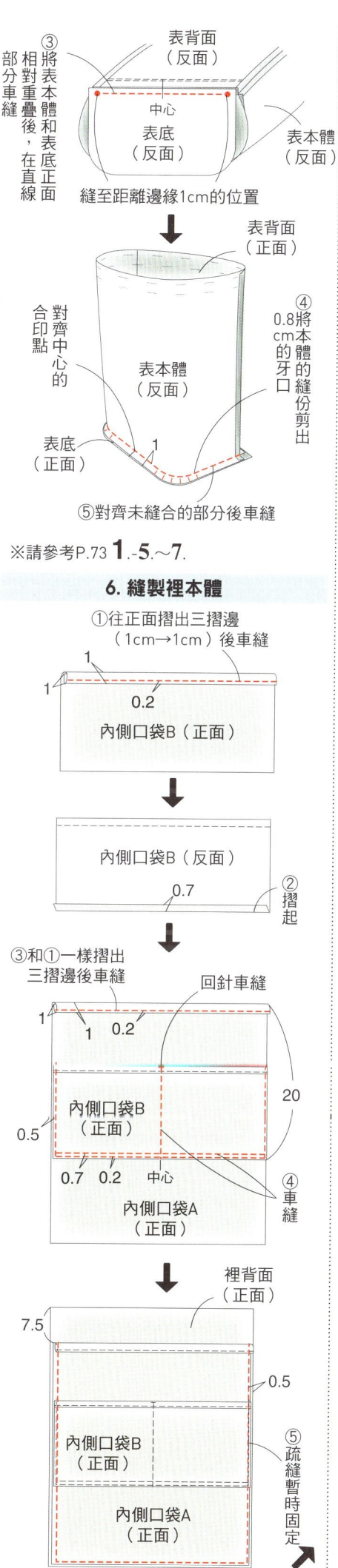

※請參考P.73 **1.-5.～7.**

6. 縫製裡本體

①往正面摺出三摺邊（1cm→1cm）後車縫
1
1
0.2
內側口袋B（正面）

內側口袋B（反面）
0.7
②摺起

③和①一樣摺出三摺邊後車縫
回針車縫
1　0.2
0.5
內側口袋B（正面）
20
0.7　0.2　中心
內側口袋A（正面）
④車縫

裡背面（正面）
7.5
內側口袋B（正面）
0.5
內側口袋A（正面）
⑤疏縫暫時固定

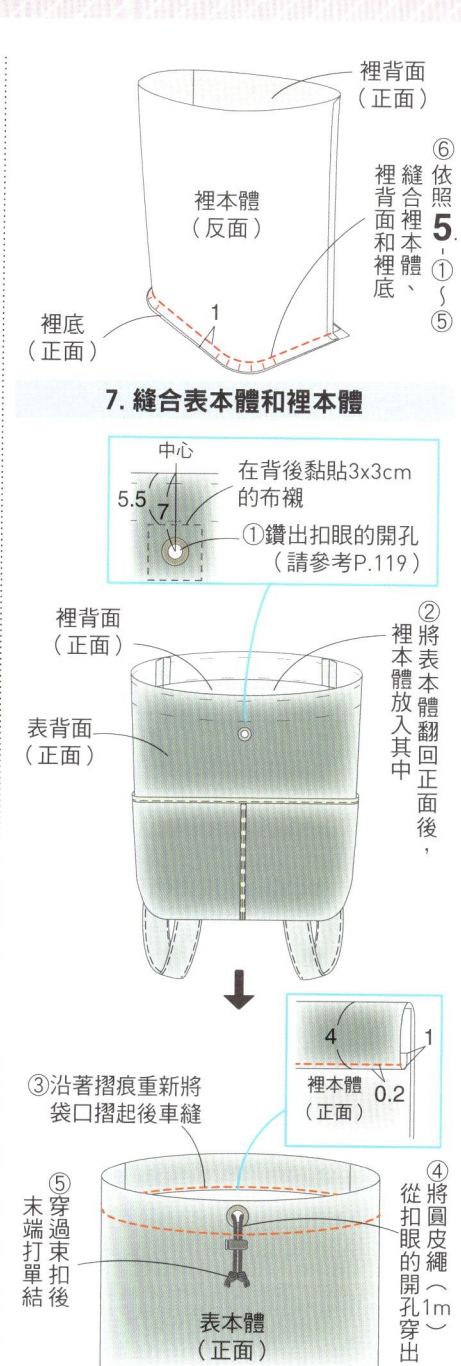

裡背面（正面）
裡本體（反面）
⑥依照 **5.-①～⑤.** 縫合裡本體、裡背面和裡底
裡底（正面）
1

7. 縫合表本體和裡本體

中心
5.5　7
在背後黏貼3x3cm的布襯
①鑽出扣眼的開孔（請參考P.119）

裡背面（正面）
②將表本體翻回正面後，裡本體放入其中
表背面（正面）

4　1
0.2
裡本體（正面）
③沿著摺痕重新將袋口摺起後車縫

⑤穿過束扣後末端打單結
④從圓皮繩扣眼的開孔穿出（1m）
表本體（正面）

8. 安裝有縫線孔的扣件

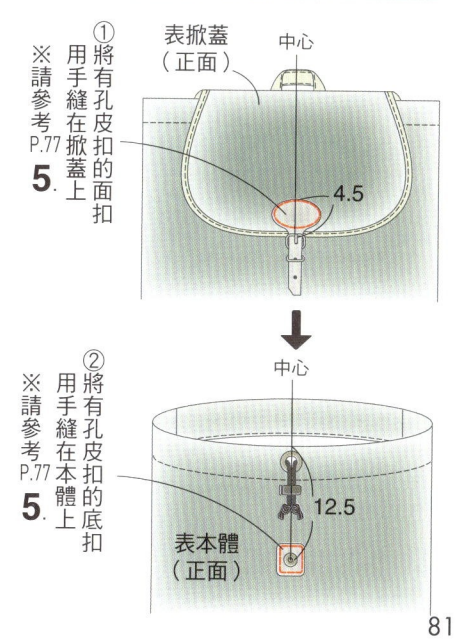

表掀蓋（正面）
中心
①將有孔皮扣用手縫在掀蓋的面扣上
※請參考P.77 **5.**
4.5

中心
②將有孔皮扣用手縫在本體的底扣上
※請參考P.77 **5.**
12.5
表本體（正面）

81

6. THROUGH GUSSET BAG
底側一體包

底側一體（through gusset）是指側片到底部為同一塊布連的包款，不但風格獨特，也為包包帶來充足的收納空間以及穩固的結構。

THROUGH GUSSET BAG
21
【輕巧貼身腰包】

作法 | P.88

貼身腰包可以解放你的雙手，只要使用過一次，就會感到相當方便而愛不釋手。這次之所以會設計這款包，就是因為看到兒子老是揹著貼身腰包，讓我不禁覺得，如果這種包包有一款偏女性風格的設計，我也會很想擁有。現在它成了我騎腳踏車和日常採購時最愛揹的包包。

表布＝上棉8號帆布pallet系列by Navy Blue Closet ×倉敷帆布（moss check）／倉敷帆布（BAISTONE） 裡布＝11號帆布（#5000-16藏青色） 配布A＝11號帆布（#5000-70巧克力色）／富士金梅® 配布B＝條紋棉布／作者個人物品

正面的掀蓋內側以條紋布做搭配，展現低調的時尚。

內袋很像雙滾邊口袋的設計，其實是作法簡單的拉鍊貼袋。

斜背在身後，既不會影響穿搭，又提升了方便性。

也可以像腰包一樣扣在腰間。

磁扣＝14mm（SUN 14-86、AG）　塑膠插扣＝38mm（AK-7338#11黑色）　尼龍繩帶＝38mm（BT-383#26黑色）／INAZUMA
縫線＝Schappe Spun縫線#30（99深藍色）／FUJIX

83

THROUGH GUSSET BAG
22
【拼接風梯形包】

作法 | P.94

這是上方較寬的Trapeze包款（法文中梯形包的意思），為高階品牌常見的設計。我用在義大利商店找到的桌墊和帆布搭配，設計成屬於我個人的風格。遮蓋用的掀蓋刻意地不添加按扣，做成略顯隨意、稍微蓋住的樣式。

表布＝厚棉布／作者個人物品　裡布＝棉厚織79號（深紅色）　配布＝11號帆布55色系列（#5000-47紅色）／L'idée
D環＝20mm（SUN 10-101、AG）／清原　縫線＝Schappe Spun縫線#30（14紅色）／FUJIX

THROUGH GUSSET BAG
23
【日雜款長形手提包】

作法 | P.96

這個包包過去曾登上手作雜誌《Cotton friend 手作誌》的封面。我聽說有許多讀者實際做出了這個包款,並且用於生活中的各種場景,當成縫紉包、工具包,或是裝遙控器的收納盒等,放在室內作為裝飾。對於手作包包的創作者而言,最大的喜悅莫過於此。

在內側添加了4個口袋,可以將包內的物品收納整齊。

設計成拉鍊可以從兩側拉開的款式，使用上更方便。
縫製額外的底布，加強結構、增加耐用度。

底寬有9cm。
不單單是書本，
甚至可以完整收納
筆記型電腦。

THROUGH GUSSET BAG
24
【中性拉鍊公事包】

作法 | P.98

學生提出「希望可以製作一款適合先生和小孩的包包」，我覺得偶爾來款中性風也很不錯，而設計了這個包款。縫製時也可以選擇紅色、深芥末黃或紫色的表布，依照自己的喜好搭配出想要的風格。

表布＝10號帆布經過石蠟加工（#1050-10靛藍） 配布＝11號帆布（#5000-70巧克力色）／富士金梅® 裡布＝棉厚織79號（沙米色）／
L'idée D環＝20mm（SUN 10-101、AG） 按扣＝13mm（SUN 18-23、AG）／清原 縫線＝Schappe Spun縫線#30（99深藍色）／FUJIX

P.82 / 21 輕巧貼身腰包

材料
- 表布 ………… 112cm寬50cm長（8號帆布）
- 配布A ………… 50cm寬15cm長（11號帆布）
- 配布B ………… 40cm寬10cm長（印花棉布）
- 裡布 ………… 112cm寬40cm長（11號帆布）
- 布襯 ………… 30cm寬10cm長
- 拉鍊 ………… 40cm 1條（VISLON）
- 拉鍊 ………… 30cm 1條（FLATKNIT）
- 塑膠插扣 ………… 3.8cm寬1組
- 磁扣 ………… 1.4cm寬2組
- 尼龍繩帶 ………… 3.8cm寬1.3m長
- 收邊的滾邊條 ………… 0.9cm寬1.8m長

※修改拉鍊長度的方法請參考P.77

完成尺寸
16cm × 25cm × 10cm

布料裁法

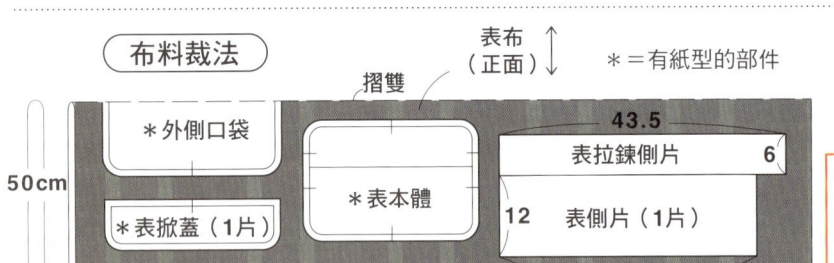

表布（正面） ＊＝有紙型的部件

- ＊外側口袋
- ＊表本體
- ＊表掀蓋（1片）
- 表拉鍊側片 43.5 × 6
- 表側片（1片）12 × 39
- 50cm / 112cm寬

※表・裡拉鍊側片、表・裡側片、邊布、掛耳，不含實際尺寸紙型，請依照圖示尺寸直接剪裁。
（圖示的數字是包含縫份的尺寸）
※ ▒ 表示在反面貼上布襯。

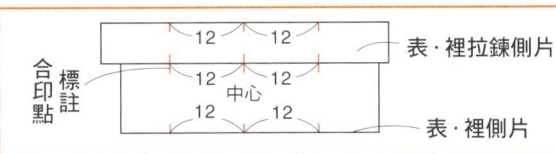

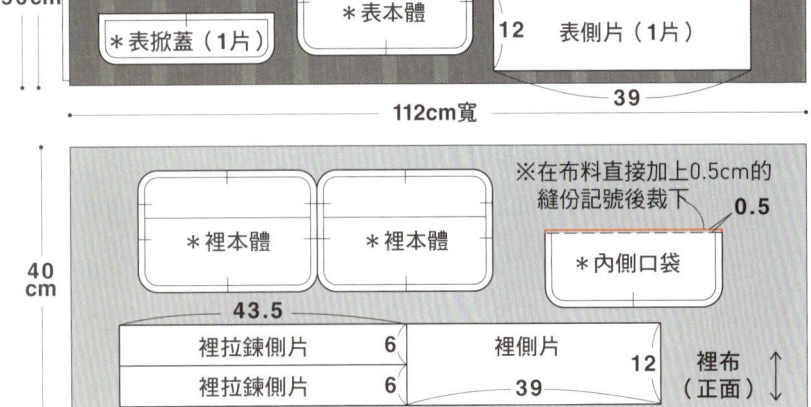

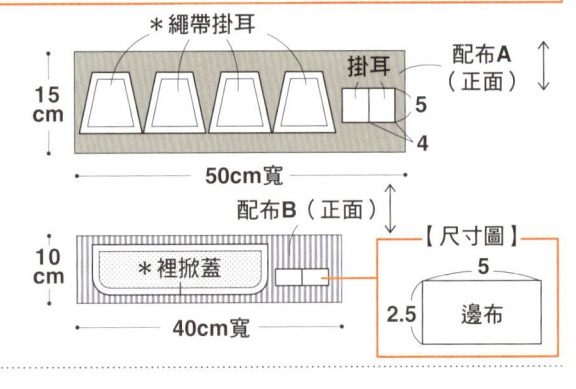

合印標註點：表・裡拉鍊側片 12-12 / 中心 12-12 / 表・裡側片 12-12

- ＊裡本體 ×2
- ＊內側口袋
- 裡拉鍊側片 43.5 × 6
- 裡側片 39 × 12
- 40cm / 112cm寬
- 裡布（正面）
- ※在布料直接加上0.5cm的縫份記號後裁下 0.5

- ＊繩帶掛耳 ×4
- 掛耳 5 × 4
- 15cm / 50cm寬
- 配布A（正面）

- ＊裡掀蓋
- 10cm / 40cm寬
- 配布B（正面）

【尺寸圖】邊布 5 × 2.5

---

1. 將磁扣安裝在外側口袋

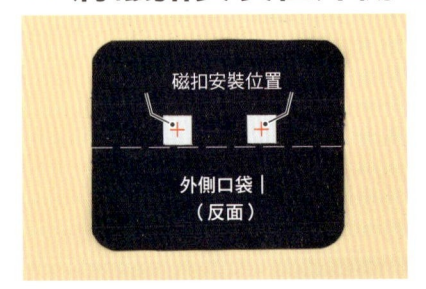

1. 剪下3×3的布襯，並且黏貼在外側口袋反面的磁扣安裝位置。

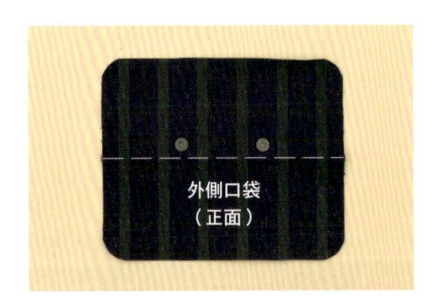

2. 安裝磁扣（母扣）。（安裝方法請參考P.119）

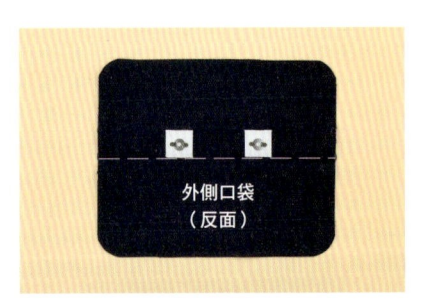

【從反面看的樣子】

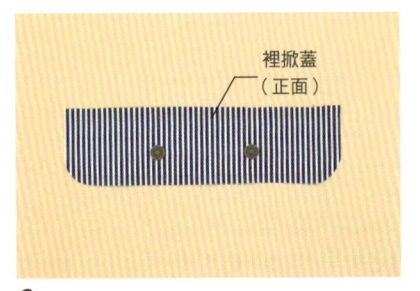

3. 將磁扣凸面安裝在裡掀蓋。

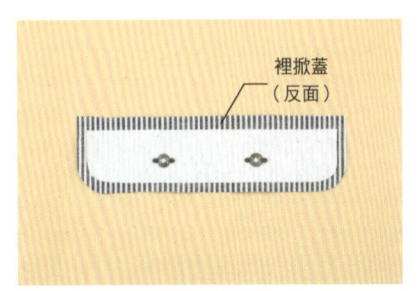

【從反面看的樣子】

2. 縫製外側口袋

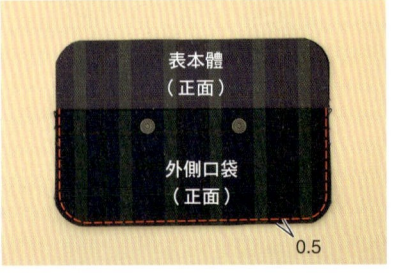

1. 外側口袋對摺，磁扣朝向正面，並將外側口袋重疊在表本體上，周圍加上車縫線。 0.5

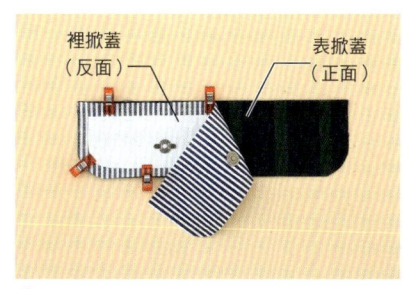

2. 將表掀蓋和裡掀蓋正面相對重疊後，用疏縫固定夾固定。

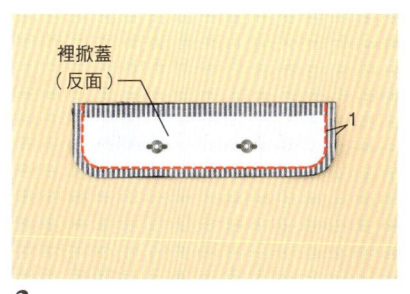

3. 在周圍縫上車縫線。

4. 在弧線部分的縫份上，剪出0.8cm的牙口。
※如果布料比較厚，則將縫份剪至0.5cm。

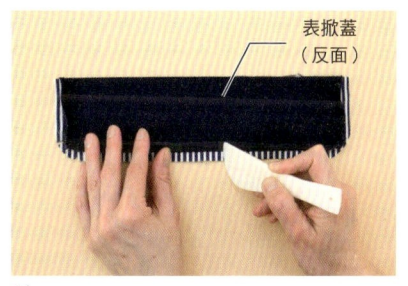

5. 用骨筆劃開縫份。

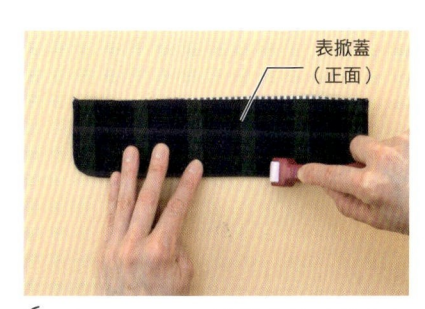

6. 翻回正面，用滾輪骨筆（請參考P.117）調整形狀。

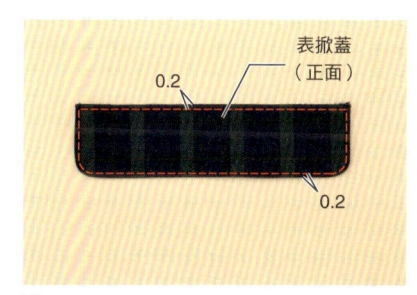

7. 在周圍車縫一圈固定。

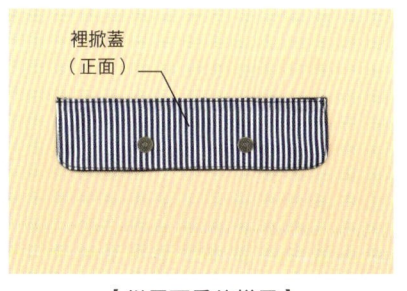

【從反面看的樣子】

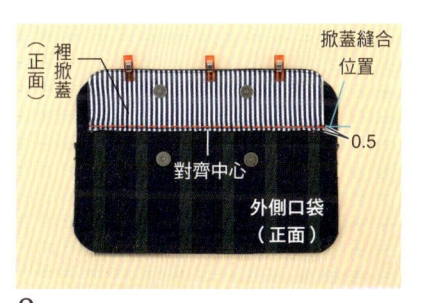

8. 將掀蓋的邊緣，放至表本體掀蓋縫合位置下方0.5cm處，並加上車縫線。

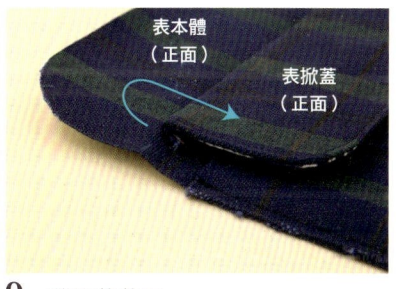

9. 將掀蓋蓋回。

Point

掀蓋邊緣縫份重疊的地方，墊一層墊布後用木槌敲打，稍微變薄會比較好縫。

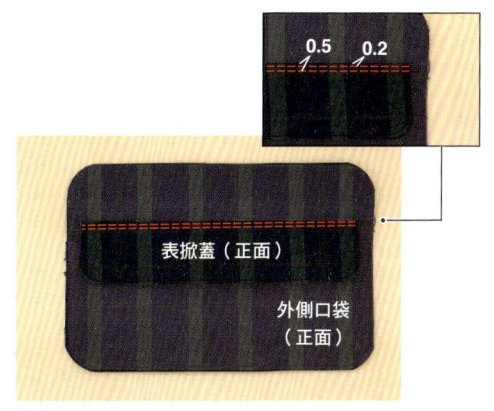

10. 在掀蓋的上緣加上車縫線。

3. 縫製內側口袋

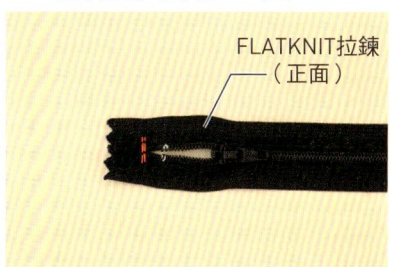

1. 為了避免FLATKNIT拉鍊上耳布帶分開，縫上疏縫線固定。

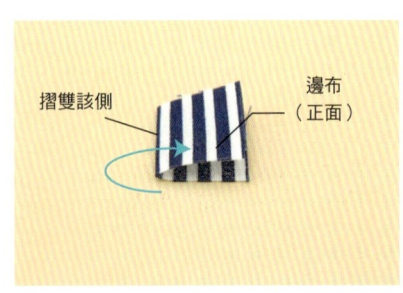

2. 將邊布對摺。

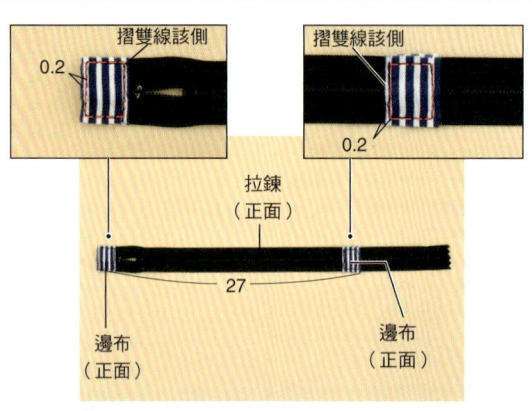

3. 將邊布重疊在拉鍊上，並且在周圍車縫一個方形固定。

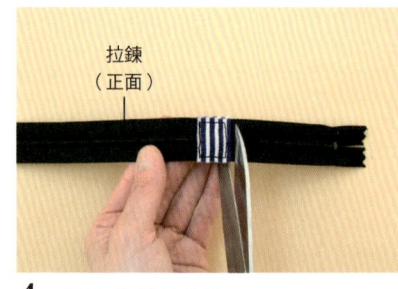

4. 剪去多餘的部分。

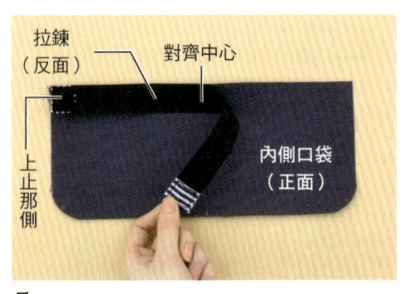

5. 將拉鍊對齊內側口袋的上緣，正面相對重疊。

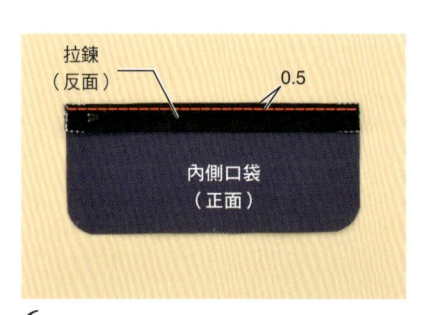

6. 在距離上緣0.5cm的位置車縫。

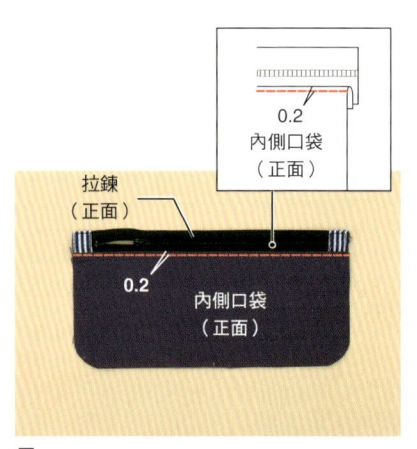

7. 將拉鍊拉起後，在邊緣車縫。

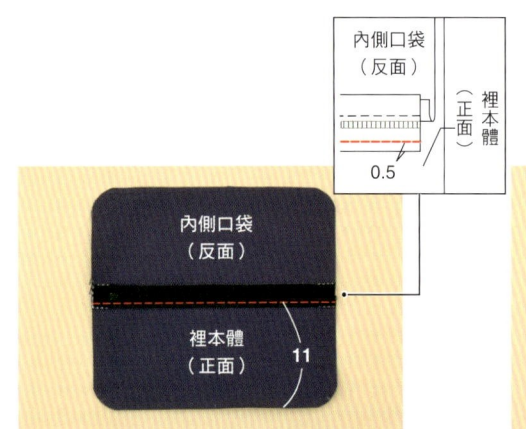

8. 拉鍊尚未縫合的另一邊和裡本體正面相對重疊後，車縫固定。

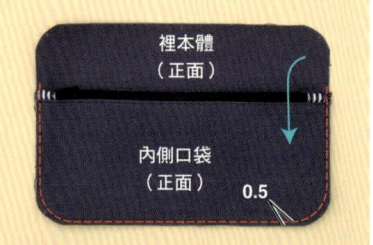

9. 將內側口袋翻回正面，並且在周圍加上疏縫線。

4. 縫合表・裡本體

1. 將表本體（無外側口袋）和裡本體（有內側口袋）正面朝外重疊。
→完成包體的後側。

2. 將表本體（有外側口袋）和裡本體（無內側口袋）正面朝外重疊。
→完成包體的前側。

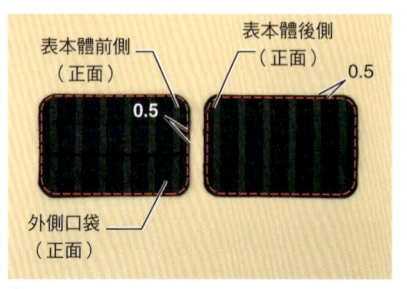

3. 在前後側的周圍分別加上疏縫線固定。

5. 製作背帶

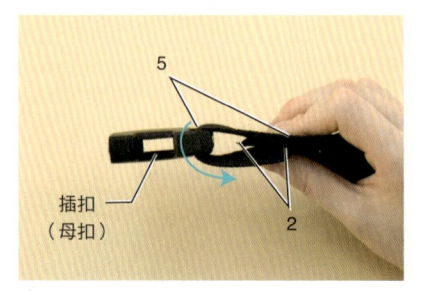

1. 將尼龍繩帶剪成60cm後，穿過插扣（母扣）並摺起2cm。

90

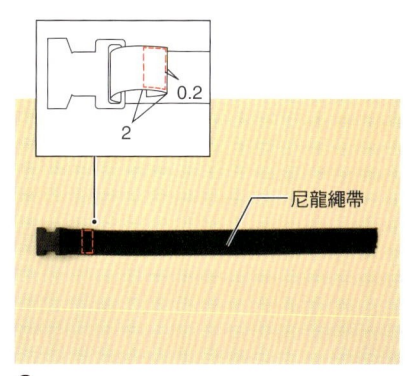

2. 在繩帶反摺的位置車縫一個方形固定。

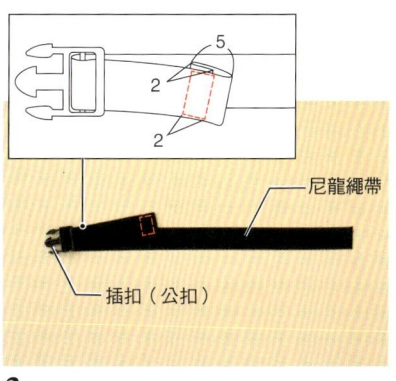

3. 將尼龍繩帶剪成65cm後,穿過插扣(公扣)並摺起2cm,再車縫一個方形固定。

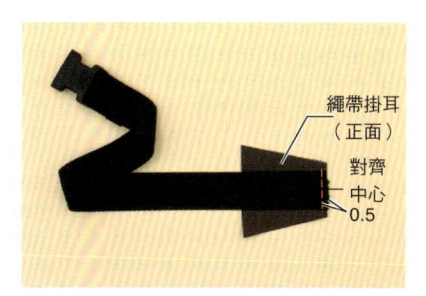

4. 尼龍繩帶沒有穿過插扣的一端和繩帶掛耳重疊後,在邊緣加上車縫線。

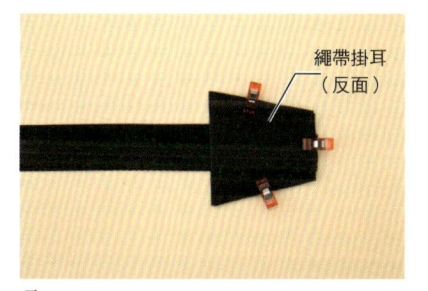

5. 和另一片繩帶掛耳正面相對重疊後,用疏縫固定夾固定周圍。

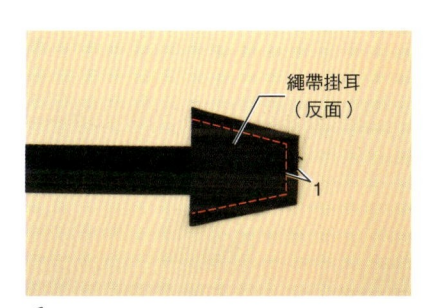

6. 在周圍加上車縫線。

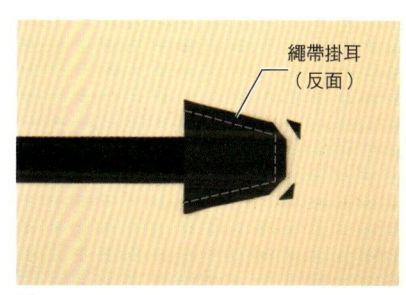

7. 剪去縫份的邊角。

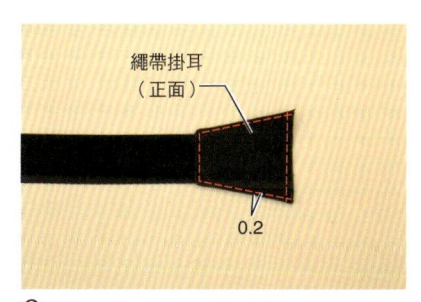

8. 將繩帶掛耳翻回正面後,在周圍車縫一圈固定。

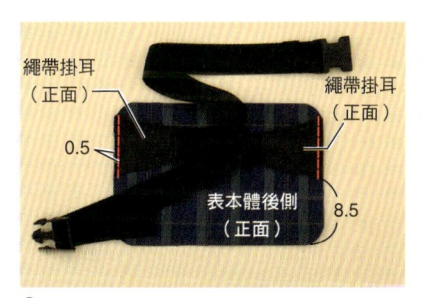

9. 插扣(公扣)的尼龍繩帶和繩帶掛耳也用相同的作法縫製後,將繩帶掛耳疏縫暫時固定在表本體的後側。

6. 縫製側片

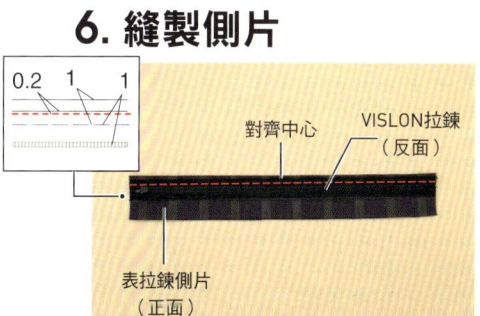

1. 將拉鍊與表拉鍊側片正面相對,把距離拉鍊齒1cm的位置,對齊表拉鍊側片邊緣往內1cm的位置,中心對齊後車縫固定。

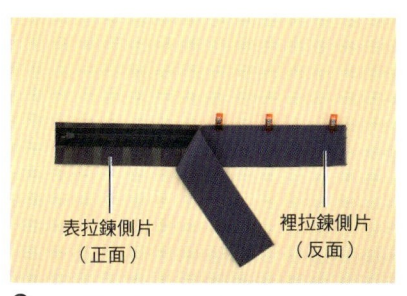

2. 將表・裡拉鍊側片正面相對重疊後,並用疏縫固定夾固定。

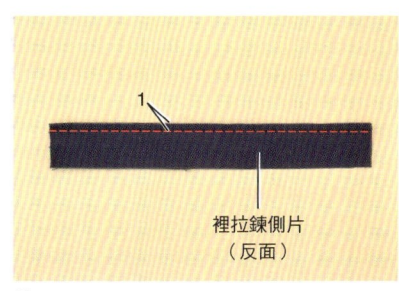

3. 加上車縫線。

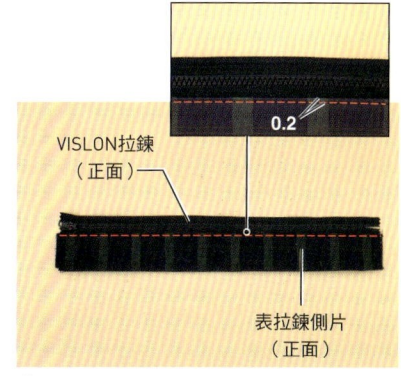

4. 翻回正面後,在邊緣車縫固定。

91

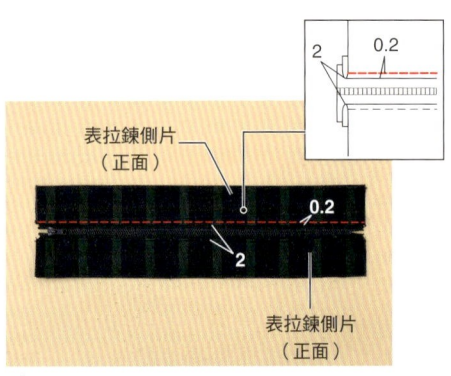

5. 另一邊也用相同的作法縫製。

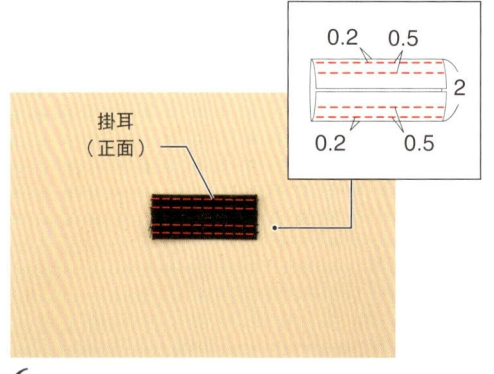

6. 將掛耳的兩邊往中央對齊摺起後車縫。

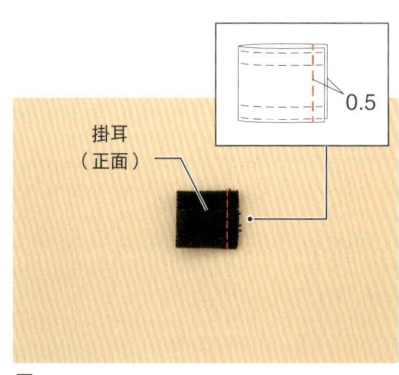

7. 對摺後加上疏縫線。

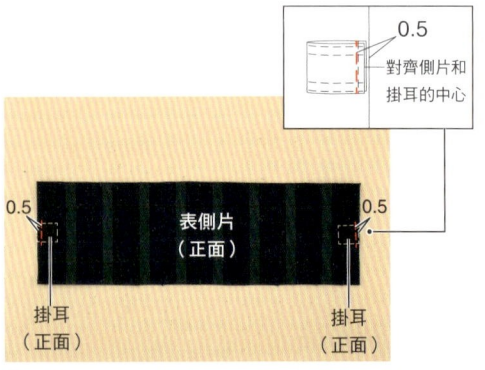

8. 將掛耳對齊後，暫時疏縫固定在表側片的兩邊。

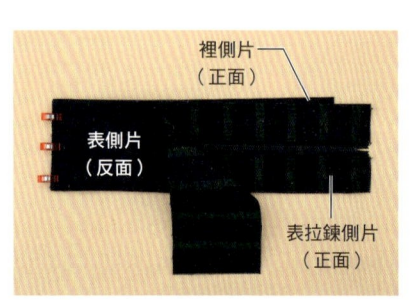

9. 用表側片和裡側片夾住拉鍊側片後，以疏縫固定夾固定。

10. 在側邊加上車縫線。

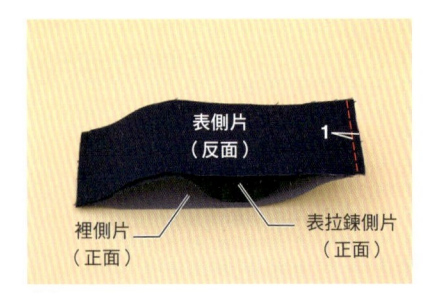

11. 對齊另一邊的布料邊緣，加上車縫線。

12. 翻回正面。

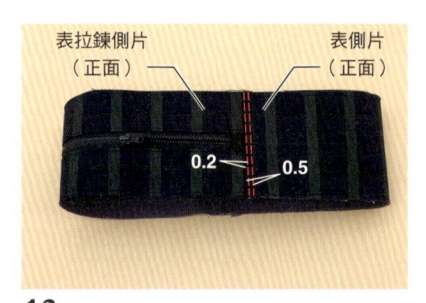

13. 在拉鍊側片和表側片的接縫旁，表側片的那側加上縫線。

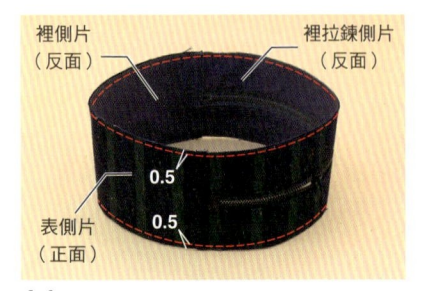

7. 縫合本體和側片

14. 在周圍加上疏縫線。

1. 對齊裡側片和裡本體的合印點，正面相對重疊，並用疏縫固定夾固定（先將拉鍊拉開）。

2. 在側片圓弧的縫份上剪出0.8cm的牙口。

92

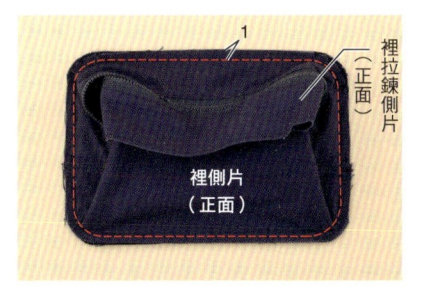

3. 將裡拉鍊側片朝上，沿著周圍加上一圈車縫線。

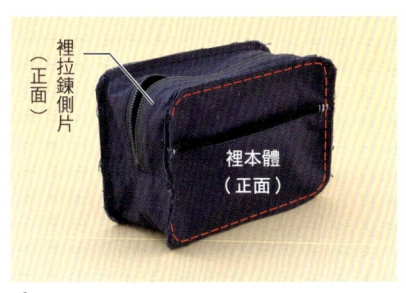

4. 另一側也用相同作法縫製。

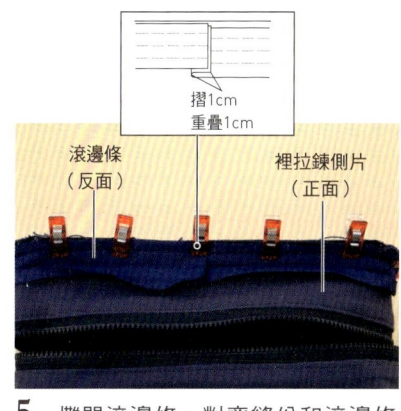

5. 攤開滾邊條，對齊縫份和滾邊條的邊緣，並用疏縫固定夾固定。滾邊條的一端先摺起1cm後，再重疊另一端的1cm。

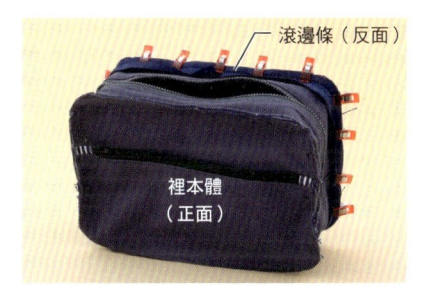

周圍一圈都用疏縫固定夾固定。

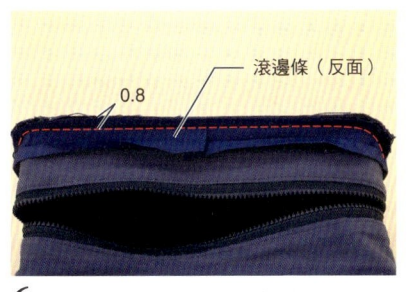

6. 在滾邊條第一道摺痕的0.1cm外側加上車縫線。

接著車縫周圍一整圈。

7. 沿著摺痕重新摺起滾邊條後，包住縫份並且在邊緣加上車縫線。

8. 另一邊的縫份也用滾邊條同樣包住後車縫。

9. 從拉鍊口翻回正面。

完成

【背面的樣子】

93

P.84 / 22 拼接風梯形包

材料
- 表布 ……………… 40cm寬80cm長（厚棉布）
- 配布 ……………… 112cm寬60cm長（11號帆布）
- 裡布 ……………… 112cm寬40cm長（棉厚織79號）
- 布襯 ……………… 50cm寬30cm長
- D環 ……………… 2cm寬2個

完成尺寸
27cm × 27cm × 12cm

布料裁法

※除了表側片和裡側片，其他不含實際尺寸紙型。
請依照圖示尺寸直接剪裁。
（圖示的數字是包含縫份的尺寸）
※ 表示在反面貼上布襯。

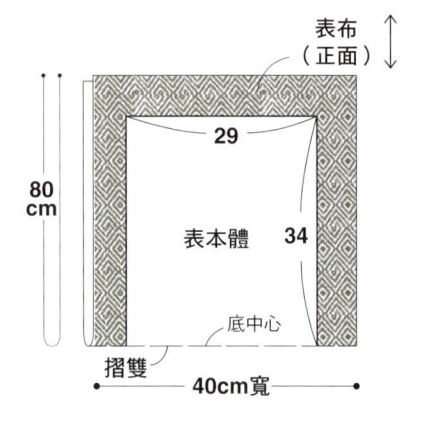

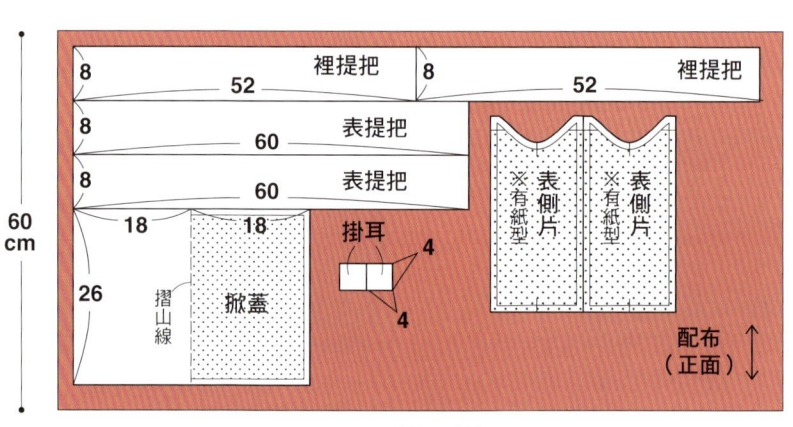

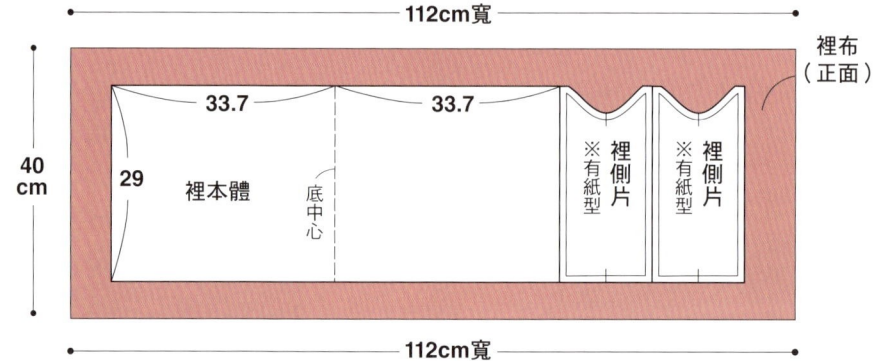

表布（正面）80cm × 40cm寬
- 表本體 29 × 34
- 底中心
- 摺雙

配布（正面）60cm × 112cm寬
- 裡提把 8 / 52 / 8 / 52 裡提把
- 表提把 8 / 60
- 表提把 8 / 60
- 掀蓋 18 × 18 × 26
- 摺山線
- 掛耳 4 × 4
- ※有紙型 表側片 ×2

裡布（正面）40cm × 112cm寬
- 裡本體 29 × 33.7 / 33.7
- 底中心
- ※有紙型 裡側片 ×2

1. 縫製掛耳
① 將兩邊往中央對齊摺起
② 車縫 0.2 / 0.7
掛耳（正面）2
③ 將掛耳穿過D環後對摺
D環
掛耳（正面）2 / 0.5
④ 疏縫暫時固定
※做出2個

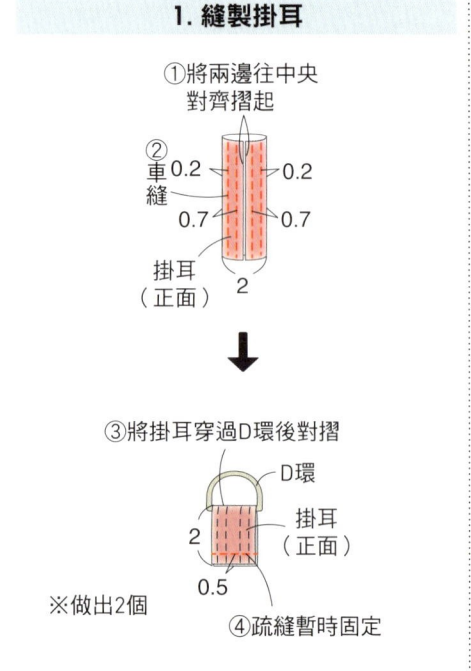

2. 縫製提把
表提把（正面）
① 兩邊往中央對齊摺起
4
※裡提把也用相同的作法摺起

② 對齊中心，正面朝外重疊
表提把（正面）
對齊中心
裡提把（正面）

③ 將表提把的兩端摺至裡提把邊緣
0.2 / 0.2
④ 車縫
表提把（正面）

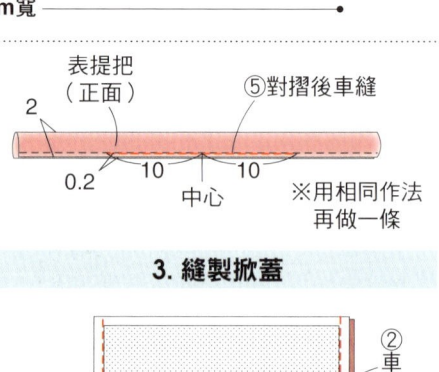

表提把（正面）
⑤ 對摺後車縫
2 / 0.2 / 10 / 中心 / 10
※用相同作法再做一條

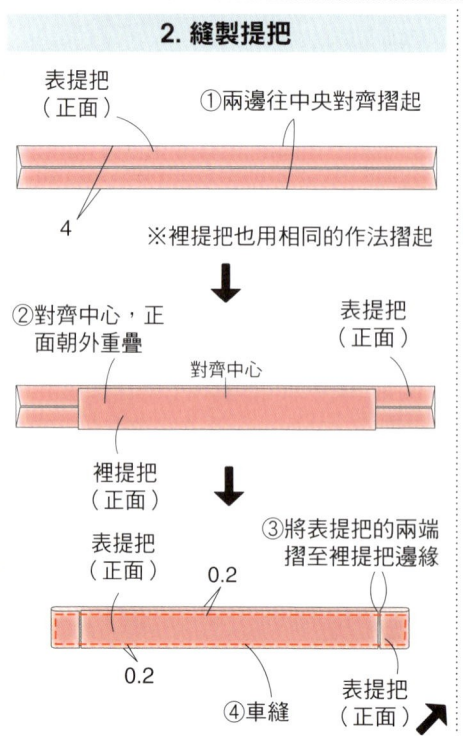

3. 縫製掀蓋
掀蓋（反面）
① 對摺
② 車縫 1

掀蓋（正面）
0.2
④ 車縫
③ 翻回正面
摺雙線那側

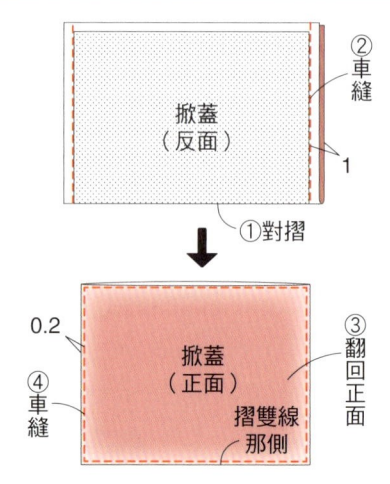

4. 縫製表本體

① 車縫
0.5　對齊中心　2.5
掀蓋（正面）
摺雙線那側
表本體（正面）

② 拉起掀蓋
③ 車縫
掀蓋（正面）
摺雙線那側
0.5　0.2
表本體（正面）

起縫處
止縫處
4
0.2

掀蓋（正面）
表提把（正面）
中心
4.5　4.5
13
表本體（正面）
⑤ 剪出牙口
0.8
④ 重疊提把後車縫
6　6
6　6
底中心
13
表提把（正面）

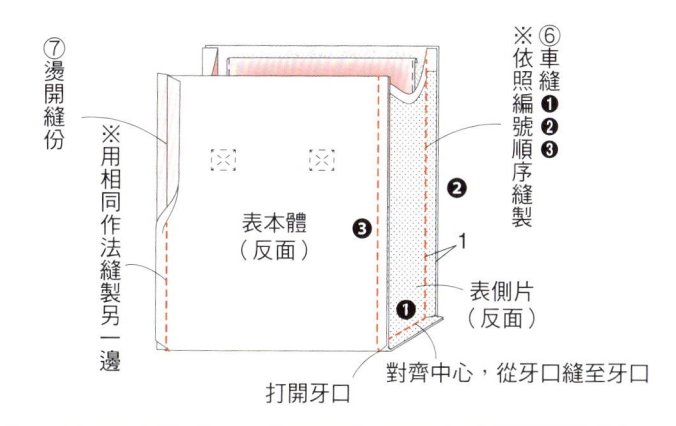

⑦ 燙開縫份
※用相同作法縫製另一邊
表本體（反面）
※依照編號順序縫製
⑥ 車縫
❶❷❸
表側片（反面）
1
❷
❸
❶
打開牙口　對齊中心，從牙口縫至牙口

5. 縫製裡本體

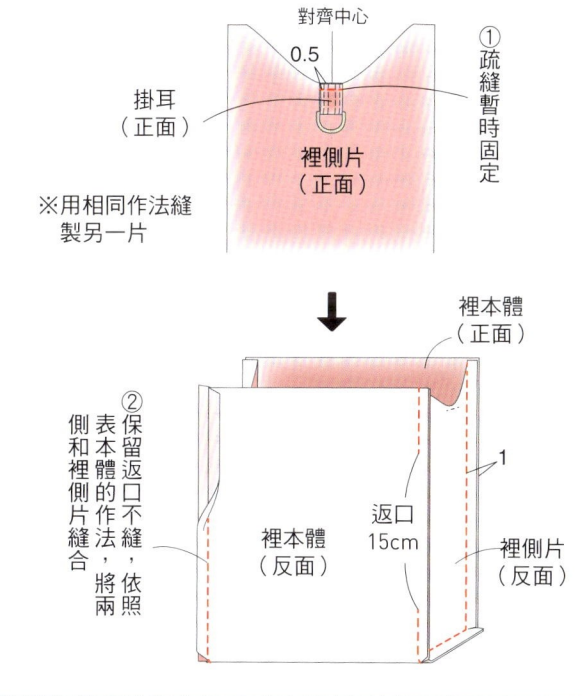

對齊中心
0.5
掛耳（正面）
裡側片（正面）
① 疏縫暫時固定
※用相同作法縫製另一片

裡本體（正面）
② 保留返口不縫，表本體的作法，將兩側和裡側片縫合
裡本體（反面）
返口 15cm
裡側片（反面）
1

6. 縫合表本體和裡本體

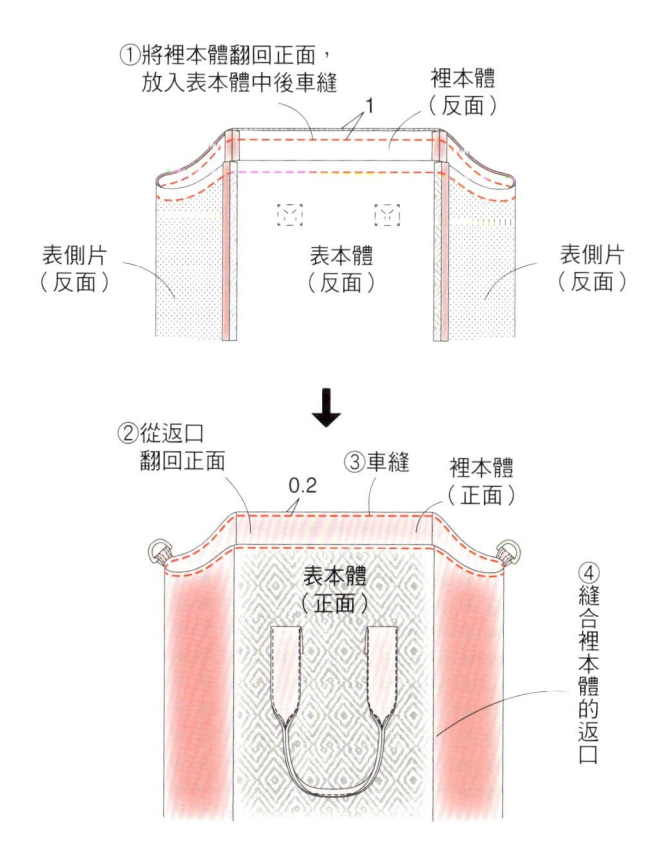

① 將裡本體翻回正面，放入表本體中後車縫
裡本體（反面）
1
表側片（反面）
表本體（反面）
表側片（反面）

② 從返口翻回正面
③ 車縫
0.2
裡本體（正面）
表本體（正面）
④ 縫合裡本體的返口

P.85 / 23 日雜款長形手提包

完成尺寸：30cm × 14cm × 12.5cm

材料
- 表布 ……… 110cm寬50cm長（10號帆布石蠟加工）
- 配布 ……… 20cm寬15cm長（厚棉布）
- 裡布 ……… 80cm寬50cm長（棉厚織79號）
- 布襯 ……… 5cm寬5cm長
- 拉鍊 ……… 40cm1條（VISLON）
- D環 ……… 2cm寬2個
- 按扣 ……… 1.3cm寬1組
- 鉚釘 ……… 0.6cm寬4組

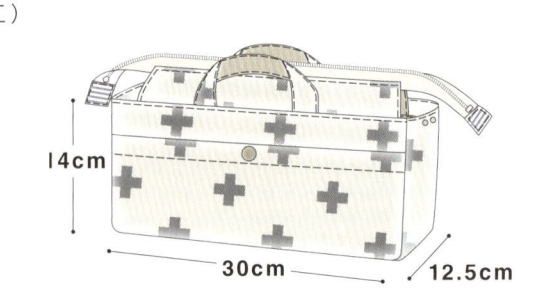

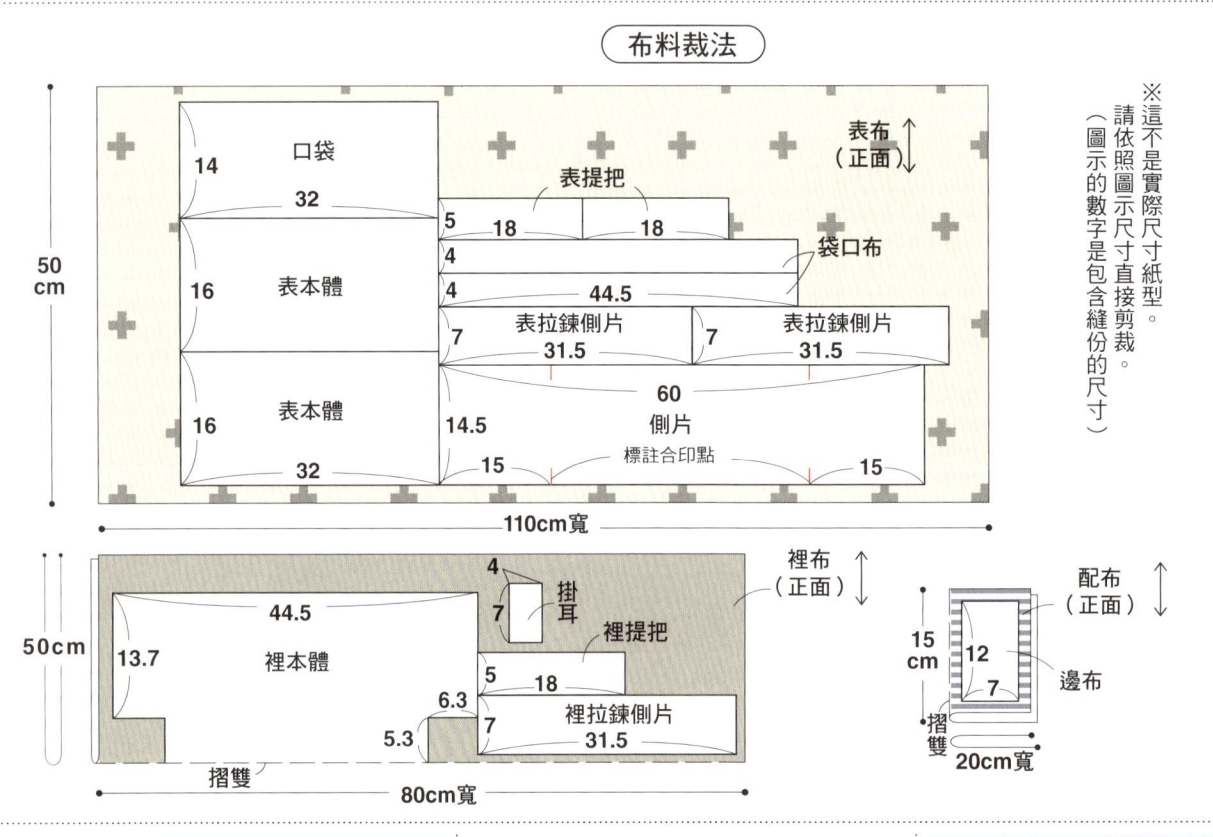

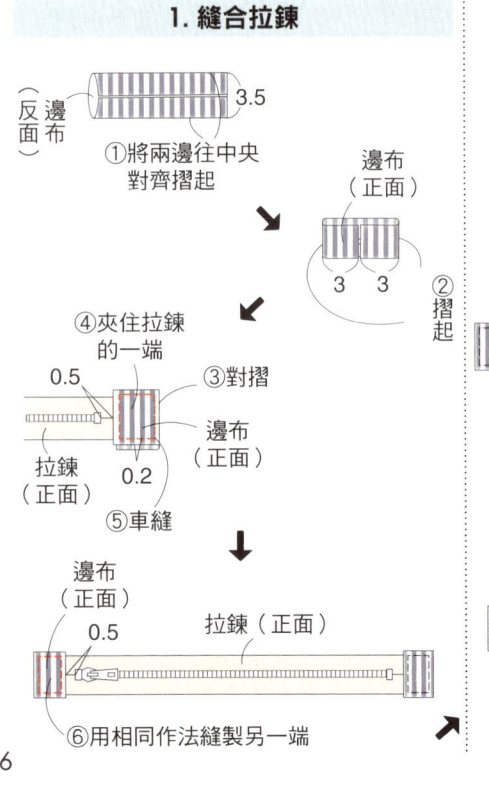

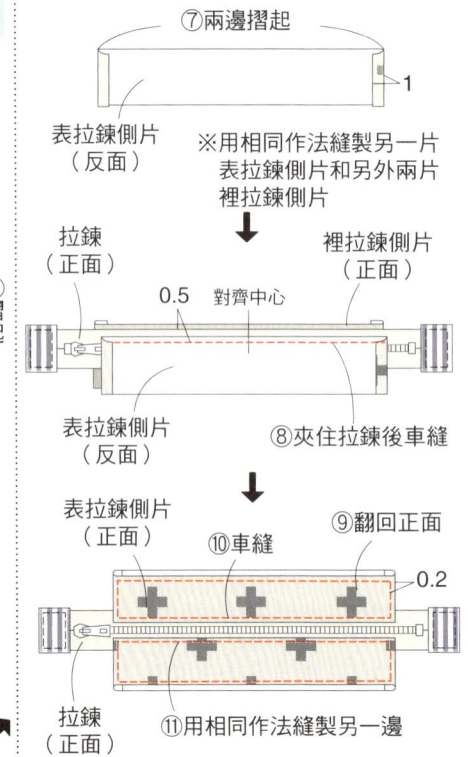

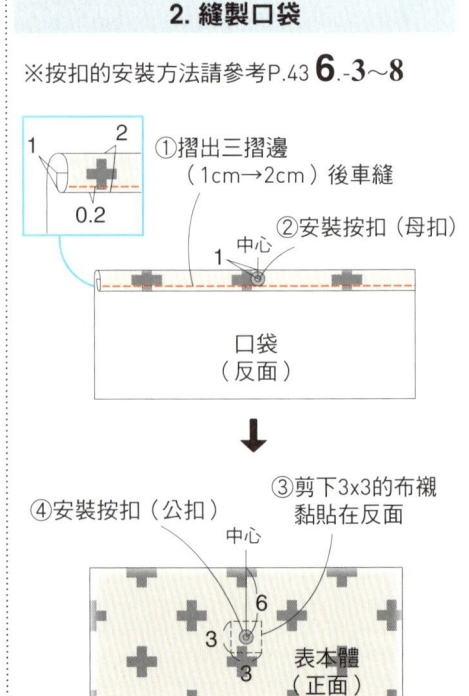

布料裁法

※這不是實際尺寸紙型。請依照圖示尺寸直接剪裁。（圖示的數字是包含縫份的尺寸）

表布（正面） 110cm寬 × 50cm
- 口袋 14 × 32
- 表本體 16 × 32（×2）
- 表提把 5 × 18 / 18
- 袋口布 4 × 44.5（×2）
- 表拉鍊側片 7 × 31.5（×2）
- 側片 14.5 × 60（標註合印點 15 / 15）

裡布（正面） 80cm寬 × 50cm
- 裡本體 13.7 × 44.5
- 掛耳 4 × 7
- 裡提把 5 × 18
- 裡拉鍊側片 7 × 31.5
- 6.3 / 5.3
- 摺雙

配布（正面） 20cm寬 × 15cm
- 邊布 12 × 7
- 摺雙

1. 縫合拉鍊

- ①將兩邊往中央對齊摺起（邊布 反面，3.5）
- 邊布（正面）3 / 3
- ④夾住拉鍊的一端
- ③對摺
- 邊布（正面）0.5 / 0.2
- ⑤車縫
- 拉鍊（正面）
- 邊布（正面）0.5
- 拉鍊（正面）
- ⑥用相同作法縫製另一端

- ⑦兩邊摺起
- 表拉鍊側片（反面）
- ※用相同作法縫製另一片表拉鍊側片和另外兩片裡拉鍊側片
- ②摺起
- 拉鍊（正面）
- 0.5 對齊中心
- 裡拉鍊側片（正面）
- 表拉鍊側片（反面）
- ⑧夾住拉鍊後車縫
- 表拉鍊側片（正面）
- ⑩車縫
- ⑨翻回正面
- 0.2
- 拉鍊（正面）
- ⑪用相同作法縫製另一邊

2. 縫製口袋

※按扣的安裝方法請參考P.43 **6.** -3～8

- ①摺出三摺邊（1cm→2cm）後車縫
  - 1 / 2 / 0.2
- ②安裝按扣（母扣）
  - 中心 1
- 口袋（反面）
- ④安裝按扣（公扣）
  - 中心 6 / 3 / 3
- ③剪下3×3的布襯黏貼在反面
- 表本體（正面）

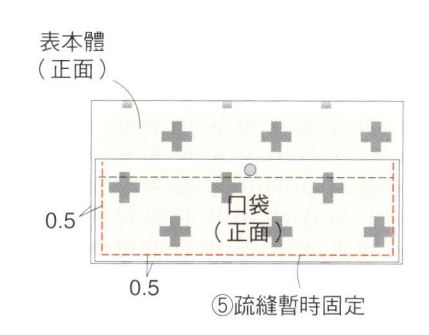

3. 縫製本體

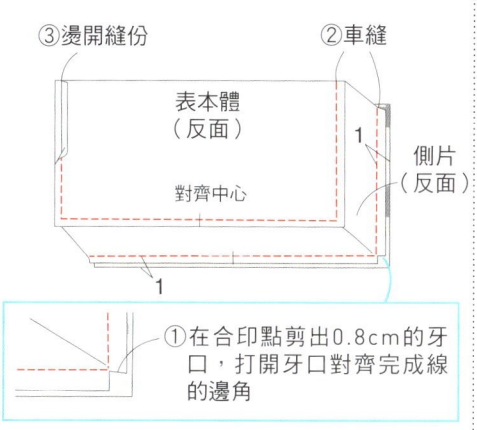

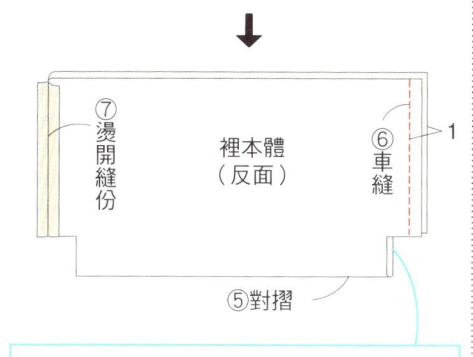

表本體（正面）
口袋（正面）
0.5
0.5
⑤疏縫暫時固定

③燙開縫份
②車縫
表本體（反面）
側片（反面）
對齊中心
1

①在合印點剪出0.8cm的牙口，打開牙口對齊完成線的邊角

④翻回正面

⑦燙開縫份
裡本體（反面）
⑥車縫
1
⑤對摺

裡本體（反面）
※另一邊為返口所以不縫
⑧底寬重疊後車縫

4. 縫製掛耳

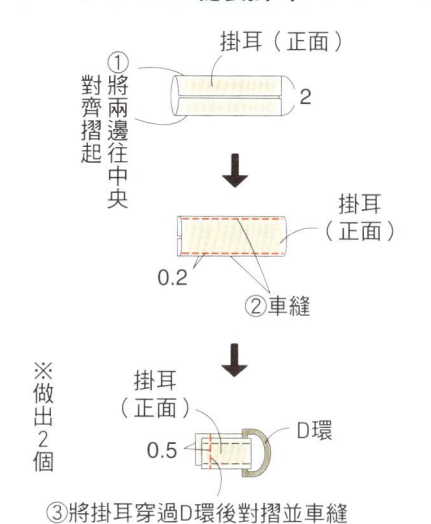

掛耳（正面）
①將兩邊對齊摺起
2

掛耳（正面）
0.2
②車縫

掛耳（正面）
0.5
D環
③將掛耳穿過D環後對摺並車縫
※做出2個

5. 縫合袋口布

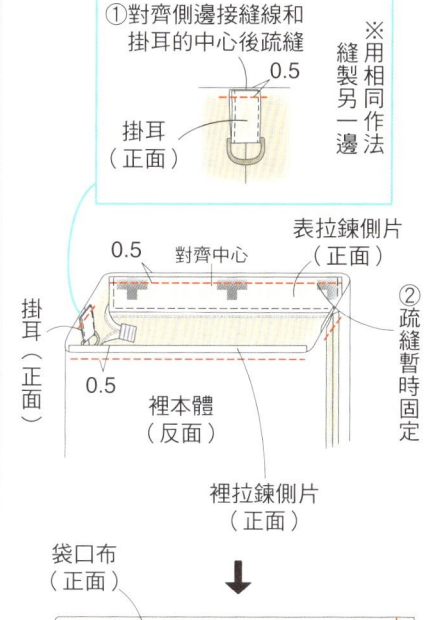

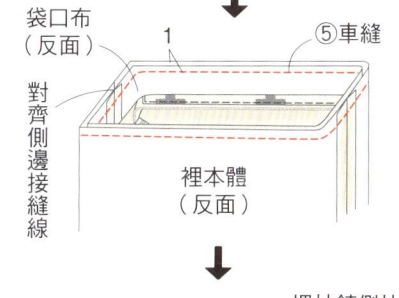

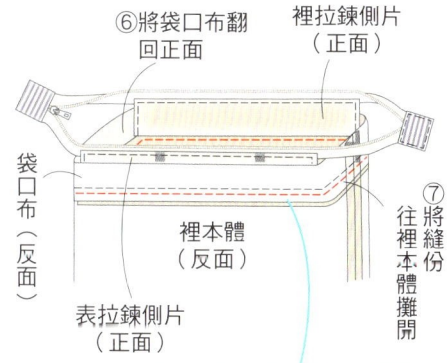

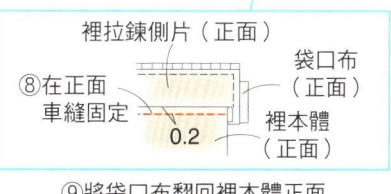

①對齊側邊接縫線和掛耳的中心後疏縫
0.5
掛耳（正面）
※用相同作法縫製另一邊

掛耳（正面）
0.5
表拉鍊側片（正面）
對齊中心
0.5
裡本體（反面）
②疏縫暫時固定
裡拉鍊側片（正面）

袋口布（正面）
袋口布（反面）
1
③車縫
④燙開縫份

袋口布（反面）
1
⑤車縫
對齊側邊接縫線
裡本體（反面）

⑥將袋口布翻回正面
裡拉鍊側片（正面）
袋口布（反面）
裡本體（反面）
表拉鍊側片（正面）
⑦將縫份往裡本體攤開

裡拉鍊側片（正面）
⑧在正面車縫固定
0.2
袋口布（正面）
裡本體（正面）

⑨將袋口布翻回裡本體正面

6. 縫合提把

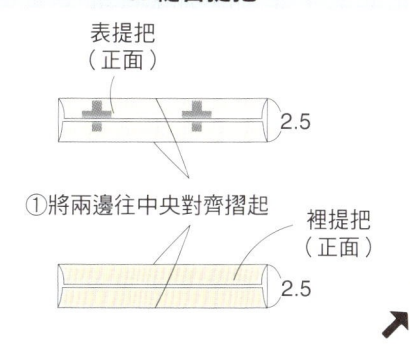

表提把（正面）
2.5

①將兩邊往中央對齊摺起
裡提把（正面）
2.5

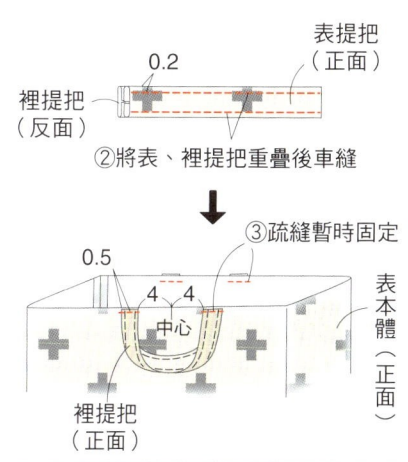

表提把（正面）
0.2
裡提把（反面）
②將表、裡提把重疊後車縫

0.5
4 4
中心
③疏縫暫時固定
裡提把（正面）
表本體（正面）

7. 縫合表本體和裡本體

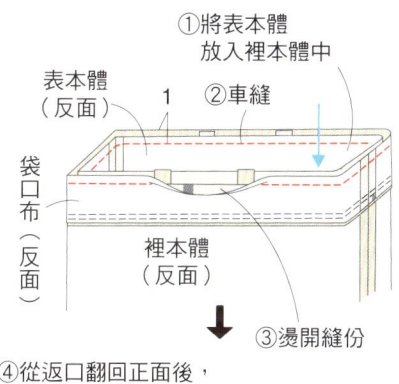

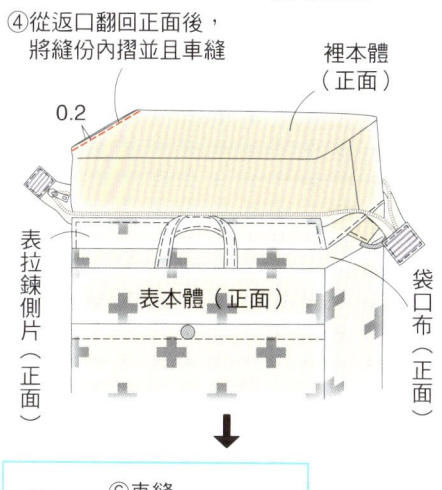

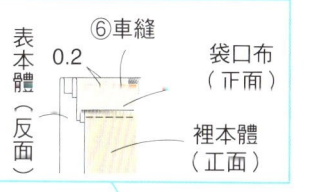

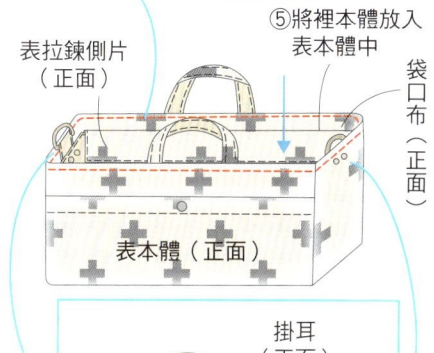

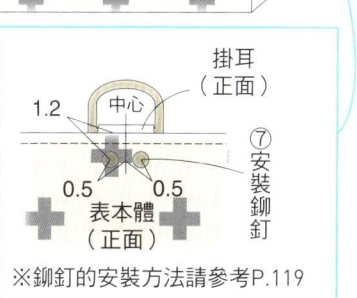

①將表本體放入裡本體中
表本體（反面）
1
②車縫
袋口布（反面）
裡本體（反面）
③燙開縫份

④從返口翻回正面後，將縫份內摺並且車縫
0.2
裡本體（正面）
表拉鍊側片（正面）
表本體（正面）
袋口布（正面）

⑥車縫
表本體（反面）
0.2
袋口布（正面）
裡本體（正面）

⑤將裡本體放入表本體中
表拉鍊側片（正面）
袋口布（正面）
表本體（正面）

掛耳（正面）
1.2
中心
0.5 0.5
表本體（正面）
⑦安裝鉚釘
※鉚釘的安裝方法請參考P.119

P.87 / 24 公事包

材料
- 表布 …… 90cm寬70cm長（10號帆布）
- 配布 …… 100cm寬40cm長（11號帆布）
- 裡布 …… 100cm寬90cm長（棉厚織79號）
- 布襯 …… 30cm寬50cm長
- 雙開拉鍊 …… 60cm 1條（5號拉鍊）
- 按扣 …… 1.3cm寬1組
- D環 …… 2cm寬2個

完成尺寸：28cm × 40cm × 9cm

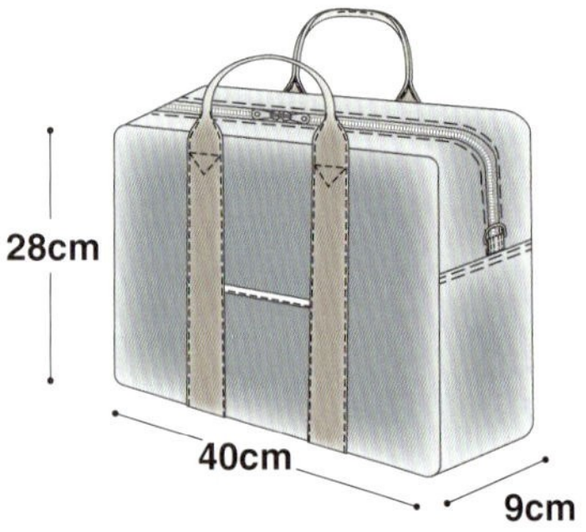

布料裁法

※這不是實際尺寸紙型。請依照圖示尺寸直接剪裁。
（圖示的數字是包含縫份的尺寸）
※▒▒ 表示在反面貼上布襯。

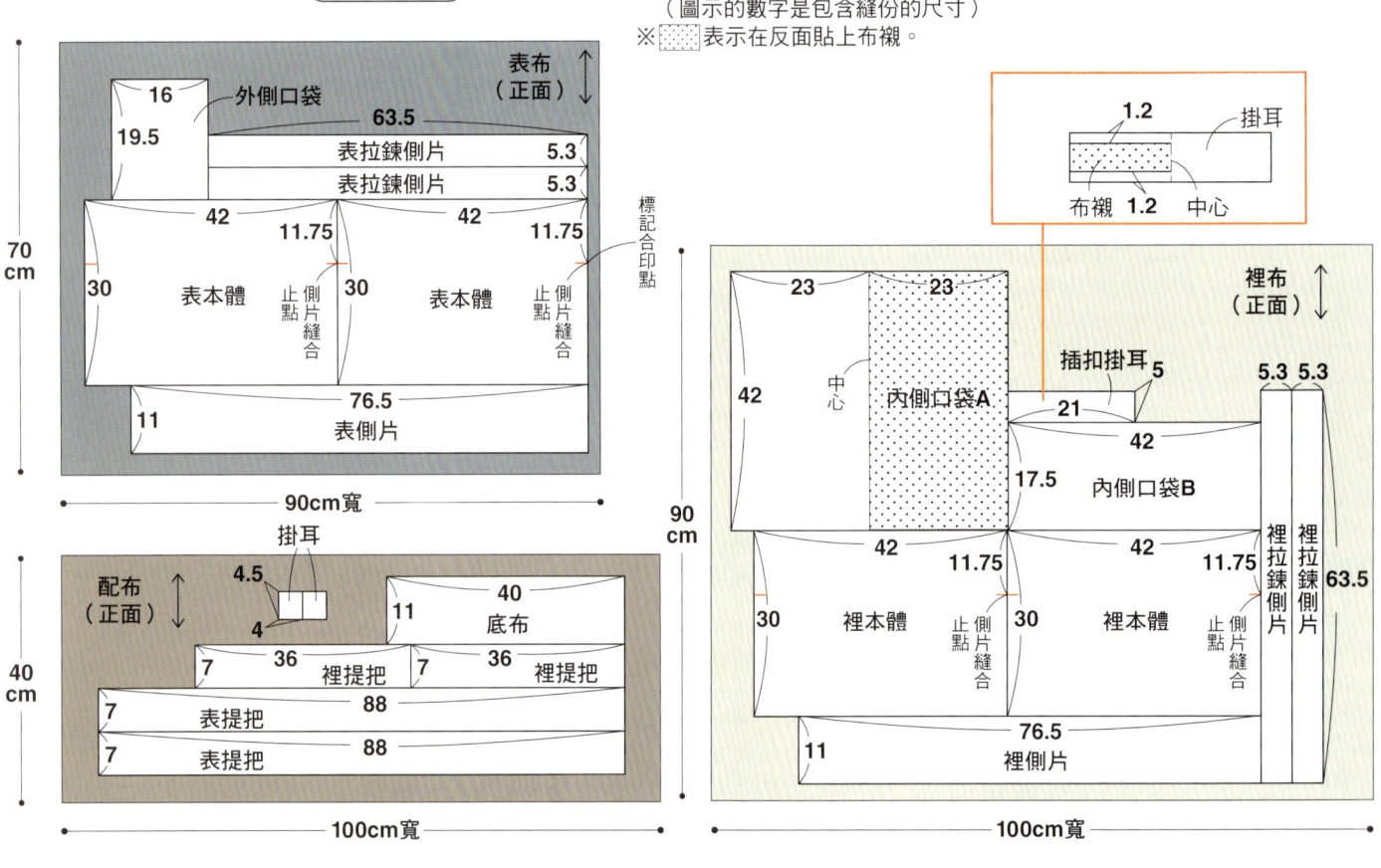

表布（正面）90cm寬 × 70cm長
- 外側口袋 16 × 19.5
- 表拉鍊側片 63.5 × 5.3（2片）
- 表本體 42 × 30（2片，11.75為側片縫合止點標記合印點）
- 表側片 76.5 × 11

配布（正面）100cm寬 × 40cm長
- 掛耳 4.5 × 4
- 底布 40 × 11
- 裡提把 36 × 7（2片）
- 表提把 88 × 7（2片）

掛耳：1.2 × 1.2（布襯，中心）

裡布（正面）100cm寬 × 90cm長
- 內側口袋A 23 × 23（中心）
- 插扣掛耳 5 × 21
- 內側口袋B 42 × 17.5
- 裡拉鍊側片 63.5 × 5.3（2片）
- 裡本體 42 × 30（2片，11.75為側片縫合止點）
- 裡側片 76.5 × 11

1. 縫製提把、掛耳、插扣掛耳

【提把】
①參考P.10 **2.**-**1.**~**2.** 縫製表、裡提把後車縫縫合
- 3.5、0.2、對齊中心
- 表提把（正面）、裡提把（正面）

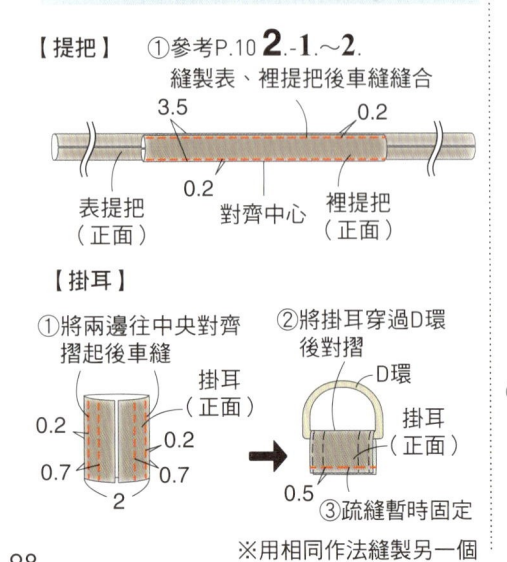

【掛耳】
①將兩邊往中央對齊摺起後車縫
- 0.2、0.2、0.7、0.7、2
- 掛耳（正面）

②將掛耳穿過D環後對摺
- D環、掛耳（正面）、0.5 ③疏縫暫時固定
※用相同作法縫製另一個

【插扣掛耳】
①沿著布襯摺起
- 插扣掛耳（反面）、2.6

②對摺後車縫
- 插扣掛耳（正面）、0.2
- 摺雙線那側

③安裝按扣（母扣）
安裝方法請參考P.43 **6.**-**3.**~**8.**
摺雙線那側、中心、2、插扣掛耳（正面）

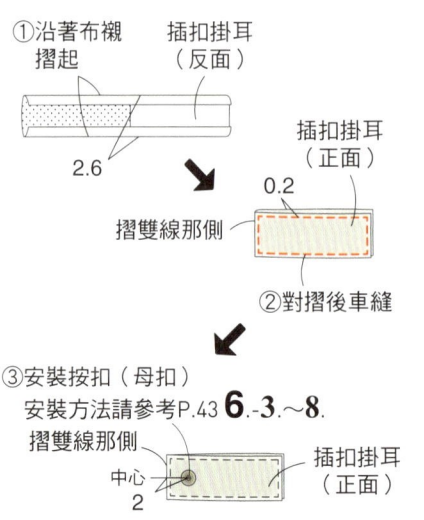

2. 縫製外側口袋

①往正面摺出三摺邊（1cm→1cm）後車縫
- 1、0.2、1
- 外側口袋（正面）

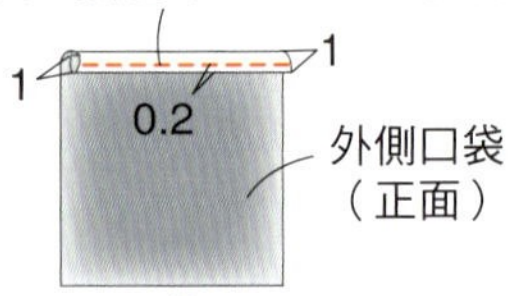

②參考P.10 **1.**-**3** 用雙面膠將外側口袋暫時固定表本體上
- 對齊中心、外側口袋（正面）、表本體（正面）、對齊下緣

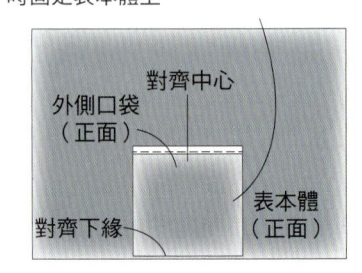

3. 縫製表本體

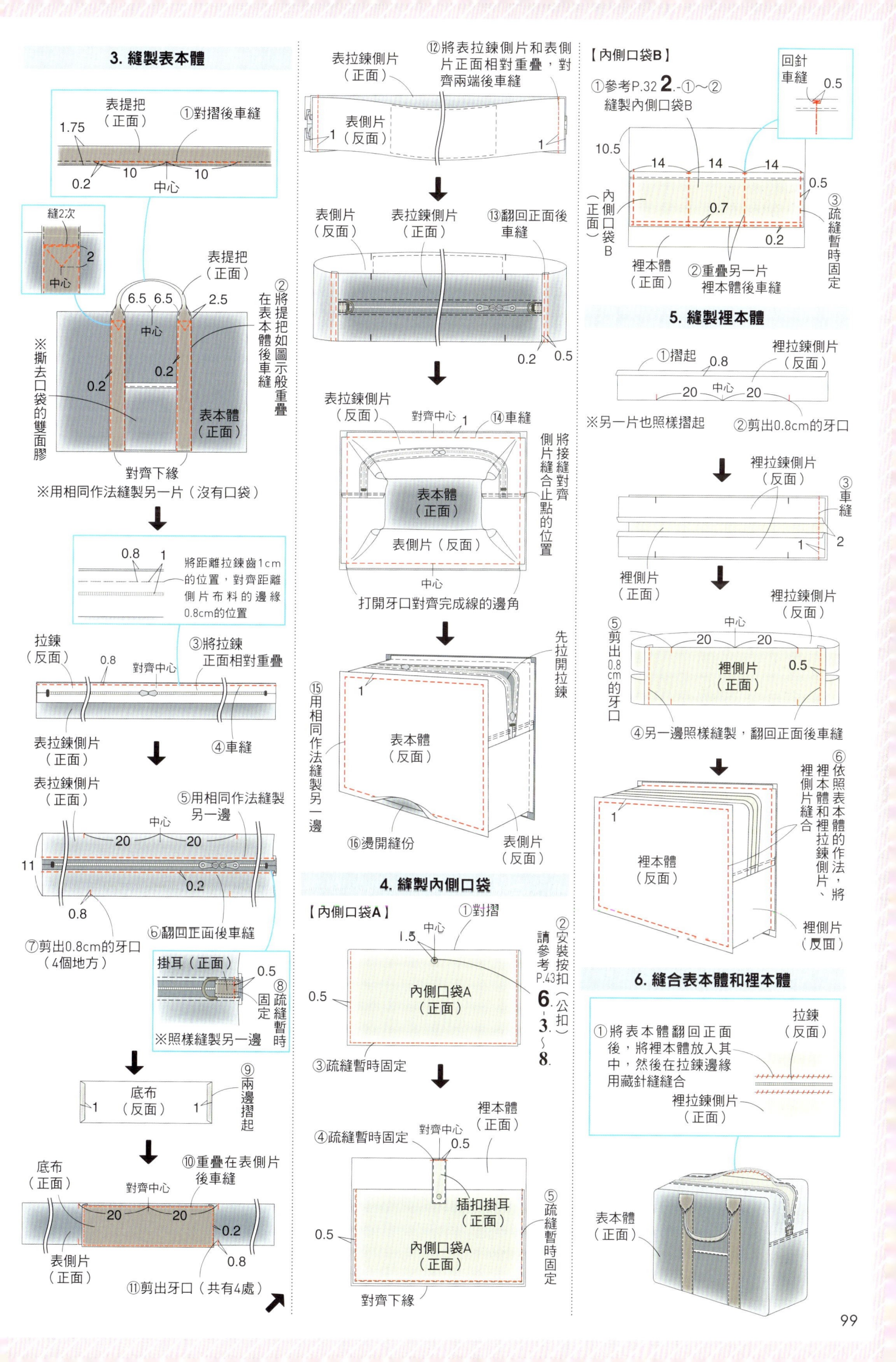

① 對摺後車縫

表提把（正面）
1.75
0.2
10 中心 10

縫2次
2 中心

② 將提把如圖示般重疊在表本體後車縫

表提把（正面）
6.5 6.5 2.5
中心
0.2

表本體（正面）

※撕去口袋的雙面膠
對齊下緣

※用相同作法縫製另一片（沒有口袋）

將距離拉鍊齒1cm的位置，對齊距離側片布料的邊緣0.8cm的位置
0.8 1

③ 將拉鍊正面相對重疊

拉鍊（反面）
0.8 對齊中心
表拉鍊側片（正面）
④ 車縫

表拉鍊側片（正面）
⑤ 用相同作法縫製另一邊
中心
20 20
11
0.2
0.8

⑥ 翻回正面後車縫
⑦ 剪出0.8cm的牙口（4個地方）

掛耳（正面）
0.5
⑧ 疏縫暫時固定
※照樣縫製另一邊

底布（反面）
1　　1
⑨ 兩邊摺起

底布（正面）
對齊中心
20 20
0.2
表側片（正面）
0.8
⑩ 重疊在表側片後車縫
⑪ 剪出牙口（共有4處）

表拉鍊側片（正面）
表側片（反面）
1

⑫ 將表拉鍊側片和表側片正面相對重疊，對齊兩端後車縫

表側片（反面）
表拉鍊側片（正面）
⑬ 翻回正面後車縫
0.2　0.5

表拉鍊側片（反面）
對齊中心 1
⑭ 車縫
將接縫對齊側片縫合止點的位置

表本體（正面）
表側片（反面）
中心
打開牙口對齊完成線的邊角

⑮ 用相同作法縫製另一邊
先拉開拉鍊

表本體（反面）
表側片（反面）
⑯ 燙開縫份

4. 縫製內側口袋

【內側口袋A】
① 對摺
中心 1.5
內側口袋A（正面）
0.5
③ 疏縫暫時固定

② 安裝按P.43扣（公扣）請參考6.-3.～8.

裡本體（正面）
對齊中心
0.5
插扣掛耳（正面）
內側口袋A（正面）
④ 疏縫暫時固定
⑤ 疏縫暫時固定
0.5
對齊下緣

【內側口袋B】
① 參考P.32 2.-①～② 縫製內側口袋B
10.5
14 14 14
0.7
內側口袋B（正面）
0.5
0.2
③ 疏縫暫時固定
裡本體（正面）
② 重疊另一片裡本體後車縫

回針車縫
0.5

5. 縫製裡本體

① 摺起
0.8
裡拉鍊側片（反面）
20 中心 20
※另一片也照樣摺起
② 剪出0.8cm的牙口

裡側片（正面）
③ 車縫
裡拉鍊側片（反面）
1
2

⑤ 剪出0.8cm的牙口
中心
20 20
裡側片（正面）
0.5
④ 另一邊照樣縫製，翻回正面後車縫

⑥ 依照表本體的作法，將裡本體和裡拉鍊側片、裡側片縫合

裡本體（反面）
裡側片（反面）
1

6. 縫合表本體和裡本體

① 將表本體翻回正面後，將裡本體放入其中，然後在拉鍊邊緣用藏針縫縫合

拉鍊（反面）
裡拉鍊側片（正面）

表本體（正面）

99

7. SHOULDER BAG
肩背包

解放雙手的肩背包，
不分年齡、性別，
相當受到大家喜愛。
我自己也會配合外出需要
選擇不同尺寸的肩背包。

背面還有雙滾邊設計的拉鍊口袋。

SHOULDER BAG
25
【迷你貼身肩背包】

作法 | P.106

因為想要有一個類似斜背包的小包包，所以設計了這個包款。形狀類似小豆子，超級可愛。本體的邊緣還有滾邊設計，更加突顯了包包圓圓的輪廓。

表布＝條紋亞麻帆布pallet系列by Navy Blue Closet ×倉敷帆布（漂白色 × 米色）／倉敷帆布（BAISTONE）
裡布＝棉厚織79號（山吹色）／L'idée　配布＝11號帆布（#5000-70巧克力色）／富士金梅®
D環＝15mm（SUN 10-100、AG）　調節扣＝15mm（SUN 13-127）／清原　縫線＝Schappe Spun縫線#30（402黑色、原色）／FUJIX

SHOULDER BAG
26
【水滴型束口肩背包】

作法 | P.114

肩背包袋口的扣眼有束口繩穿過，成了造型的裝飾亮點。從側身到包底都用同一塊布料設計出廓型的包包，屬於「底側一體」的包款。另一個推薦的點在於「有效使用布料」，所有的部件都使用同款11號帆布。

表布＝11號帆布55色系列（19磚紅色）／L'idée　D環＝25mm（SUN 10-102、AG）　調節扣＝25mm（SUN 13-135、AG）　單面扣眼＝內徑10mm（SUN 11-176、AG）／清原　縫線＝Schappe Spun縫線#30（42磚紅色）／FUJIX

SHOULDER BAG
27
【可調式經典郵差包】
作法 | P.115

這是一款可以調整背帶長短的肩背包。側寬足足有12cm，包內還有分成3格的內袋，所以容量相當大。為了方便穿搭，選用深藍色和灰色的雙色組合，大家喜歡哪種顏色呢？

表布＝10號帆布石蠟加工（8灰色）　配布＝11號帆布（#5000-15深藍色）／富士金梅®　裡布＝棉厚織79號（銀灰色）／L'idée
D環＝40mm（SUN 10-106、AG）　按扣＝15mm（SUN 18-53、AG）／清原　縫線＝Schappe Spun縫線#30（171灰色）（99深藍色）／FUJIX

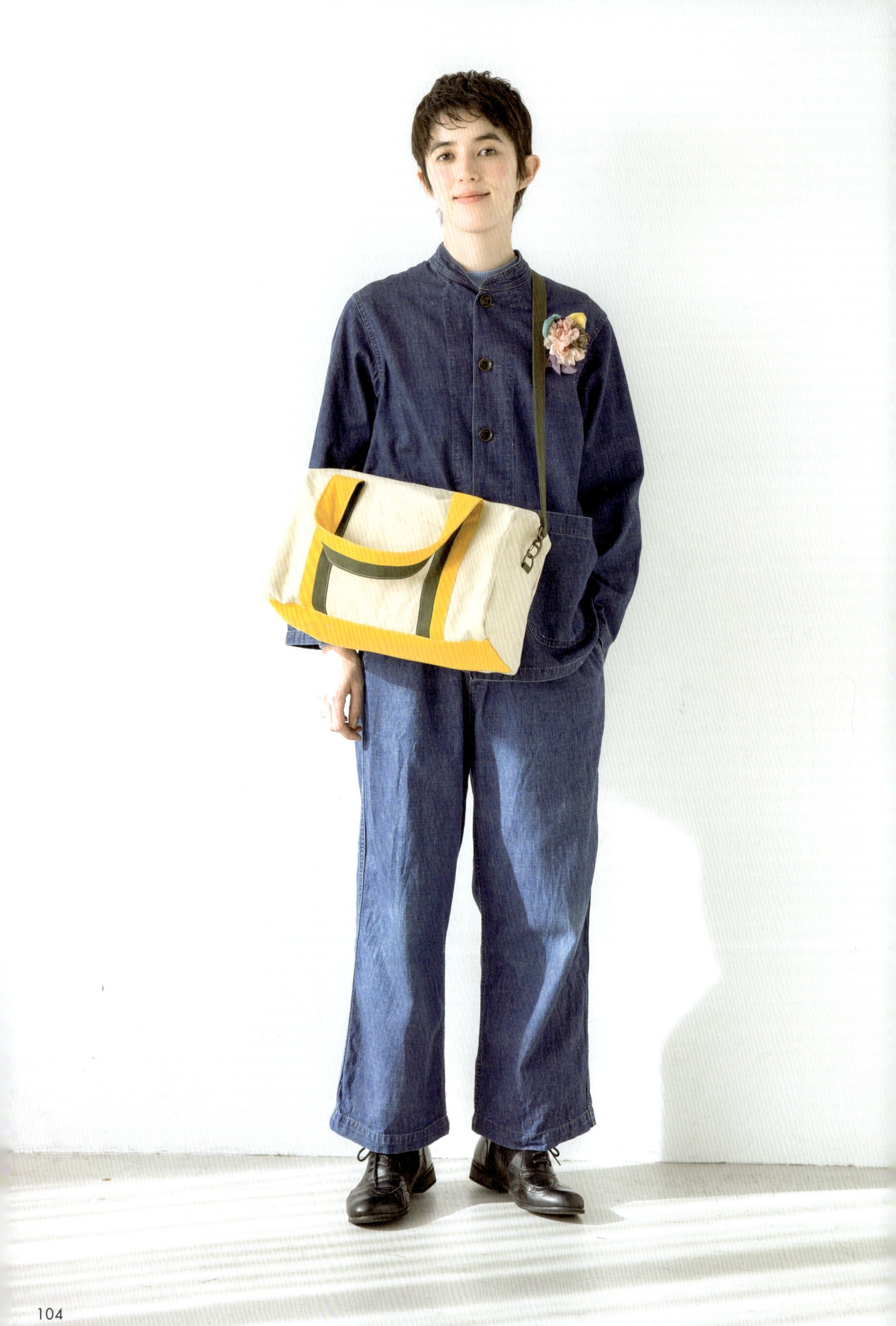

拆去背帶時，可以用提把掛在手上，或簡單地拎著，設計成恰到好處的長度。

SHOULDER BAG
28
【雙色波士頓包】
作法 | P.112

這款波士頓包的亮點在於雙色設計的提把。色彩搭配的玩色樂趣也是手作特有的趣味之一。除了外側口袋，包內也有分成3格的貼袋，對於細小物品的分類收納相當方便。

表布＝10號帆布石蠟加工（2沙米色）　配布A、B＝11號帆布（60芥末黃、75深綠色）／富士金梅®　裡布＝棉厚織79號（銀灰色）
D環＝20mm（SUN 10-101、AG）　調節扣＝20mm（SUN 13-131、AG）　蝦扣＝20mm（SUN 13-131、AG）／清原
縫線＝Schappe Spun縫線#30（275米色）／FUJIX

P.101 / 25 迷你貼身肩背包

材料

- 表布 …………… 60cm寬20cm長（亞麻帆布）
- 配布 …………… 20cm寬1.5m長（11號帆布）
- 裡布 …………… 80cm寬30cm長（棉厚織79號）
- 拉鍊 …………… 18、20cm各1條（3號拉鍊）
- 調節扣 ………… 1.5cm寬1個
- D環 ……………… 1.5cm寬1個
- 滾邊用的芯條 … 0.3cm寬60cm

完成尺寸：15cm × 25cm

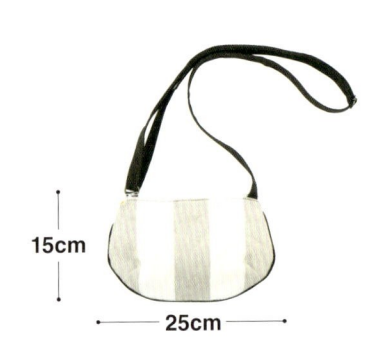

布料裁法

※除了表本體和裡本體外沒有實物大紙型。
請依照圖示尺寸直接剪裁。
（圖示的數字是包含縫份的尺寸）

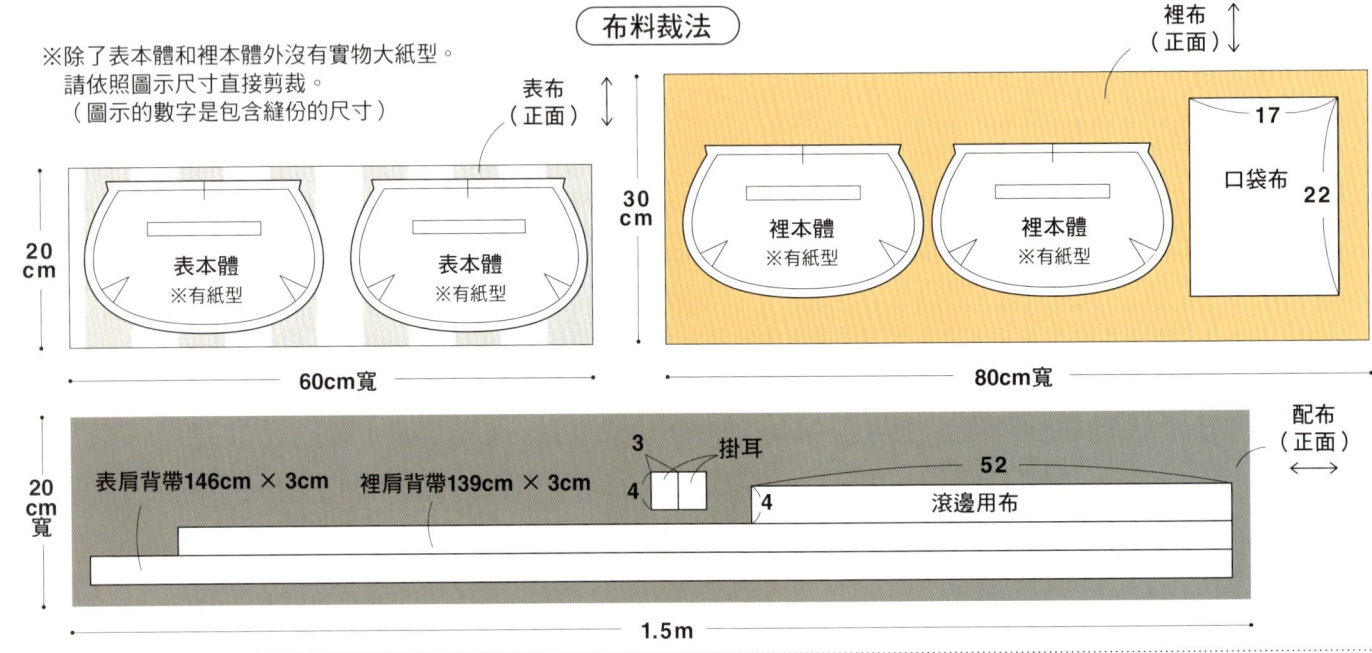

表布（正面）20cm × 60cm寬：表本體×2（※有紙型）

裡布（正面）30cm × 80cm寬：裡本體×2（※有紙型）、口袋布 17×22

配布（正面）20cm寬 × 1.5m：表肩背帶146cm×3cm、裡肩背帶139cm×3cm、掛耳 3×4、滾邊用布 52×4

1. 縫製肩背帶

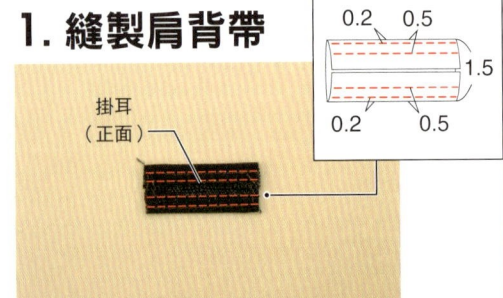

1. 將掛耳的兩邊往中央對齊摺起後加上車縫線。（0.2、0.5、1.5）

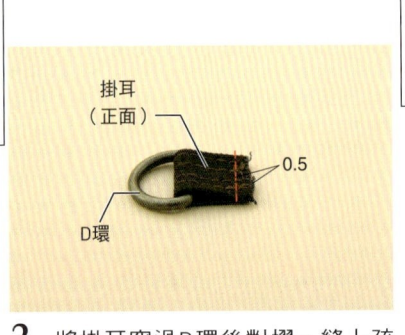

2. 將掛耳穿過D環後對摺，縫上疏縫線。（0.5）

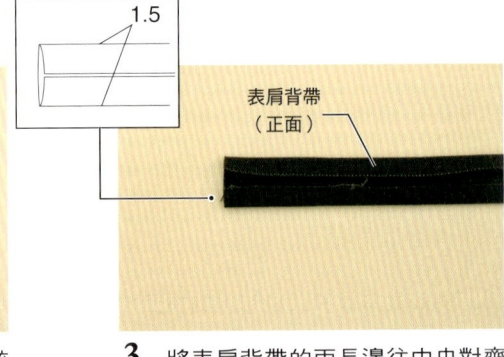

3. 將表肩背帶的兩長邊往中央對齊摺起。裡肩背帶也同樣摺起。（1.5）

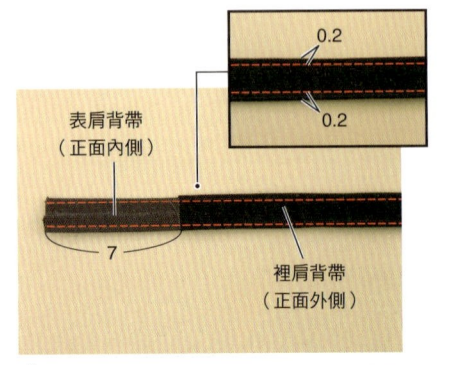

4. 將表、裡肩背帶正面朝外重疊（表、裡肩背帶其中一端距離7cm），接著將上下兩個長邊車縫固定。（0.2）

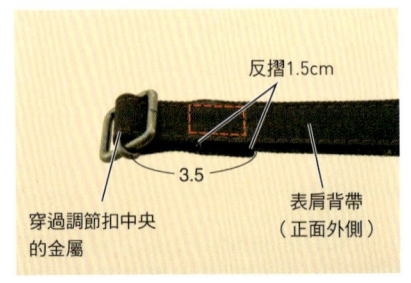

5. 將只有表肩背帶的那一端穿過調節扣，摺起後在重疊處車縫一個方形固定。（反摺1.5cm、3.5、穿過調節扣中央的金屬）

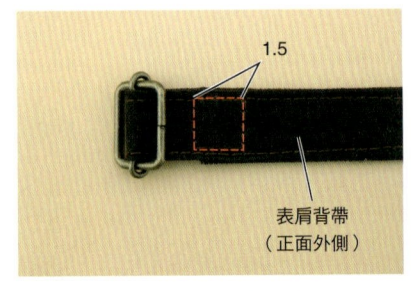

【從上面看的樣子】（1.5）

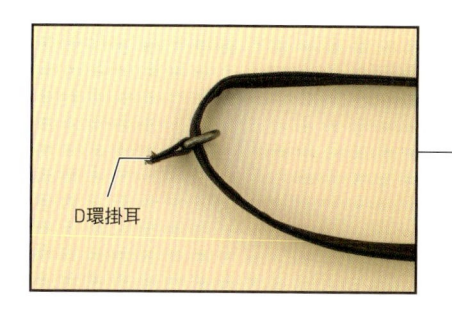

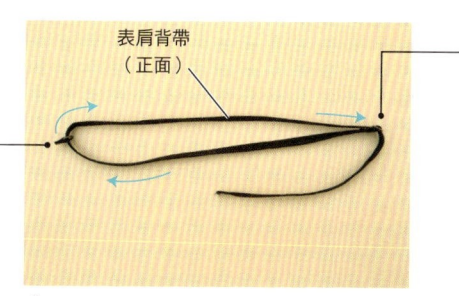

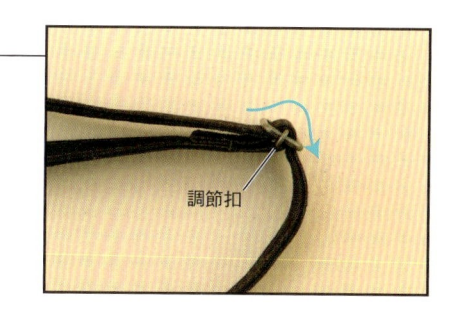

6. 另一端穿過D環後，再穿過調節扣的前面。

2. 縫製打褶

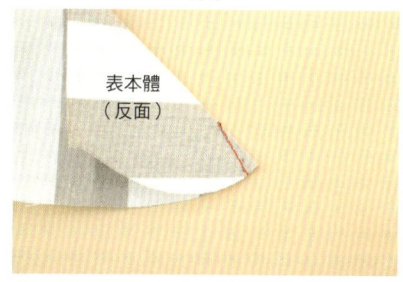

1. 從打褶記號的中線，將表本體布正面相對對摺，再沿著打褶記號車縫固定。

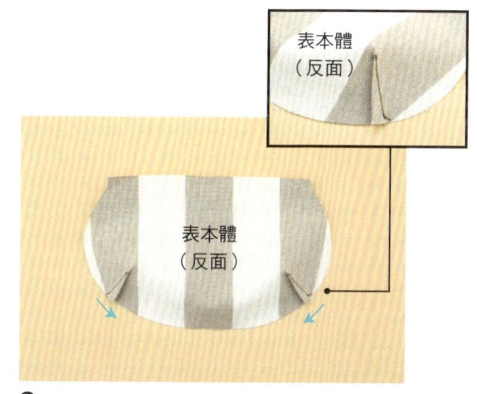

2. 另一邊也用相同作法完成後，將縫份往內攤平。
接著依照相同作法，完成其餘所有表、裡本體布上的打褶。

3. 縫製口袋

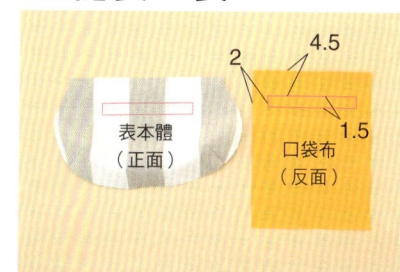

1. 用會消失的粉土筆，在表本體和口袋布上標註口袋位置的記號。

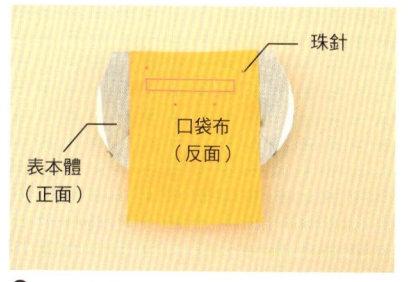

2. 對齊表本體和口袋布上的袋口位置後，用珠針暫時固定。

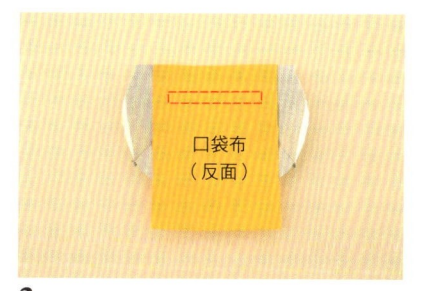

3. 在袋口位置加上車縫線。

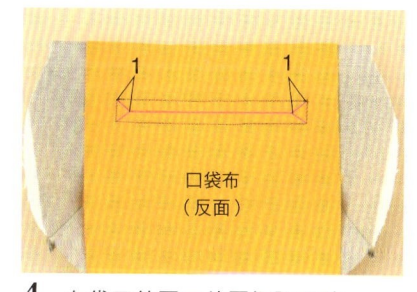

4. 在袋口的牙口位置標註記號。

5. 對摺並用剪刀先稍微剪出一個開口後，再剪開直線的部分。

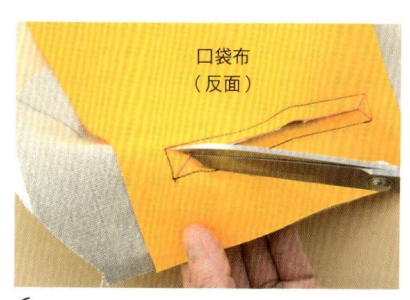

6. 在兩邊沿線剪出牙口。請注意雖然要剪到接近邊角的位置，但是不要剪到車縫線。

7. 從袋口將口袋布往表本體的方向拉出。

107

8. 將表本體和口袋布攤開，用骨筆將縫份用力劃開。

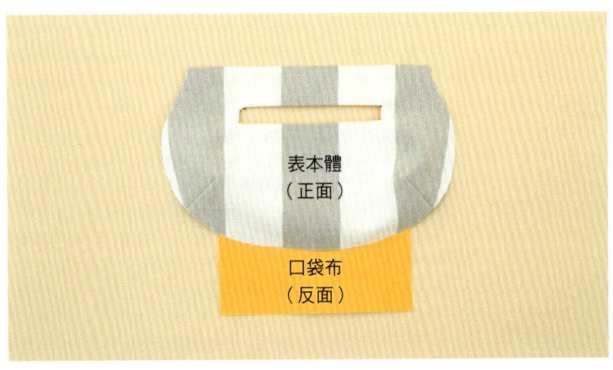

9. 調整袋口部分的形狀。

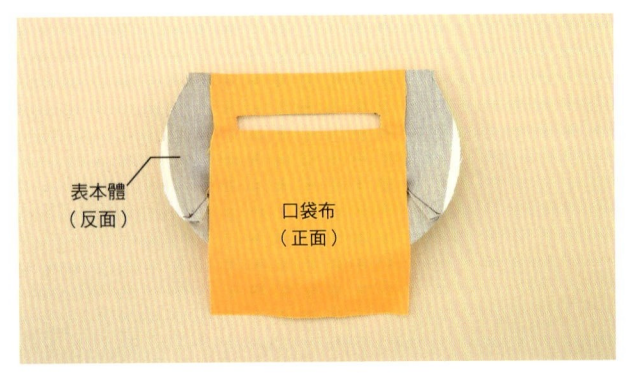

【從反面看的樣子】

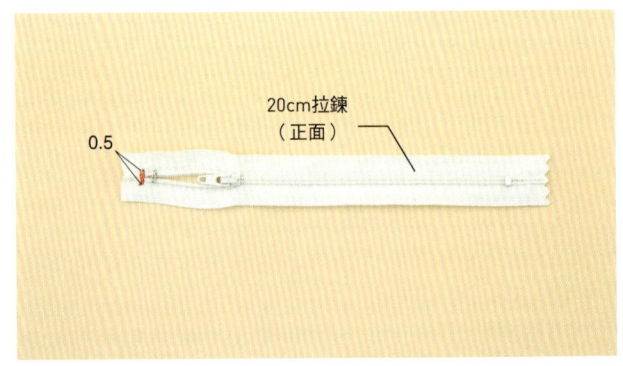

10. 將20cm拉鍊的上止布帶疏縫固定，以免布帶分開。

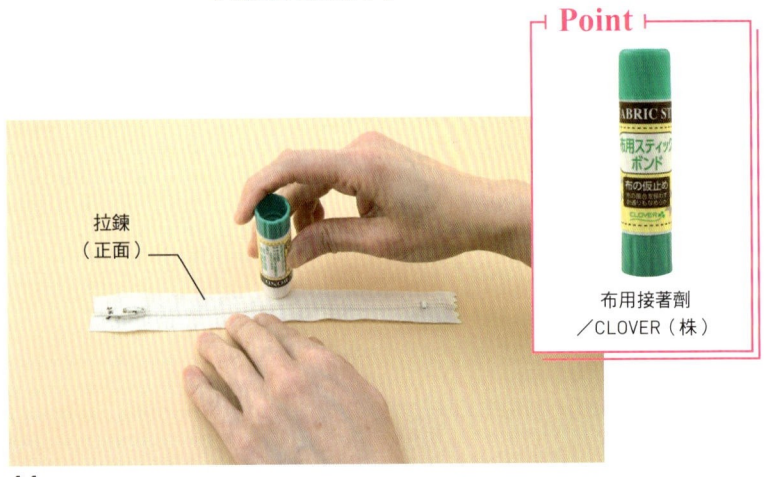

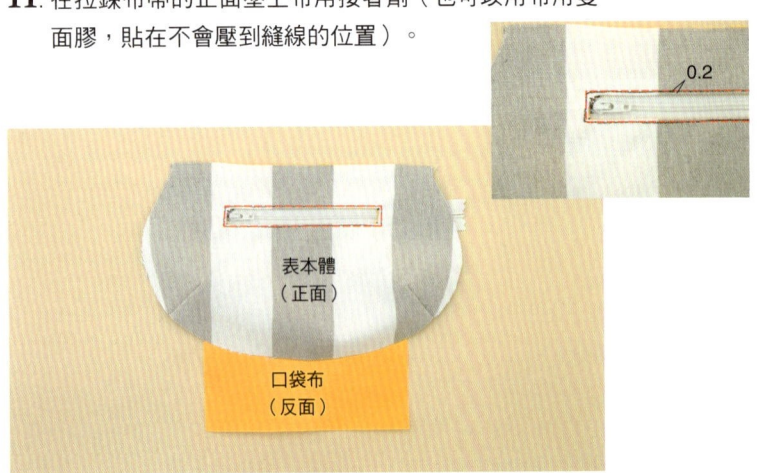

Point

布用接著劑／CLOVER（株）

11. 在拉鍊布帶的正面塗上布用接著劑（也可以用布用雙面膠，貼在不會壓到縫線的位置）。

12. 將表本體放在拉鍊上，並且讓袋口的中心對齊拉鍊的鍊齒。

13. 在袋口的周圍，車縫一圈固定。

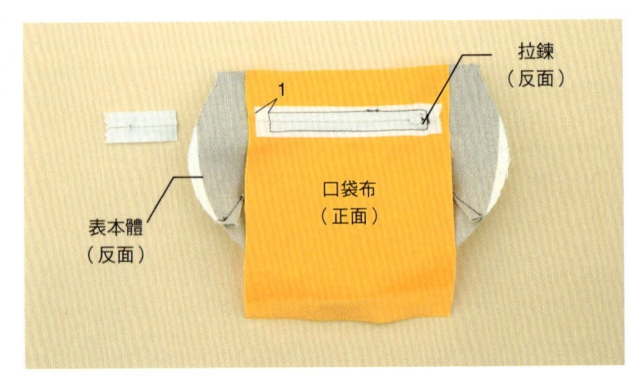

14. 在距離接縫處1cm的位置，剪去多餘的拉鍊。

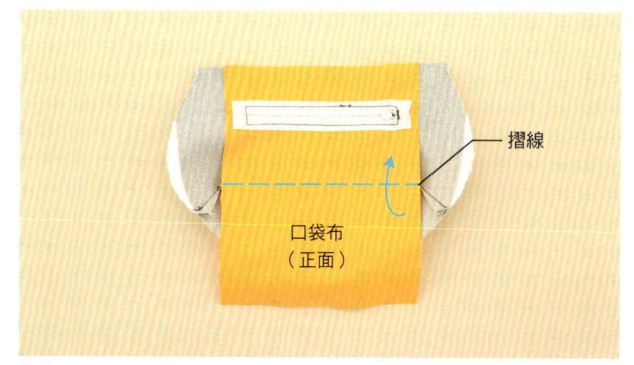

15. 在照片虛線位置（摺線處），將口袋布正面相對對摺。

16. 只在口袋布的周圍加上車縫線。

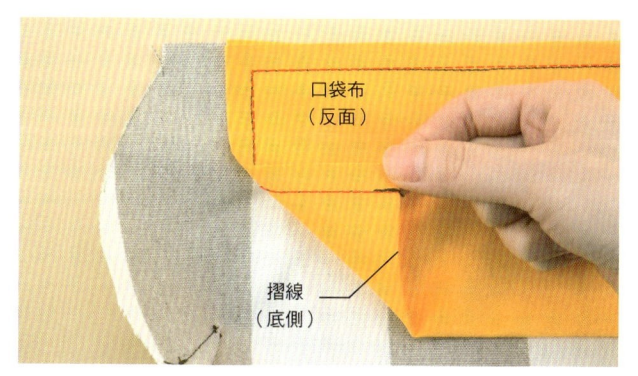

4. 縫合滾邊條

口袋布的底側（變成摺雙的那側）不縫。

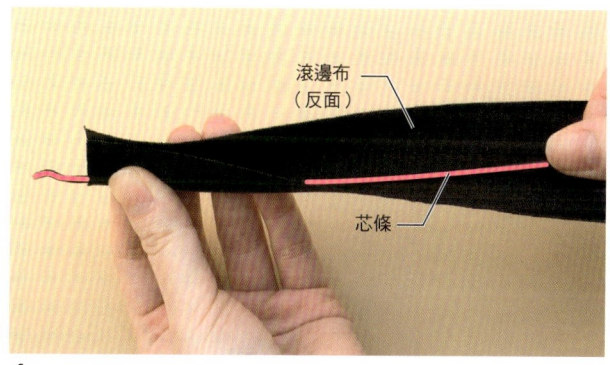

1. 用滾邊布包裹住芯條。

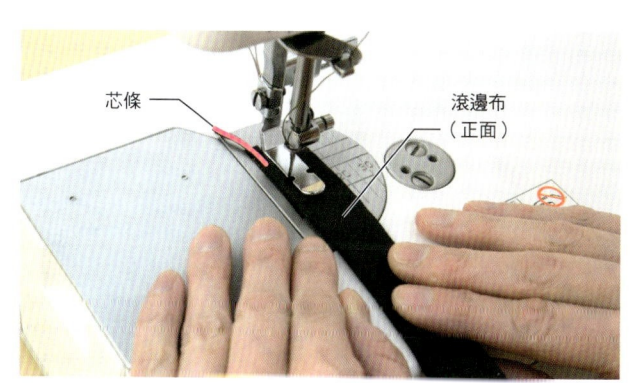

【縫好的樣子】

2. 將車縫壓布腳改成單邊壓布腳（拉鍊壓布腳），將芯條緊靠在布料的邊緣後，在芯條的邊緣加上車縫。

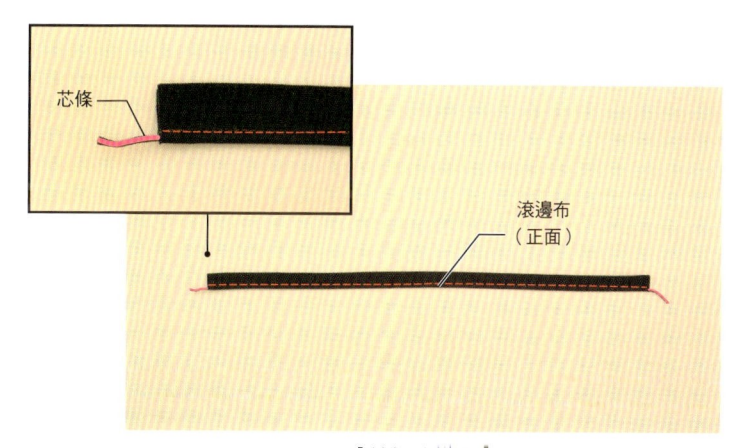

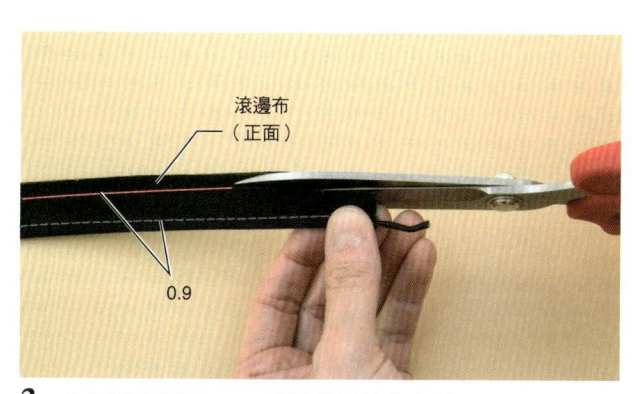

3. 在距離車縫線0.9cm寬的位置剪去布料。

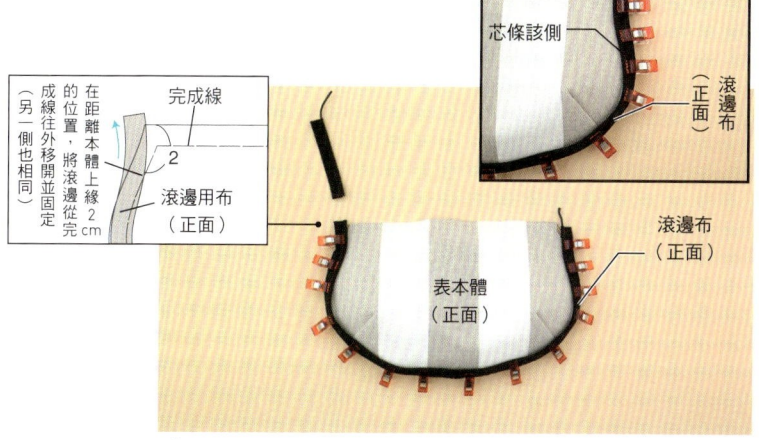

4. 將滾邊布和表本體的邊緣對齊重疊，用疏縫固定夾固定後，剪去多餘的部分。

109

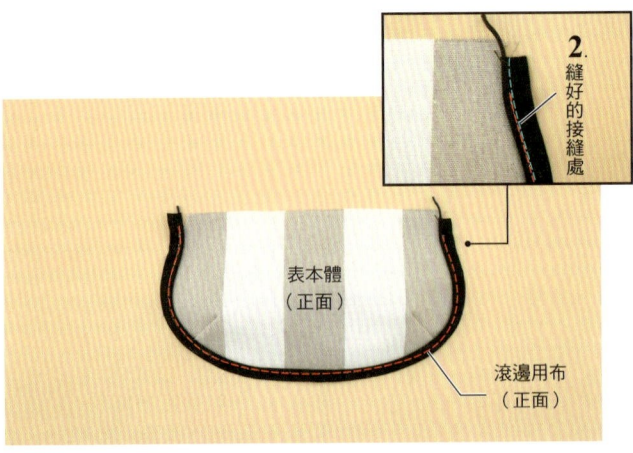

5. 縫合拉鍊

5. 緊貼 **2.** 縫好的接縫處，加上車縫線固定。

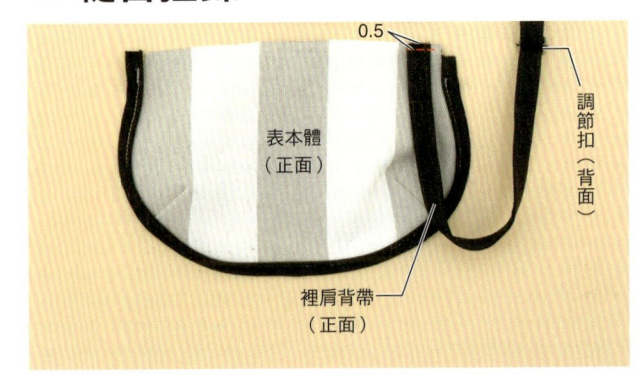

1. 將肩背帶的一端對齊沒有口袋的表本體，疏縫固定。

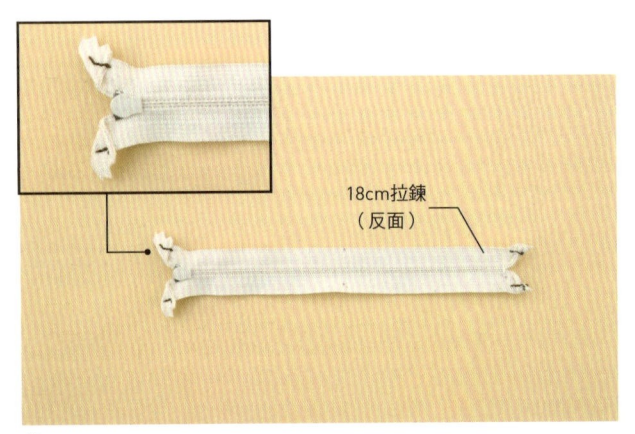

2. 將18cm拉鍊兩端的布帶往反面摺成三角形後，縫上疏縫固定。

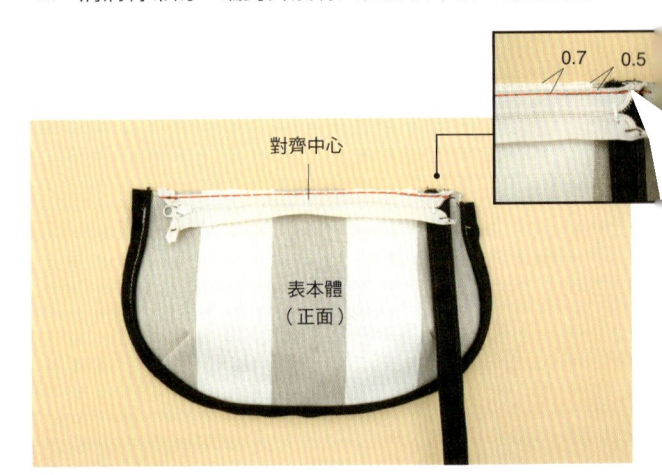

3. 將拉鍊和表本體的中心對齊、正面相對重疊，縫上疏縫固定。

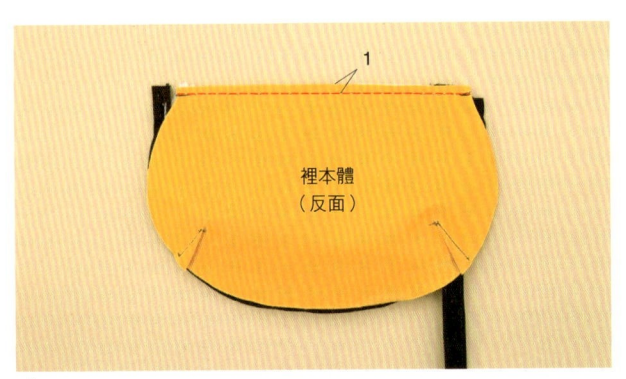

4. 將表、裡本體正面相對重疊後，在袋口加上車縫線。

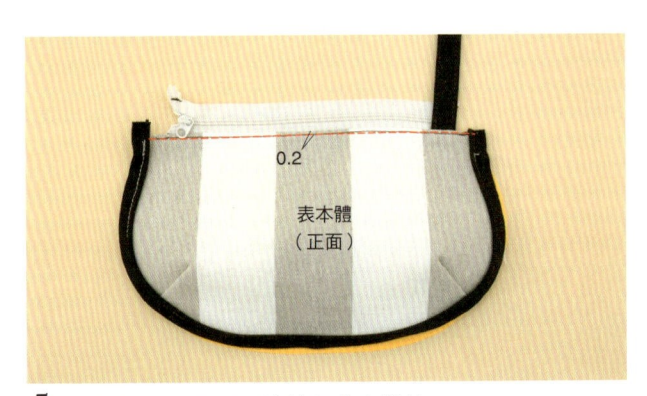

5. 翻回正面，在袋口邊緣加上車縫線。

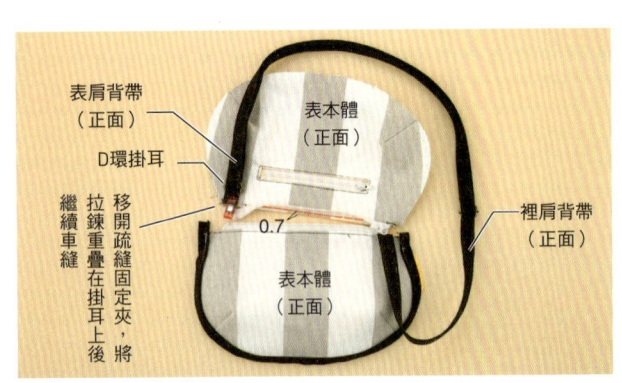

6. 將D環掛耳端的肩背帶如照片般對齊袋口，和拉鍊的另一端重疊，並加上車縫線。
※請注意不要扭轉肩背帶。

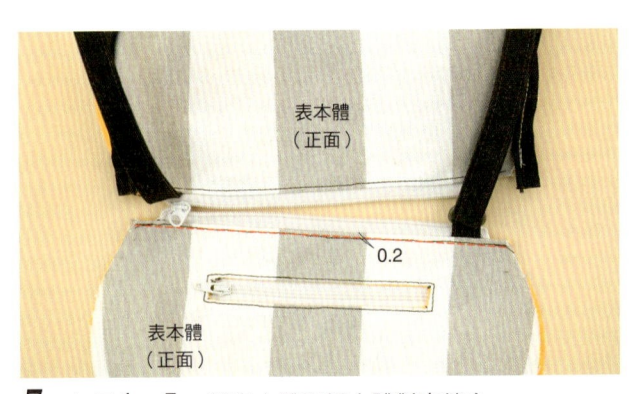

7. 如同 **4.**、**5.**，將表本體和裡本體對齊縫合。

6. 縫合表本體和裡本體

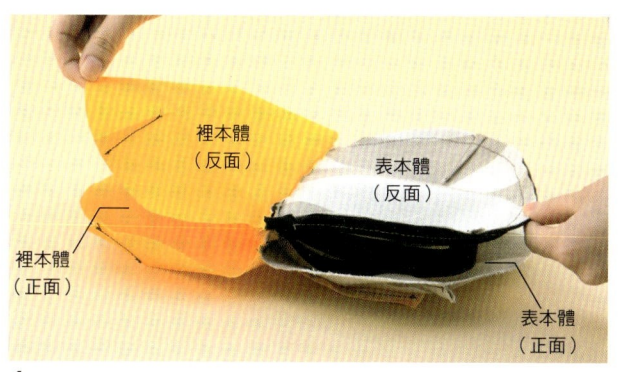

1. 將表本體和裡本體拉開，分別將表本體和表本體、裡本體和裡本體正面相對重疊。

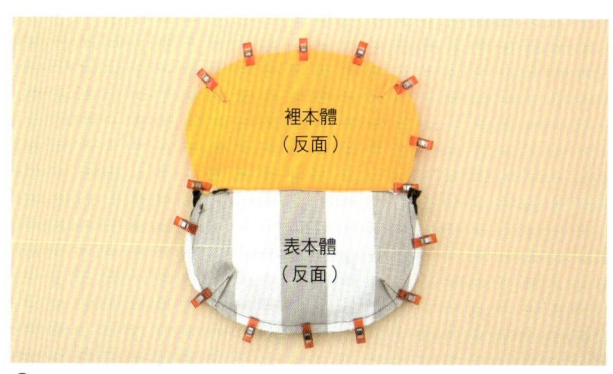

2. 用疏縫固定夾固定周圍。

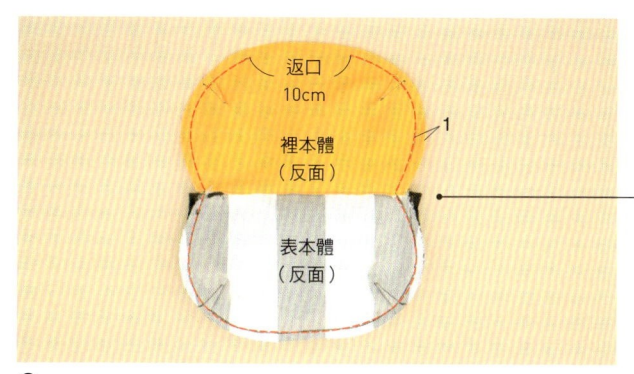

3. 裡本體保留返口不縫，其餘周圍車縫固定。

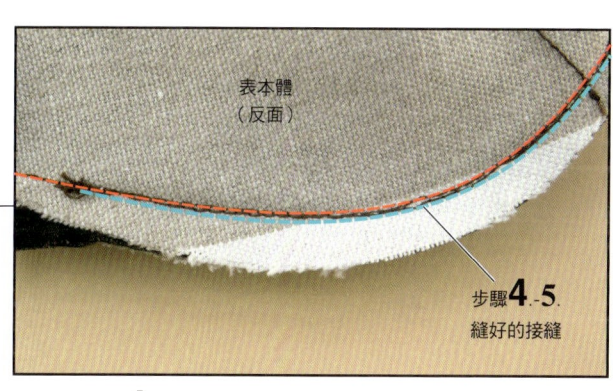

在緊貼步驟4.-5.縫好的接縫處內側加上車縫線。

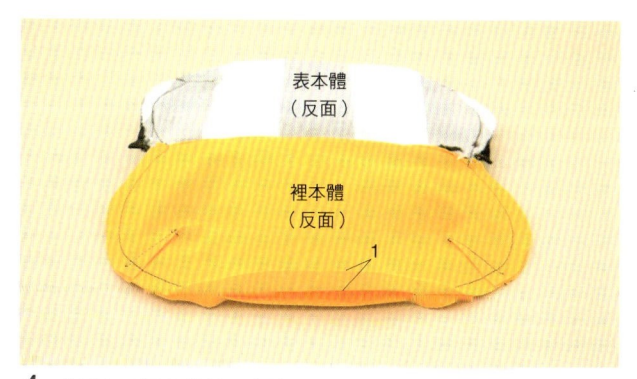

4. 將返口部分的縫份摺起。

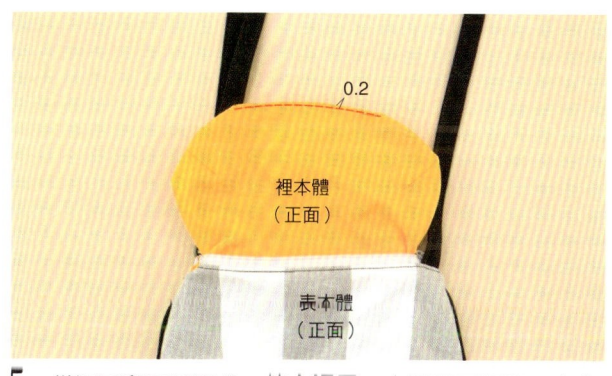

5. 從返口翻回正面後，縫合返口，再將裡本體放入表本體中。

完成

【後面的樣子】

P.105 / 28 雙色波士頓包

材料
- 表布……………112cm寬70cm長（10號帆布石蠟加工）
- 配布A……………112cm寬40cm長（11號帆布）
- 配布B……………40cm寬1.5m長（11號帆布）
- 裡布……………112cm寬50cm長（棉厚織79號）
- 雙開拉鍊…………40cm 1條（5號拉鍊）
- D環………………2cm寬2個
- 蝦扣………………2cm寬2個
- 調節扣……………2cm寬1個
- 收邊的滾邊條……0.9cm寬1.5m

完成尺寸
22cm × 38cm × 15cm

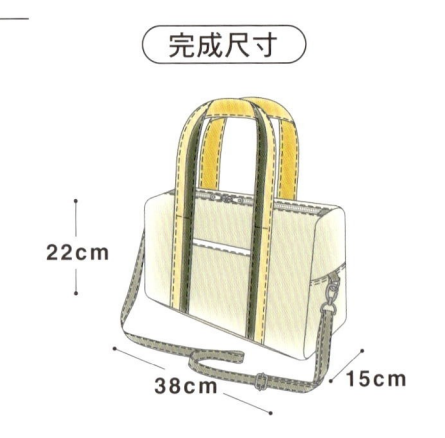

布料裁法

表布（正面） 112cm寬 × 70cm
- 在拼接的位置將側片紙型往內摺後，直接在布料上標註1cm的縫份並且裁下。
- 40 / 5.8
- 34.1 表本體 13.3
- 標註合印點
- 底中心 7
- 摺雙線
- 表側片 ※有紙型
- 重疊側片 ※有紙型
- 外側口袋（1片） 21 × 18
- 1

※除了表側片和裡側片，其他不含實際尺寸紙型。
請依照圖示尺寸直接剪裁。
（圖示的數字是包含縫份的尺寸）

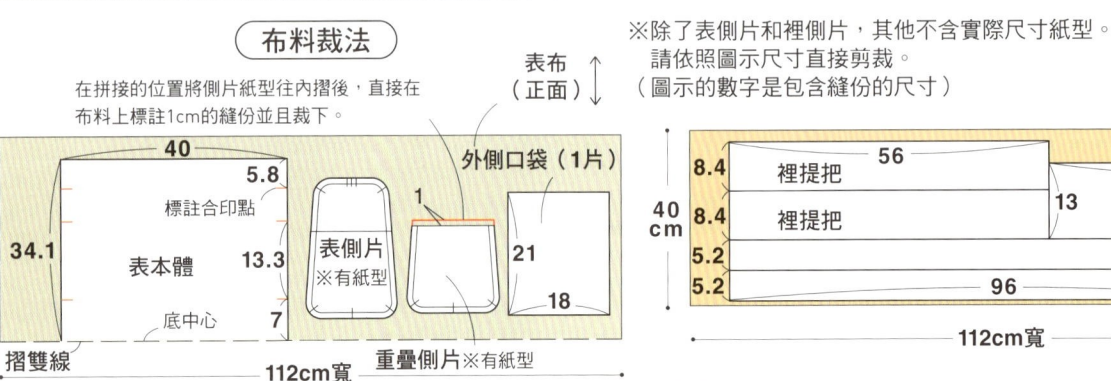

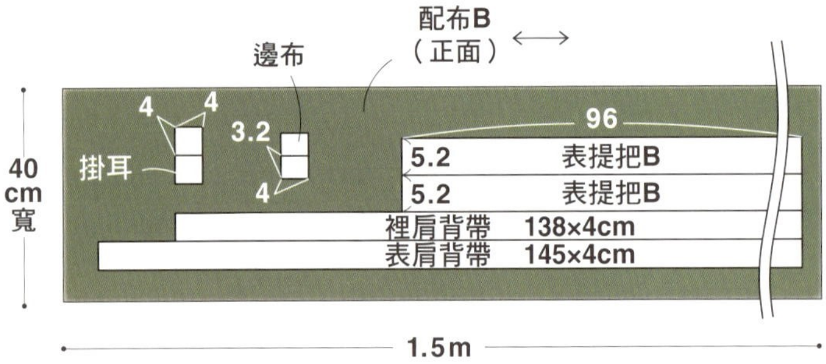

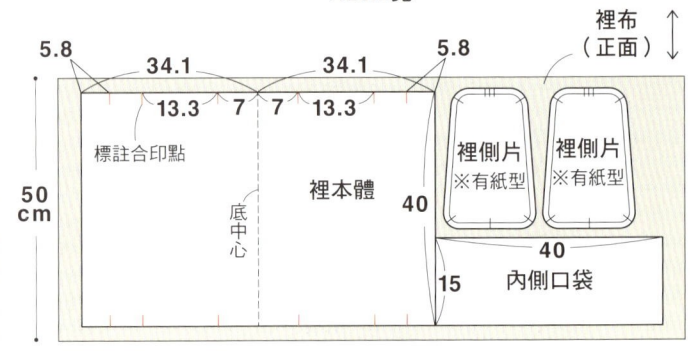

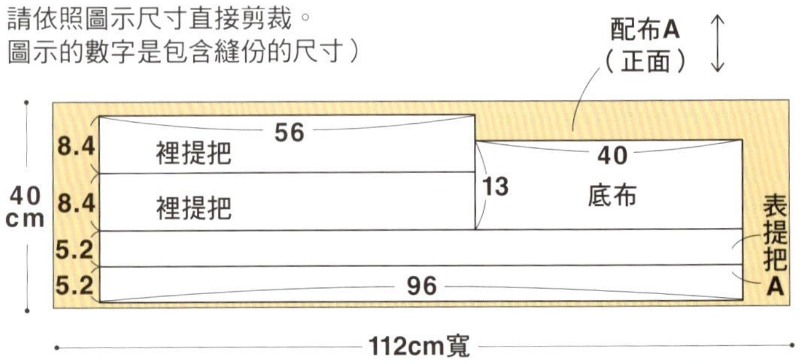

配布A（正面） 112cm寬 × 40cm
- 8.4 裡提把 56
- 8.4 裡提把
- 13 底布 40
- 5.2 表提把A
- 5.2 96

配布B（正面） 1.5m × 40cm寬
- 邊布
- 掛耳 4/4 3.2 / 4
- 5.2 表提把B 96
- 5.2 表提把B
- 裡肩背帶 138×4cm
- 表肩背帶 145×4cm

裡布（正面） 112cm寬 × 50cm
- 5.8 34.1 34.1 5.8
- 13.3 7 7 13.3
- 標註合印點 裡本體 40
- 底中心
- 裡側片 ※有紙型（×2）
- 內側口袋 40 × 15

1. 縫製外側口袋

①往正面摺出三摺邊（1.2cm→1.2cm）後，車縫固定
- 1.2 / 1.2 / 0.2
- 外側口袋（正面）

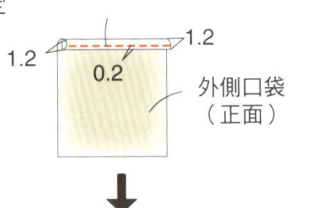

②參考P.10 **1**.-**3**用雙面膠暫時把外側口袋固定在表本體上
- 對齊中心
- 外側口袋（正面）
- 表本體（正面）
- 3.5
- 底中心

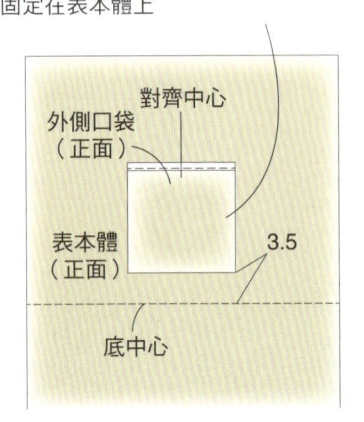

2. 縫製提把

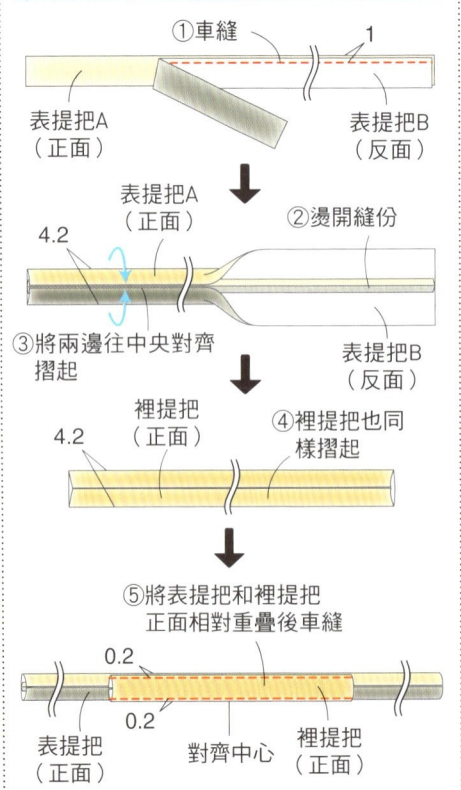

①車縫
- 表提把A（正面） 表提把B（反面） 1

②燙開縫份
- 表提把A（正面） 表提把B（反面）
- 4.2

③將兩邊往中央對齊摺起
- 裡提把（正面） 4.2

④裡提把也同樣摺起

⑤將表提把和裡提把正面相對重疊後車縫
- 0.2 / 0.2
- 表提把（正面） 對齊中心 裡提把（正面）

3. 縫製表本體

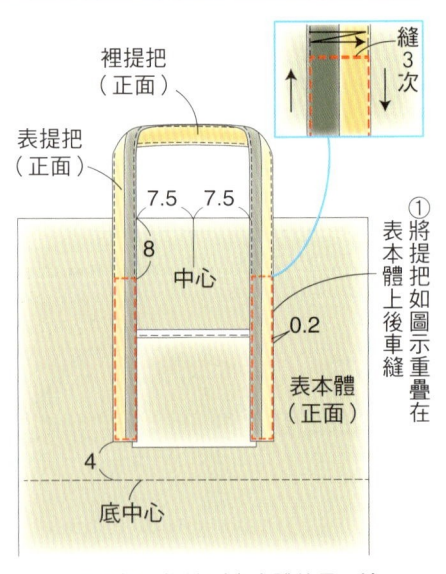

- 裡提把（正面）
- 表提把（正面）
- 7.5 / 7.5
- 8 中心
- 0.2
- 表本體（正面）
- 4
- 底中心

①將表提把如圖示重疊在表本體上後車縫（縫3次）

※另一條提把照樣縫到表本體的另一邊

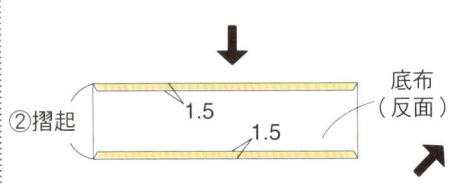

②摺起
- 底布（反面）
- 1.5 / 1.5

4. 縫製內側口袋

③將底布對齊重疊在表本體底中心上
④車縫
底布（正面）
表本體（正面）
0.2

①參考P.32 **2**.-①～②縫製內側口袋
回針車縫 0.5
內側口袋（正面）
12
13.5　13　13.5
0.7　0.2
0.5
裡本體（正面）
②車縫
③疏縫暫時固定

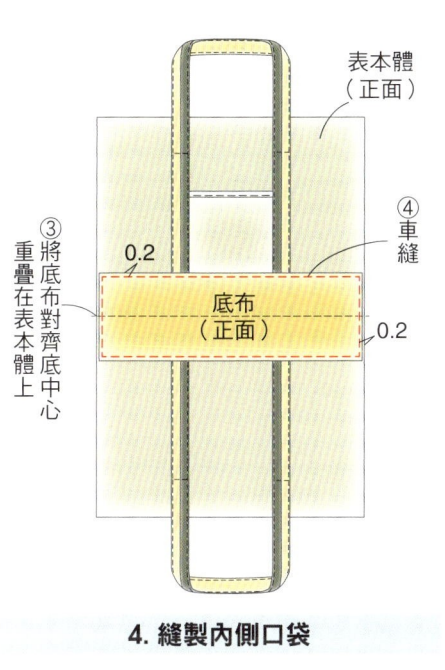

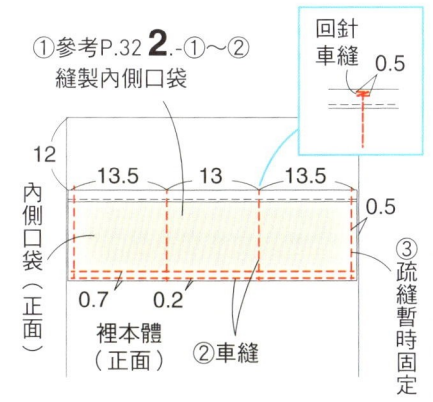

5. 縫合拉鍊

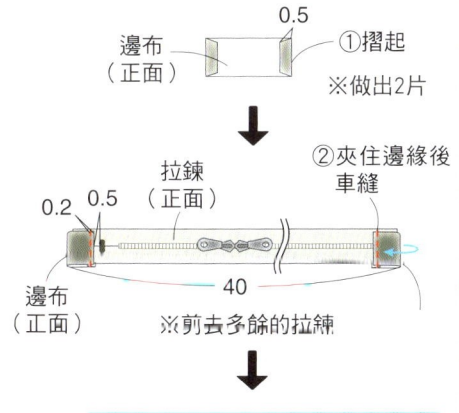

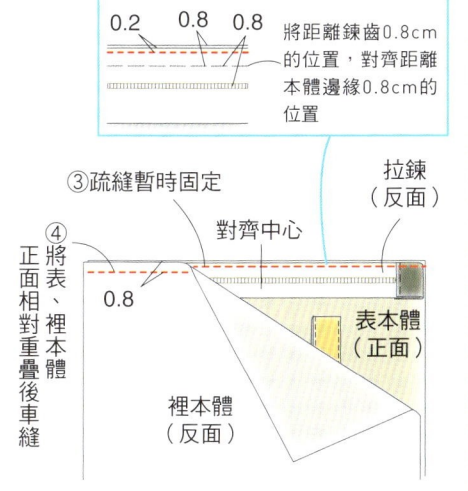

邊布（正面）
①摺起
0.5
※做出2片

②夾住邊緣後車縫
拉鍊（正面）
0.2　0.5
邊布（正面）
40
※剪去多餘的拉鍊

0.2　0.8　0.8
將距離鍊齒0.8cm的位置，對齊距離本體邊緣0.8cm的位置

③疏縫暫時固定
對齊中心
拉鍊（反面）
0.8
④將表、裡本體正面相對重疊後車縫
表本體（正面）
裡本體（反面）

※外側口袋那側、和沒有內側口袋的那側，正面相對重疊

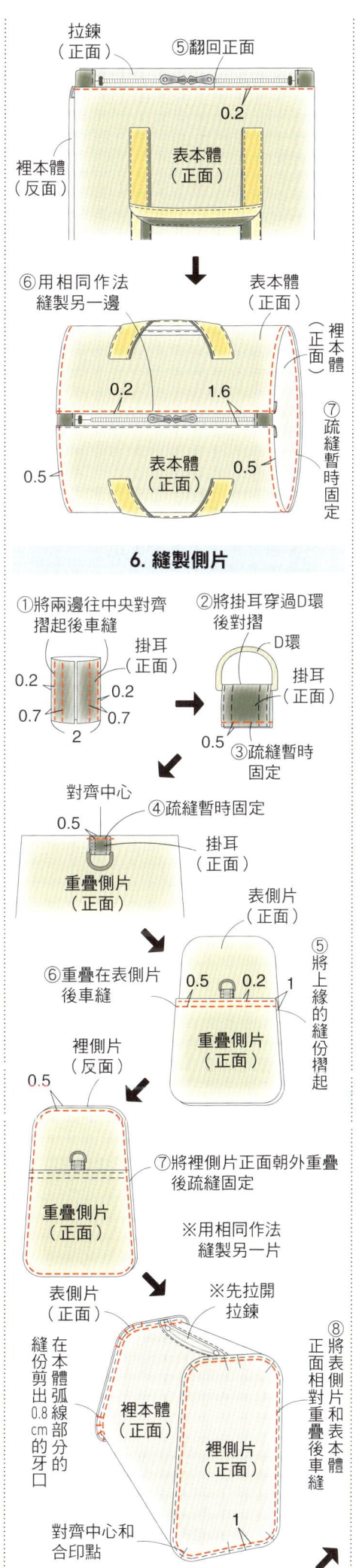

縫合拉鍊（續）

拉鍊（正面）
⑤翻回正面
0.2
裡本體（反面）
表本體（正面）

⑥用相同作法縫製另一邊
表本體（正面）
裡本體（正面）
0.2　1.6
0.5　0.5
表本體（正面）
⑦疏縫暫時固定

6. 縫製側片

①將兩邊往中央對齊摺起後車縫
掛耳（正面）
0.2　0.2
0.7　0.7
2

②將掛耳穿過D環後對摺
D環
掛耳（正面）
0.5
③疏縫暫時固定

對齊中心
0.5
④疏縫暫時固定
掛耳（正面）
重疊側片（正面）

⑥重疊在表側片後車縫
0.5　0.2　1
重疊側片（正面）
表側片（正面）
⑤將上緣的縫份摺起

裡側片（反面）
0.5
⑦將裡側片正面朝外重疊後疏縫固定
重疊側片（正面）
※用相同作法縫製另一片

表側片（正面）
※先拉開拉鍊
裡本體（正面）
裡側片（正面）
縫在本體弧線部分的縫份剪出0.8cm的牙口
⑧將表側片和表本體正面相對重疊後車縫
1
對齊中心和合印點

※請參考P.73 **1**.-**5**.～**6**.

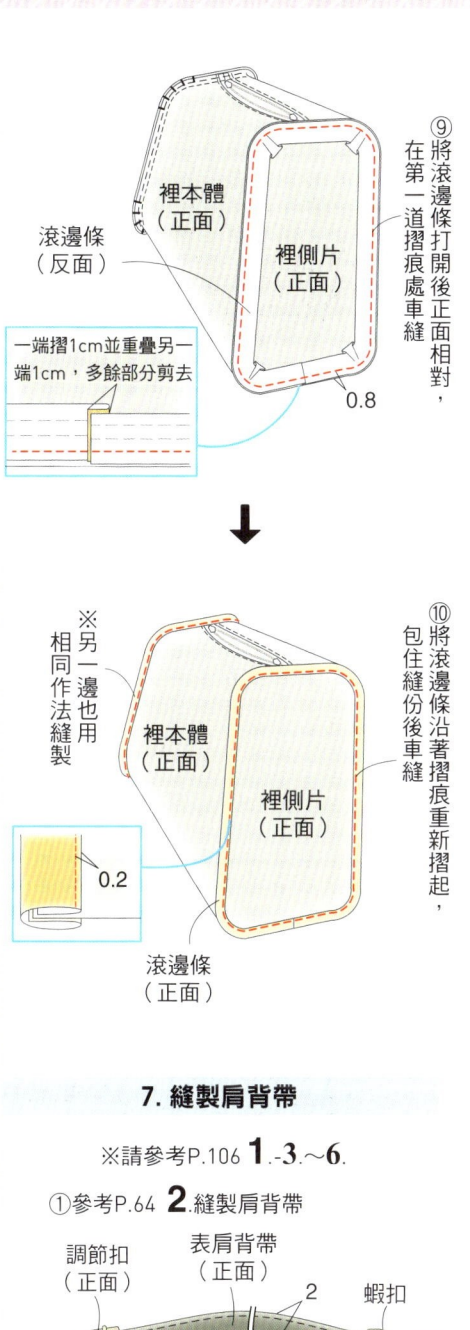

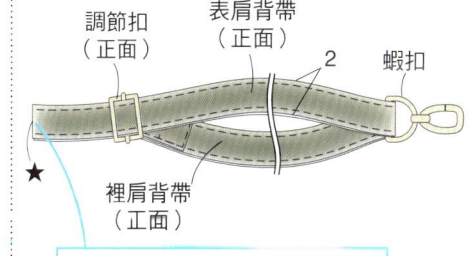

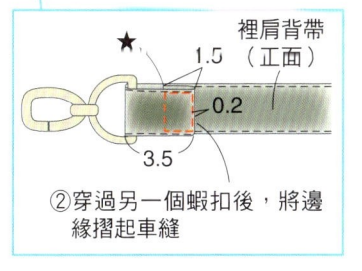

滾邊條

⑨將滾邊條打開後正面相對，在第一道摺痕處車縫
裡本體（正面）
滾邊條（反面）
裡側片（正面）
0.8

一端摺1cm並重疊另一端1cm，多餘部分剪去

※另一邊也用相同作法縫製

裡本體（正面）
裡側片（正面）
滾邊條（正面）
0.2

⑩將滾邊條沿著摺痕重新摺起，包住縫份後車縫

7. 縫製肩背帶

※請參考P.106 **1**.-**3**.～**6**.

①參考P.64 **2**.縫製肩背帶
調節扣（正面）
表肩背帶（正面）
2
蝦扣
裡肩背帶（正面）
★

★
裡肩背帶（正面）
1.5
0.2
3.5

②穿過另一個蝦扣後，將邊緣摺起車縫

表本體（正面）
肩背帶
③將本體翻回正面，將蝦扣扣在D環上

（頂部）
③將底布對齊重疊在表本體底中心上
表本體（正面）
0.2
底布（正面）
0.2
④車縫

P.102 / 26 水滴型束口肩背包

材料
- 表布 ……………… 112cm寬1.5m長（11號帆布）
- D環 ……………… 2.5寬1個
- 調節扣 …………… 2.5寬1個
- 扣眼 ……………… 內徑1cm 12個

完成尺寸
27cm × 30cm × 9cm

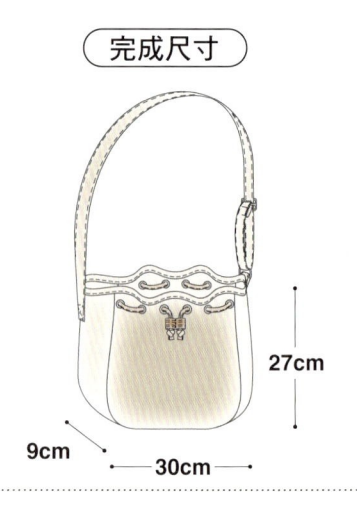

布料裁法

※除了表裡本體之外，其他不含實際尺寸紙型，請依照圖示尺寸直接剪裁。（圖示的數字是包含縫份的尺寸）

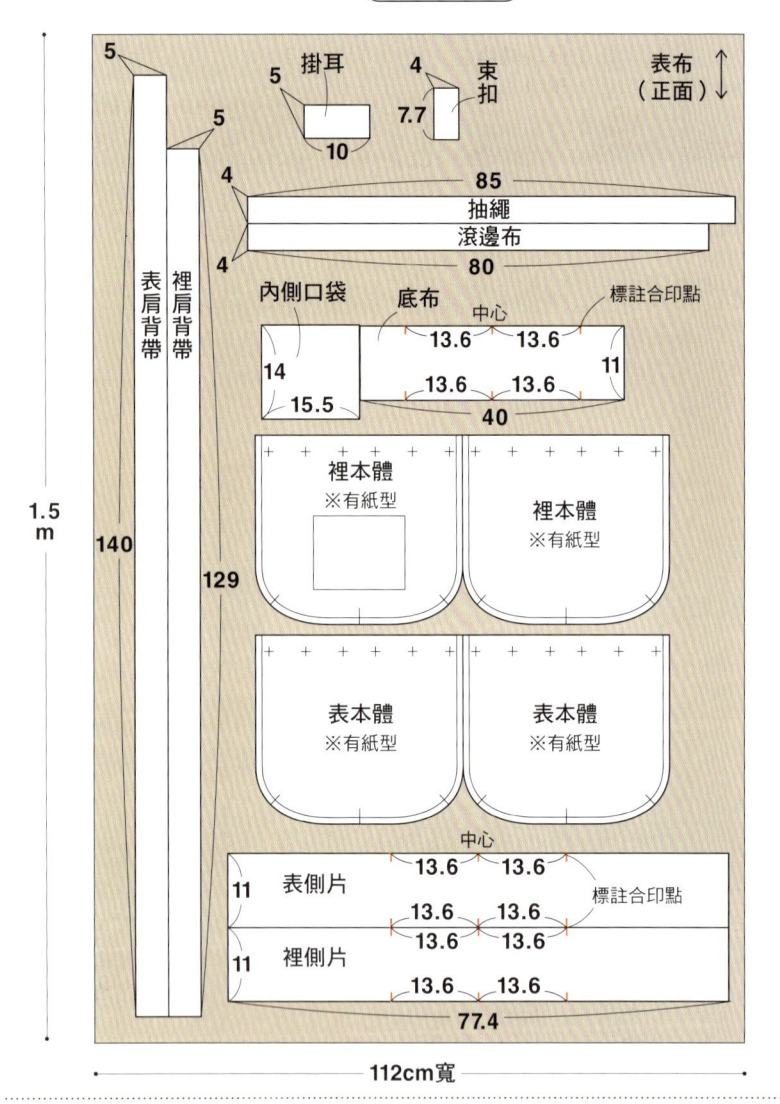

裁片尺寸：
- 掛耳：5 × 10
- 束扣：4 × 7.7
- 抽繩：4 × 85
- 滾邊布：4 × 80
- 內側口袋：14 × 15.5
- 底布：13.6 + 13.6 / 13.6 + 13.6，40，標註合印點 11
- 表肩背帶、裡肩背帶：140（1.5m）
- 裡本體 ※有紙型（2片）
- 表本體 ※有紙型（2片）
- 表側片 / 裡側片：13.6 × 4，77.4，11
- 布寬：112cm寬

1. 縫製表本體
① 兩端摺起
底布（反面）1 / 1
② 重疊在表側片後車縫
表側片（正面）／底布（正面）對齊中心 0.7 / 0.2 / 0.2
③ 車縫
表側片（反面）／表本體（正面）1
在側片弧線部分剪出0.8cm的牙口
對齊合印點

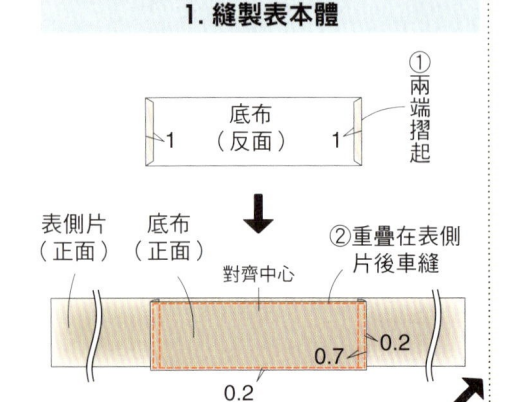

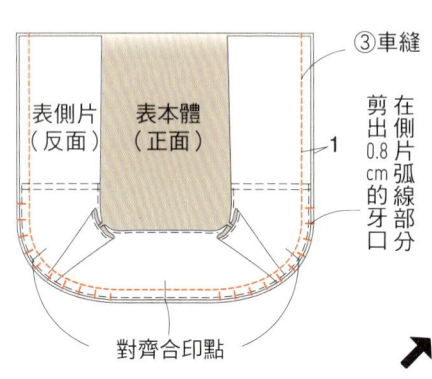

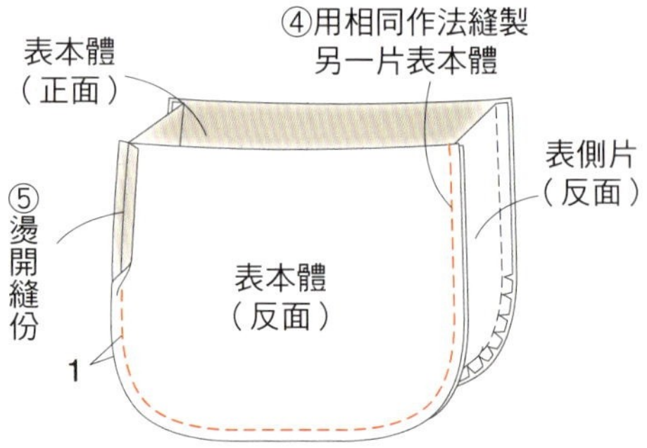

2. 縫製裡本體
① 參考P.15 4.-①～②的作法縫製內側口袋，對齊縫位置後車縫
回針車縫
裡本體（正面）／內側口袋（正面）0.2 / 0.7
② 將裡本體和裡側片的作法縫製表本體的作法縫製
裡本體（反面）1
④ 用相同作法縫製另一片表本體
表本體（正面）／表側片（反面）
⑤ 燙開縫份
表本體（反面）1

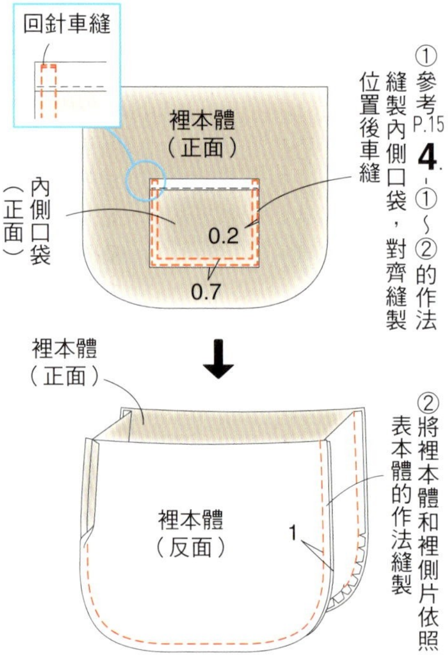

3. 縫合表本體和裡本體
① 將兩邊往中央對齊摺起
② 對摺
滾邊布（正面）1
③ 打開摺痕
④ 車縫
⑤ 燙開縫份
滾邊布（反面）1

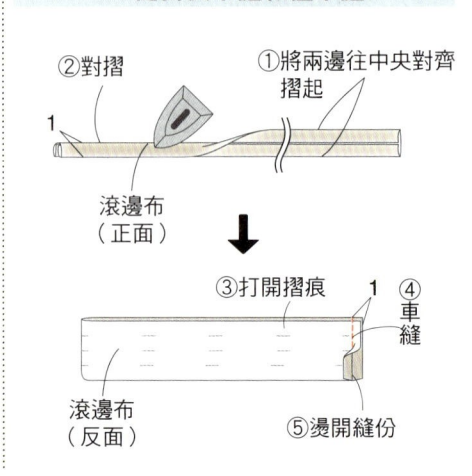

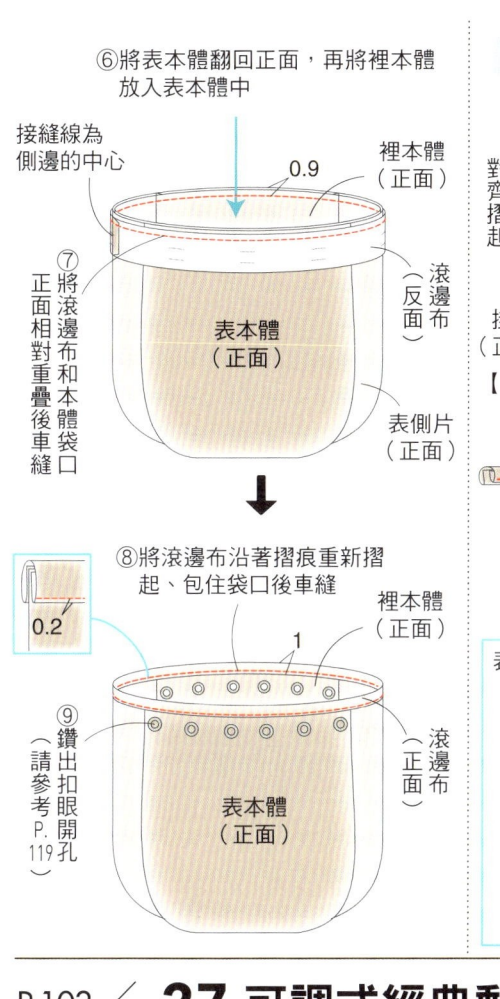

⑥將表本體翻回正面，再將裡本體放入表本體中

接縫線為側邊的中心

0.9

裡本體（正面）

表本體（正面）

滾邊布（反面）

表側片（正面）

⑦將滾邊布和本體袋口正面相對重疊後車縫

0.2

⑧將滾邊布沿著摺痕重新摺起、包住袋口後車縫

裡本體（正面）

1

滾邊布（正面）

⑨鑽出扣眼開孔（請參考P.119）

表本體（正面）

4. 縫製掛耳、肩背帶、抽繩、束扣後完成

【掛耳】

2.5

①將兩邊對齊摺起

0.2

掛耳（正面）

②車縫

→

③兩邊掛耳穿過D環後，如圖示對齊摺起，將

D環

掛耳（正面）

2

【抽繩】

參考P.26 1.-1.~4.的縫製方法

抽繩（正面）

短邊不縫

1

0.2

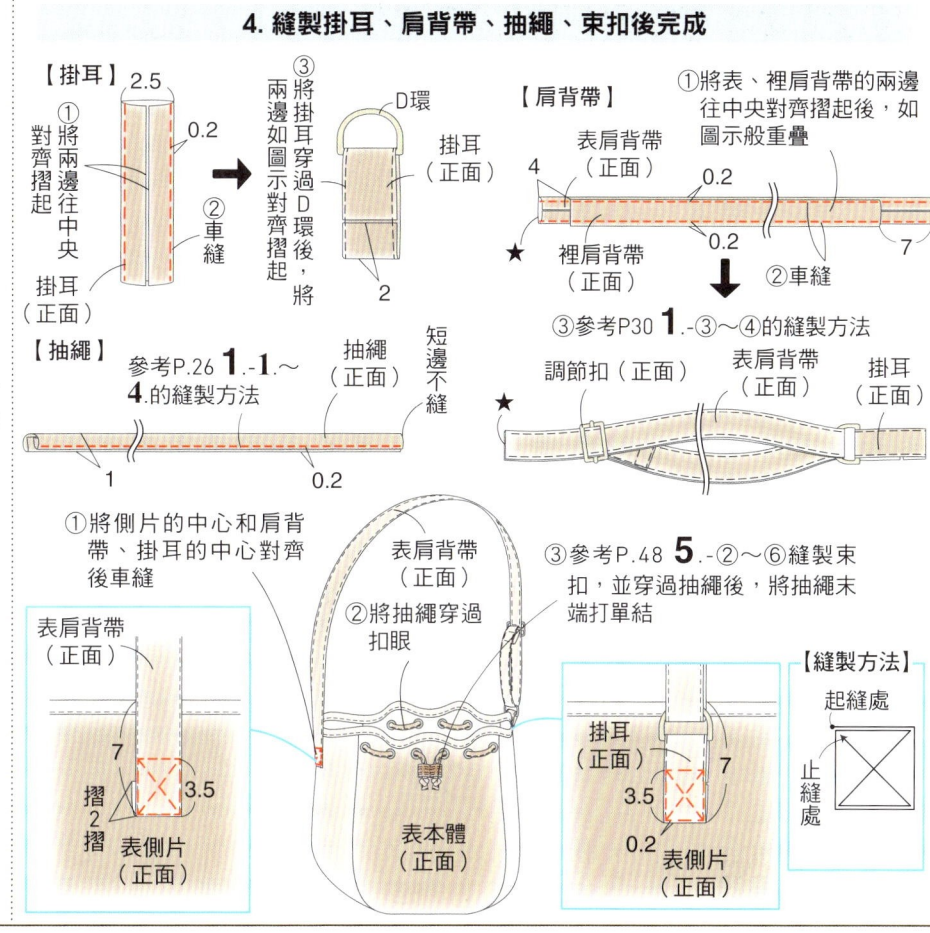

①將側片的中心和肩背帶、掛耳的中心對齊後車縫

表肩背帶（正面）

②將抽繩穿過扣眼

摺2摺

3.5

7

表側片（正面）

【肩背帶】

①將表、裡肩背帶的兩邊往中央對齊摺起後，如圖示般重疊

4

表肩背帶（正面）

0.2
0.2

裡肩背帶（正面）

7

②車縫

↓

③參考P.30 1.-③~④的縫製方法

★

調節扣（正面）

表肩背帶（正面）

掛耳（正面）

★

③參考P.48 5.-②~⑥縫製束扣，並穿過抽繩後，將抽繩末端打單結

掛耳（正面）

7

3.5

0.2

表側片（正面）

表本體（正面）

【縫製方法】

起縫處

止縫處

P.103 / **27 可調式經典郵差包**

材料

表布 ……………… 70cm寬50cm長（10號帆布石蠟加工）
配布 ……………… 60cm寬1.3m長（11號帆布）
裡布 ……………… 70cm寬70cm長（棉厚織79號）
布襯 ……………… 40cm寬30cm長
按扣 ……………… 1.5cm寬1組
D環 ……………… 4cm寬2組

完成尺寸

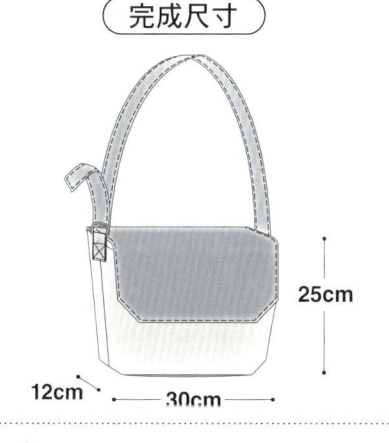

25cm
12cm　30cm

（布料裁法）

※這並不是實物大紙型。
請依照圖示尺寸直接剪裁。
（圖示的數字是包含縫份的尺寸）
※▨表示在反面貼上布襯。

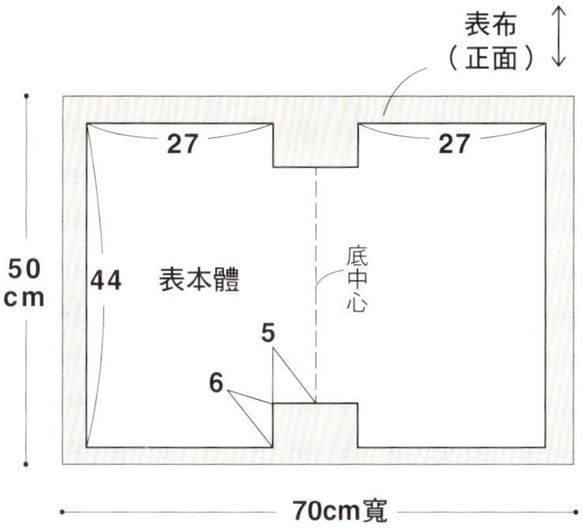

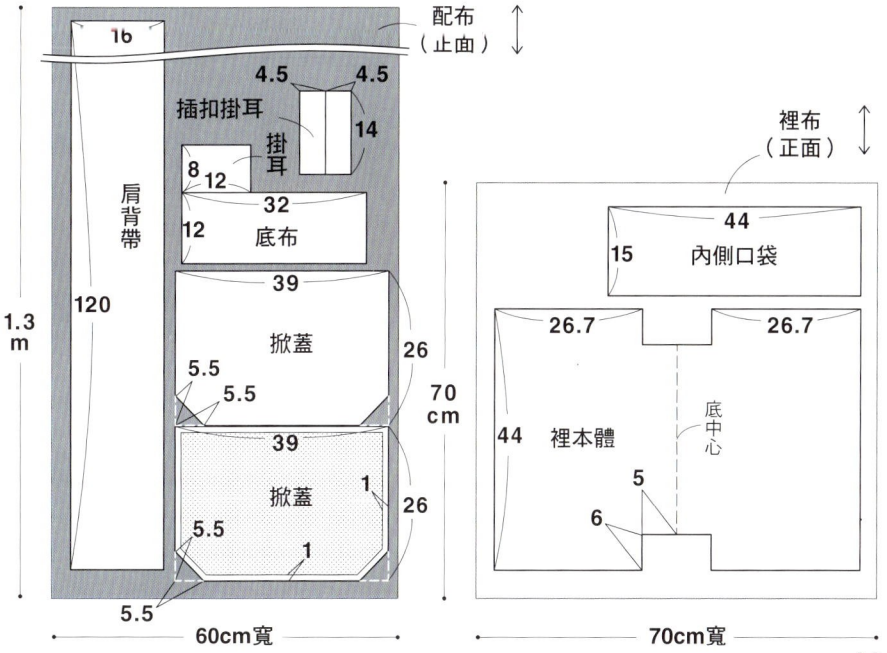

表布（正面）

27　27
50cm　44　表本體　底中心
5
6
70cm寬

配布（正面）

16
插扣掛耳　4.5　4.5
掛耳　14
8　12
肩背帶　32
1.3m　120　12　底布
39
掀蓋　26
5.5
5.5
70cm
39
掀蓋　1
26
5.5　1
5.5
60cm寬

裡布（正面）

44
15　內側口袋
26.7　26.7
70cm　44　裡本體　底中心
5
6
70cm寬

115

1. 縫製掀蓋

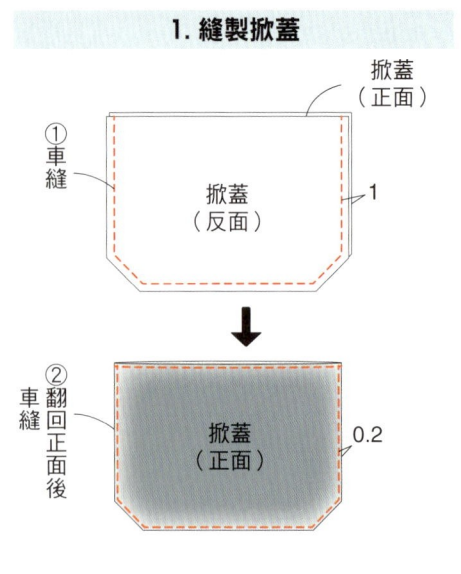

①車縫
掀蓋（正面）
掀蓋（反面）
1

②翻回正面後車縫
掀蓋（正面）
0.2

2. 縫製掛耳、插扣掛耳、肩背帶

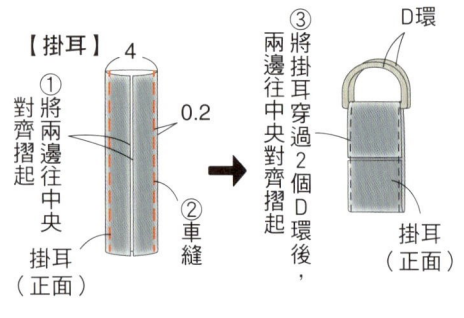

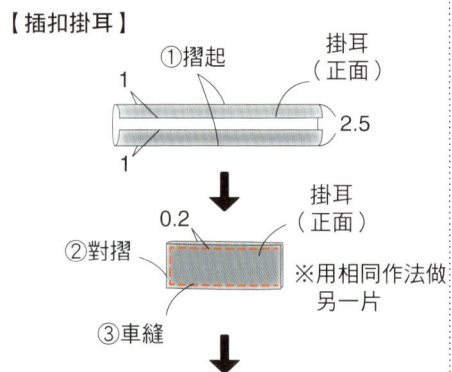

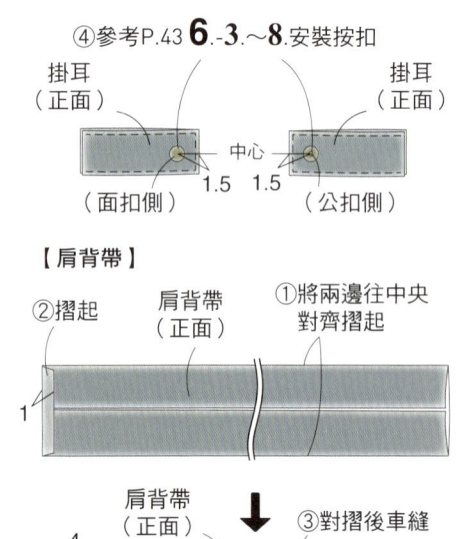

【掛耳】
①將兩邊往中央對齊摺起
掛耳（正面）
4
0.2
②車縫
③將掛耳穿過2個D環後，兩邊往中央對齊摺起
D環
掛耳（正面）

【插扣掛耳】
①摺起
1
1
2.5
掛耳（正面）
②對摺
掛耳（正面）
0.2
③車縫
※用相同作法做另一片

④參考P.43 6.-3.～8.安裝按鈕
掛耳（正面）（面扣側）
中心
1.5 1.5
掛耳（正面）（公扣側）

【肩背帶】
①將兩邊往中央對齊摺起
②摺起
肩背帶（正面）
1
肩背帶（正面）
4
0.2
③對摺後車縫
0.2

3. 縫製表本體

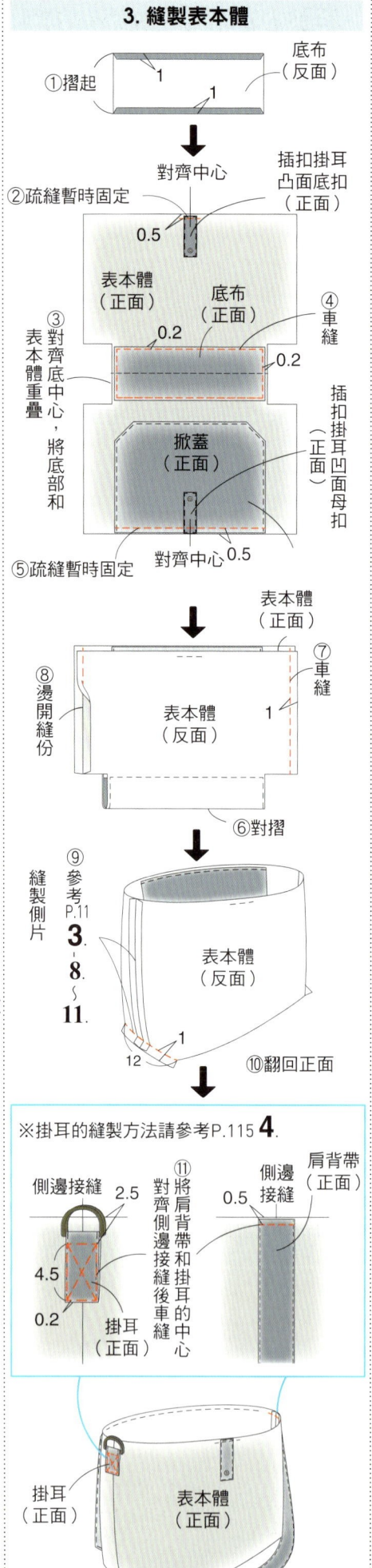

①摺起
底布（反面）
1 1

②疏縫暫時固定
對齊中心
插扣掛耳凸面底扣（正面）
0.5
表本體（正面）
底布（正面）
③對齊表本體底中心，將底部和表本體重疊
0.2
④車縫
0.2
插扣掛耳凹面母扣
掀蓋（正面）
對齊中心 0.5
⑤疏縫暫時固定

⑥對摺
⑦車縫
表本體（正面）
1
表本體（反面）
⑧燙開縫份
⑨參考P.11 3.-8.～11.縫製側片
表本體（反面）
1
12
⑩翻回正面

※掛耳的縫製方法請參考P.115 4.
側邊接縫 2.5
4.5
0.2
掛耳（正面）
側邊接縫
0.5
⑪將肩背帶和掛耳的中心對齊側邊接縫後車縫

掛耳（正面）
表本體（正面）
摺起的該端
肩背帶（正面）

4. 縫製裡本體

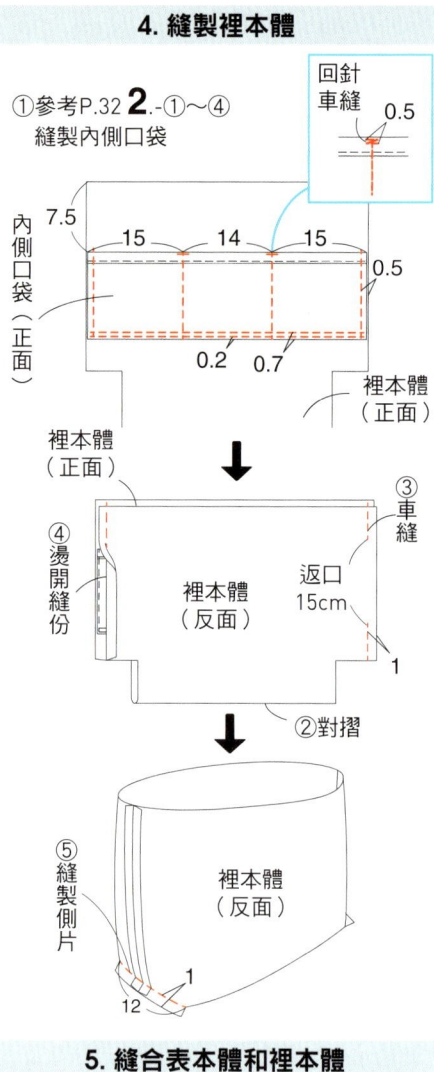

①參考P.32 2.-①～④縫製內側口袋
回針車縫
0.5
7.5
15 14 15
0.5
內側口袋（正面）
0.2 0.7
裡本體（正面）

裡本體（正面）
③車縫
返口15cm
④燙開縫份
裡本體（反面）
1

②對摺
⑤縫製側片
裡本體（反面）
12
1

5. 縫合表本體和裡本體

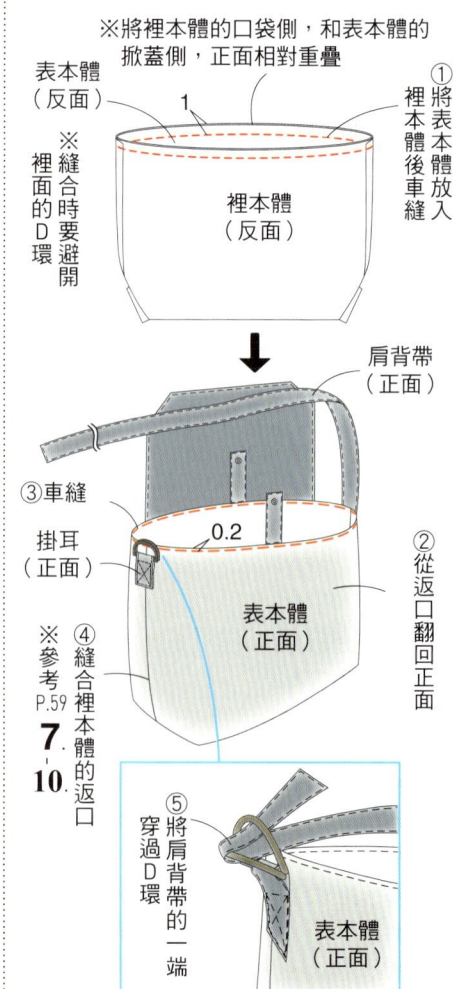

※將裡本體的口袋側，和表本體的掀蓋側，正面相對重疊

表本體（反面）
1
①將表本體放入裡本體後車縫
裡本體（反面）
※縫合時要避開裡面的D環

③車縫
0.2
掛耳（正面）
表本體（正面）
②從返口翻回正面
※參考P.59 7.-10.
④縫合裡本體的返口

⑤將穿過D環的肩背帶的一端
表本體（正面）

手作包的基礎縫製技巧

一起學習縫製包包所需的必要知識和基本技巧。

順手好用的工具

縫紉機HS-75DBL／JANOME

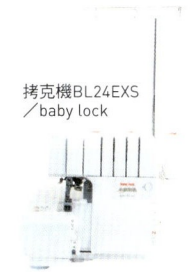

直線縫紉機
雖然可以使用一般家庭用的縫紉機，但是縫製帆布等較厚實的布料時，建議使用力道較強的工業縫紉機會更合適。

拷克機BL24EXS／baby lock

拷克機
專門處理縫份的縫紉機。也可以使用鋸齒車縫作為替代方案。

縫線 — FUJIX

Schappe Spun #60
用於一般布料的中細縫線。適用於縫製細棉布或被單布等常用布料。

Schappe Spun #30
用於厚實布料的粗縫線。縫製較為厚實的帆布料時，建議使用#30的縫線。

縫針 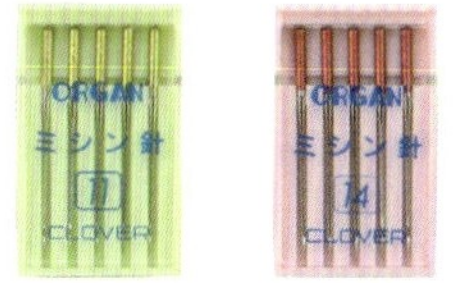
使用#60的縫線時，使用11號的縫針，使用#30的縫線時，使用14號的縫針。

尺／CLOVER
這是表面有方格的尺，事先準備15～30cm左右的短尺和50～60cm左右的長尺，有這兩把尺就會很方便作業。

熨斗和燙衣板
使用於撫平布料皺褶、燙開縫份和黏貼布襯的時候。如果有面積較為寬大的燙衣板，使用起來會很方便。

裁布剪刀／CLOVER
用於剪裁布料的剪刀。為了完成工整的作品，剪刀的銳利度是重要的關鍵。

線剪／CLOVER
除了裁布剪刀，如果有剪縫線的小把線剪，製作上會更順手，將更便於縫紉的。

拆線器／CLOVER
用於需要鬆開縫線的時候。

錐針／CLOVER
可以用來整理邊角、讓形狀更明顯，及鑽出按扣或鉚釘的開孔，是用途廣泛的工具。

骨筆／CLOVER
用於在布料上添加不明顯的記號或做出摺痕。另外，還可將縫份攤平或整理細節，作為無法使用熨斗時的替代用品相當方便。

粉土筆／CLOVER
用於添加記號。有遇水消失、以及隨時間消失的不同類型，選擇用起來順手的即可。

穿線器／CLOVER
用於束口袋等需要穿繩的時候。建議選擇形狀類似拔毛夾，可夾住繩子的類型。

疏縫固定夾／CLOVER（長型、標準型、迷你型）
在布料重疊或較厚的地方，無法用珠針暫時固定時，疏縫固定夾是很好用的工具。有很多種尺寸，請視需要固定的位置靈活使用。

滾輪骨筆／CLOVER
經過石蠟加工的帆布等，使用熨斗或骨筆會產生油光，這種時候很推薦滾輪骨筆。

布用雙面膠
很適合在無法使用疏縫固定夾、或想暫時固定布料內側時使用。請貼在不會碰到縫線的位置。

布料整理

經過修整的布料，才能沿著布紋筆直地裁剪，完成的作品才不會歪斜。

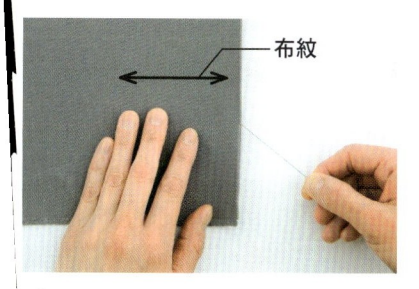

1. 將長度不一的緯線輕輕拉出，直到一根緯線的長度與布料的寬度相符。

2. 將經線像流蘇一樣突出的部分剪整齊。

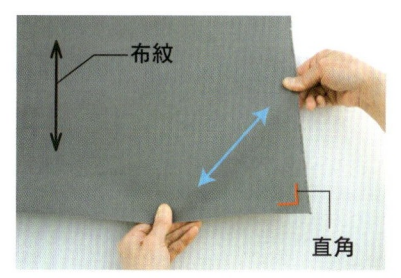

3. 將布料修整成斜向拉扯布料時，邊角會近乎直角的形狀。

117

布料剪裁　沒有實際尺寸紙型時的剪裁方法。

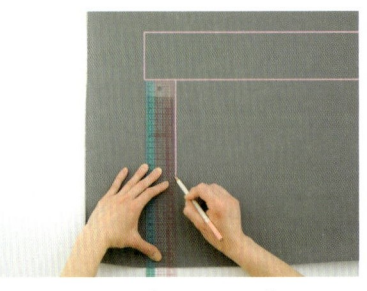

1. 本書介紹的【布料裁法】是包括縫份的尺寸。請參考剪裁方法的圖示，直接用粉土筆在布料上標註記號。

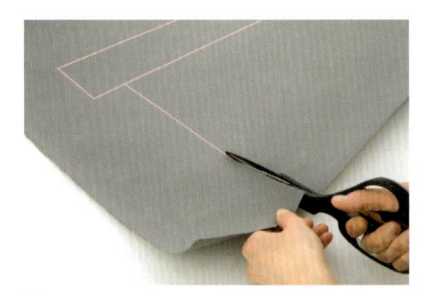

2. 沿著標示的記號用裁布剪刀剪下布料。

3. 若有標示合印點，請記得標記在布料上。

布料剪裁　有實際尺寸紙型時的剪裁方法。

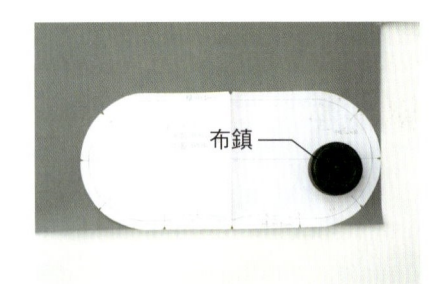

1. 將剪下的紙型放在布料上。為了避免偏移，會放置布鎮固定。先在合印點的位置剪出V字型的牙口，就會方便標註記號。

2. 沿著紙型用粉土筆標註記號。同時標記出合印點的位置。

3. 沿著標示的記號用裁布剪刀剪下布料。

布襯黏貼　避開縫份黏貼布襯的方法。

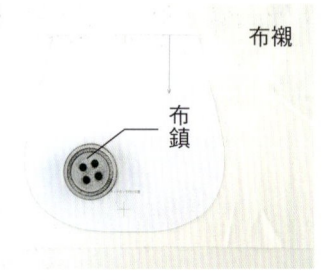

1. 畫出紙型的完成線，另外製作沒有縫份的紙型，剪下布襯。

2. 避開縫份，將布襯黏貼在布料的反面。

3. 用大約150度的乾式熨斗用力平均按壓。請注意不要滑動熨斗。

骨筆的使用　做出摺痕或攤平細節處的縫份時，使用骨筆不但便於作業，也可以做出工整的作品。

先用骨筆在布料的摺痕位置劃出「骨筆劃痕」，就可以輕易做出摺痕。

一邊摺起布料，一邊用骨筆劃過摺山線的位置，即便不使用熨斗也可以做出明顯的摺痕。

攤開縫份，用骨筆用力劃過壓平。在袋口等細節處的使用上相當方便。

磁扣的安裝方法　磁鐵做的鈕扣。

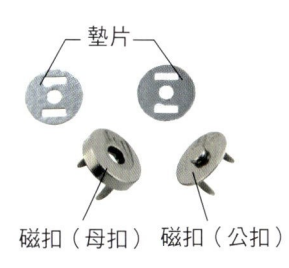

- 墊片
- 磁扣（母扣）
- 磁扣（公扣）

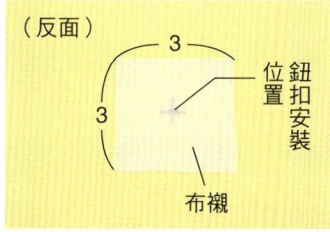

1. 在布料反面的鈕扣安裝位置標註記號後，黏貼3x3cm的布襯。 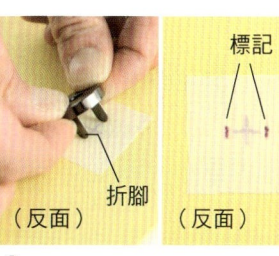
2. 將磁扣的中心對齊安裝位置，並且標記出折腳在布料的位置。 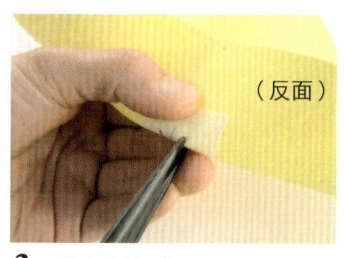
3. 將布料摺起，在折腳標記的位置剪出牙口。 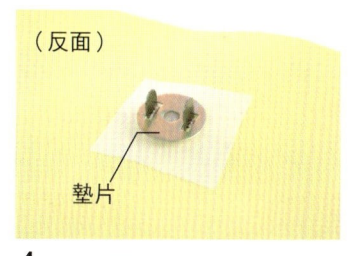
4. 從正面將磁扣的折腳插入牙口，再放上墊片。 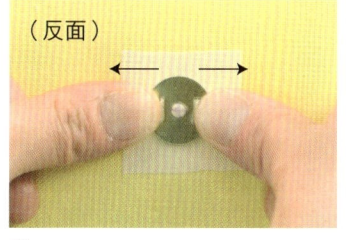
5. 將磁扣的折腳往外彎折。

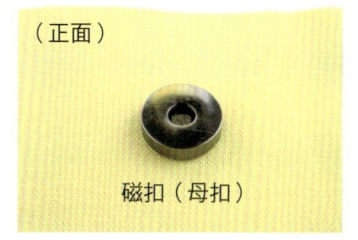

完成

鉚釘的安裝方法　用於提把裝飾或補強的五金配件。

- 鉚釘腳　鉚釘頭
- 撞釘底座　撞釘棒

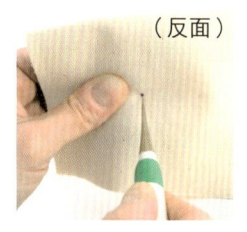

1. 用錐針在鉚釘安裝位置開孔。 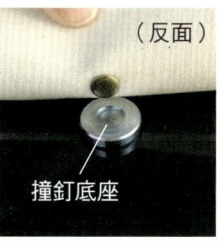
2. 將鉚釘腳穿過開孔，再將撞釘底座置於其下。 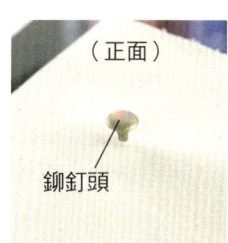
3. 將鉚釘頭從另一面蓋上。 
4. 將撞釘棒抵住鉚釘頭後用木槌用力敲打。

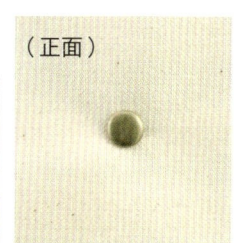

完成

扣眼的安裝方法　打洞後，補強洞口周圍的五金配件。

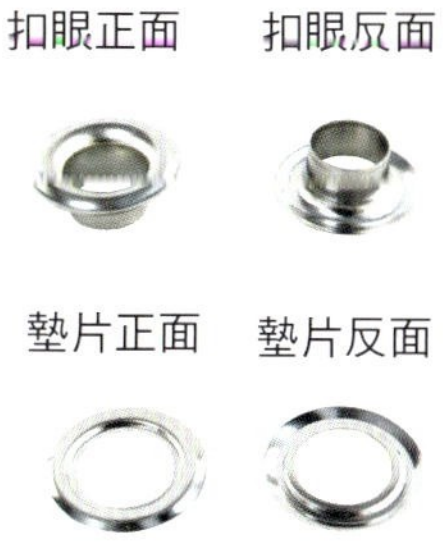

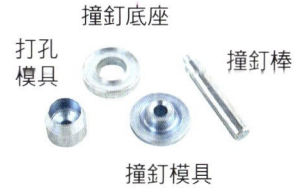

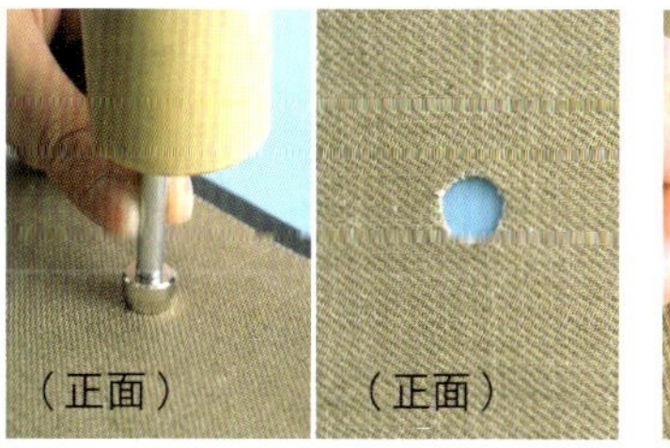

- 扣眼正面　扣眼反面
- 墊片正面　墊片反面
- 打孔模具　撞釘底座　撞釘棒　撞釘模具

1. 用撞釘棒抵住打孔模具後用木槌敲打，在扣眼安裝位置開孔。 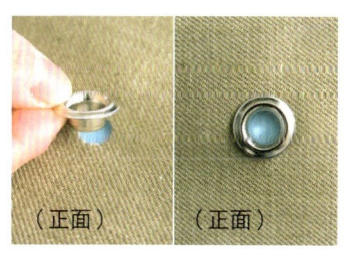
2. 將扣眼腳從布料的正面穿過開孔。 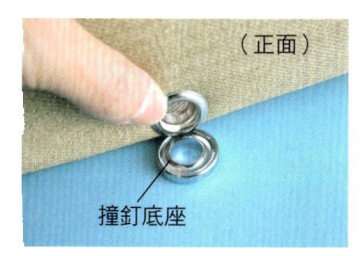
3. 翻過布料，將撞釘底座放在扣眼腳下面。 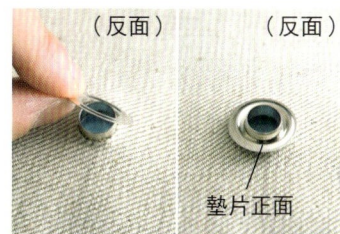
4. 將墊片穿過扣眼腳（穿過時將圓弧狀那面朝上）。 
5. 將撞釘棒抵住撞釘模具，用木槌用力敲打壓牢扣眼腳。

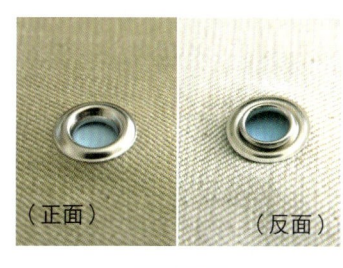

完成

台灣廣廈 國際出版集團
Taiwan Mansion International Group

國家圖書館出版品預行編目（CIP）資料

> 步驟超圖解！初學者的日雜風手作包：設計簡約×風格清新×功能實用,28款人氣手作家的專屬自製包【附原寸紙型】/赤峰清香作. -- 新北市：蘋果屋出版社有限公司, 2025.09
> 120面 ; 21×29.7公分
> ISBN 978-626-7424-64-3(平裝)
>
> 1.CST: 手提袋 2.CST: 手工藝
>
> 426.7　　　　　　　　　　　　　　　　　　　114010089

蘋果屋 APPLE HOUSE

步驟超圖解！初學者的日雜風手作包
設計簡約×風格清新×功能實用，28款人氣手作家的專屬自製包

作　　　者／赤峰清香	編輯中心總編輯／蔡沐晨
翻　　　譯／黃姿頤	編輯／孫彩婷・校對協力／秦怡如
	封面設計／林珈仔・內頁排版／菩薩蠻數位文化有限公司
	製版・印刷・裝訂／東豪・弼聖・秉成

行企研發中心總監／陳冠蒨	媒體公關組／陳柔氶
	綜合業務組／何欣穎

發　行　人／江媛珍
法律顧問／第一國際法律事務所 余淑杏律師・北辰著作權事務所 蕭雄淋律師
出　　　版／蘋果屋
發　　　行／台灣廣廈有聲圖書有限公司
　　　　　　地址：新北市235中和區中山路二段359巷7號2樓
　　　　　　電話：（886）2-2225-5777・傳真：（886）2-2225-8052

代理印務・全球總經銷／知遠文化事業有限公司
　　　　　　地址：新北市222深坑區北深路三段155巷25號5樓
　　　　　　電話：（886）2-2664-8800・傳真：（886）2-2664-8801
郵政劃撥／劃撥帳號：18836722
　　　　　　劃撥戶名：知遠文化事業有限公司（※單次購書金額未達1000元，請另付70元郵資。）

■出版日期：2025年09月
ISBN：978-626-7424-64-3　　版權所有，未經同意不得重製、轉載、翻印。

Lady Boutique Series No.4968
SHITATE KATA GA MINITSUKU TEZUKURI BAG RENSHUCHO
©2020 Boutique-sha, Inc.
All rights reserved.
Original Japanese edition published in Japan by BOUTIQUE-SHA.
Chinese (in complex character) translation rights arranged with BOUTIQUE-SHA
through Keio Cultural Enterprise Co., Ltd., New Taipei City, Taiwan.